Anna Reser & Leila McNeill

Frauen, die die Wissenschaft veränderten

Haupt

↓

Für all die Wissenschaftlerinnen und Ärztinnen,
Rechendamen, Ehefrauen, Schwestern, Haushaltstechnikerinnen
und Wissenschaftsvermittlerinnen, die zu allen Zeiten
eine wesentliche Rolle in Naturwissenschaften, Forschung
und Entdeckung gespielt haben.

Anna Reser & Leila McNeill

Frauen, die die Wissenschaft veränderten

Von der Antike bis zur Gegenwart

Aus dem Englischen übersetzt
von Wiebke Krabbe

Haupt Verlag

Inhalt

Teil IV

Das 20. Jahrhundert – vor dem Zweiten Weltkrieg

Teil V

Das 20. Jahrhundert – nach dem Zweiten Weltkrieg

Anhang

Einführung

Warum Frauen in der Wissenschaftsgeschichte selten auftauchen

FRAUEN IN DER WISSENSCHAFTSGESCHICHTE: ERINNERUNG UND VERGESSEN

Wer die Geschichte von Frauen schreibt, trifft oft auf Abwesenheit und Schweigen. Gerade in der Wissenschaftsgeschichte lässt sich aus schriftlichen Aufzeichnungen nicht annähernd ablesen, wie viele Frauen in Naturwissenschaften und Medizin eine Rolle gespielt haben und wie komplex ihre Geschichten waren. In vielen Epochen und Ländern, vor allem in der westlichen Welt, galt es als unangemessen, dass Frauen am öffentlichen Leben teilnahmen. Schon darum gibt es über sie weniger Aufzeichnungen. Die Teilnahme am öffentlichen Leben verleiht einer Person Status und bewirkt, dass ihre Errungenschaften sowie Fakten ihres Lebens als aufzeichnungswürdig gelten. Dieser Status wurde Frauen zu vielen Zeiten verwehrt, folglich sind Lebensdaten und Verdienste nur unvollständig dokumentiert.

Hinzu kommt, dass die Naturwissenschaften oft ein gewisses Inseldasein führen. Frauen hatten selten Zutritt zu Institutionen, in denen schriftliche Aufzeichnungen erstellt und aufbewahrt wurden, beispielsweise Fachgesellschaften und wissenschaftliche Journale. Wer die Geschichte der Frauen schreiben will, steht also vor der Herausforderung, diese Lücken in den Aufzeichnungen nach Hinweisen zu durchforsten, wie Frauen überhaupt aus der Wissenschaftsgeschichte getilgt werden konnten – das ist manchmal das Einzige, was wir mit Sicherheit über ihr Leben sagen können.

Je weiter man in der Zeit zurückgeht, desto schwieriger wird es, schriftliche Berichte über Frauen in der Wissenschaft zu finden. Es gibt nur sehr wenige Dokumente aus dem Altertum und der Antike. Nicht zuletzt der relativ niedrige Status von Frauen in vielen Kulturen hat bewirkt, dass sie nur selten Erwähnung finden. Es gibt jedoch Aufzeichnungen über ein paar Frauen, die ihr Leben der gezielten und sorgfältigen Erforschung der Natur gewidmet haben.

Die ältesten schriftlichen Dokumente stammen aus den frühen Stadtstaaten Mesopotamiens. En-hedu-anna (um 2285–2250 v. Chr.), die allererste Autorin, deren Name aufgezeichnet wurde, war eine Dichterin und Priesterin. Sie lebte in der Stadt Ur und war die Tochter des Königs Sargon, der sie wahrscheinlich zur Hohepriesterin machte, um seine politische Macht zu festigen. En-hedu-annas Schriften, die auf Tontafeln erhalten sind, verliehen ihr große Autorität. Sie war für die Verwaltung des Tempels in Ur zuständig, und ihr unterstand die Landwirtschaft auf dem Tempelgelände. Da En-hedu-anna auch für die Organisation der religiösen Rituale während des Jahres verantwortlich war, musste sie mit Sicherheit einen komplexen liturgischen Kalender verwalten, der auf den Mondphasen basierte.[1]

Archäologen entdeckten die ersten Hinweise auf En-hedu-anna in den 1920er-Jahren bei Ausgrabungen in Ur. Sie fanden eine Steinscheibe, die auf einer Seite ein

↑ Schon im Altertum studierten Astronomen die Bewegungen der Planeten, benannten die Sterne und Konstellationen und sagten Mond- und Sonnenfinsternisse voraus.

Relief mit einer Tempelszene zeigt. Dargestellt ist eine Frau in aufwendiger Kleidung, flankiert von wahrscheinlich männlichen Begleitern, die ein Ritual auf einem Altar vor einer Zikkurat (einem gestuften Tempelturm) vollzieht.[2] Eine Inschrift auf der anderen Seite der Scheibe identifiziert die zentrale Figur als Priesterin des Mondgottes Nanna:

»En-hedu-anna, Hohepriesterin und Gemahlin des Nanna,
Tochter des großen Königs Sargon, im Tempel der
Inanna [in Ur, hast du einen Altar gebaut (und) ›Altar‹,
Tisch des Himmels (An)] hast du ihn genannt.«[3]

Später wurden die Schriften der En-hedu-anna entdeckt, darunter lange Gedichte an Nanna und ihre persönliche Göttin Inanna sowie mehr als 40 Tempelhymnen. So wurde sie zu einer wichtigen Figur in der Erforschung der sumerischen Literatur und Kultur.[4] Wissenschaftsgeschichtlich belegen diese Funde, dass die Beobachtung der Natur schon in den frühesten menschlichen Kulturen nicht allein Männersache war. Frauen waren schon immer mit der Natur vertraut.

Die Erforschung des Lebens von En-hedu-anna war für Archäologen, Archäologinnen, Sprachwissenschaftler und Sprachwissenschaftlerinnen schwierig, denn sie mussten mit sehr wenig Material arbeiteten. Etwas leichter lassen sich die Geschichten von Frauen aus späteren Zeiten rekonstruieren, in denen schriftliche Dokumente üblicher waren und auch in größerer Zahl die Jahrhunderte überdauerten. Die vielleicht berühmteste Wissenschaftlerin der antiken Welt war Hypatia von Alexandria (um 335–405 n. Chr.), eine griechische Mathematikerin und Philosophin, die fast 3000 Jahre nach En-hedu-anna in der Stadt Alexandria lebte. Anders als bei den berühmten Männern der griechischen Philosophie und Wissenschaft existieren keine bekannten Kopien von Hypatias eigenen wissenschaftlichen Schriften. Stattdessen haben Historiker und Historikerinnen ihre Biografie aus dem, was andere über sie geschrieben haben, und aus kontextuellen Informationen über griechische Bildungseinrichtungen zusammengesetzt. Hypatia war die Tochter des Theon von Alexandria, eines Mathematikers und Astronomen. Ihre Ausbildung in diesen Fächern erhielt sie wahrscheinlich am Museion von Alexandria, dessen Leiter Theon war. Später wurde sie im Alter von 30 Jahren Leiterin der neuplatonischen Schule in Alexandria.[5]

Erschlossen werden konnte Hypatias Geschichte durch Texte, teilweise aus ihrer Lebenszeit, teilweise aus späteren Zeiten bis ins 19. Jahrhundert hinein – verschiedene Textarten in verschiedenen Sprachen und aus verschiedenen Kulturen. Es ist bemerkenswert, dass die Aufzeichnungen über ihre Existenz im Lauf der Jahrhunderte durch so viele Übersetzungen und Übertragungen erhalten blieben. Welche Schlüsse lassen sich aus diesen Aufzeichnungen ziehen, sowohl über Hypatias Leben als auch über die Rolle der Frau in der griechischen Gesellschaft und

Gelehrtenkultur? Erst in jüngster Zeit haben sich Forscher und Forscherinnen mit Hypatias Geschichte befasst, um mehr über ihre wissenschaftlichen und mathematischen Arbeiten zu erfahren. Dass über sie mehr Aufzeichnungen existieren, hat womöglich mit ihrem gewaltsamen Tod und den möglicherweise damit zusammenhängenden Verstrickungen der alexandrinischen Politik zu tun.[6] Ein Teil des Problems liegt in den grundlegenden Annahmen der Wissenschaftler und Wis-

---

Statt einfach zu akzeptieren, dass es Bereiche gibt, in denen Frauen nicht auftauchen, sollten wir fragen, warum sie dort nicht zu finden sind und wer ihnen den Zugang verweigert hat.

---

senschaftlerinnen, wer in der antiken Welt am öffentlichen Leben teilnahm und wer in der Lage oder willens war, sich mit wissenschaftlichen Untersuchungen zu beschäftigen.

Geschichten wie die von Hypatia, deren Leben und Werk aus Gründen, die über ihre wissenschaftlichen Bemühungen hinausgehen, erhalten geblieben sind, legen nahe, dass Frauen in der Antike mehr Möglichkeiten zum Forschen und Lernen hatten, als oft angenommen wird. Es ist wahrscheinlich, dass es viele Frauen gab, die Astronomie praktizierten, Mathematik lernten und lehrten und sich intensiv mit Philosophie beschäftigten, von denen sich jedoch keine Aufzeichnungen über ihr Leben erhalten haben. Die Namen dieser Frauen, die den Himmel erforschten und über die Natur schrieben, werden wir vielleicht nie erfahren. Wir dürfen aber mit Blick auf Hypatia durchaus annehmen, dass es sie gab und dass ihre wissenschaftlichen Aktivitäten ähnlich hoch geachtet wurden wie die ihrer männlichen Zeitgenossen.

LÜCKEN IN DER GESCHICHTE

In den Fällen von En-hedu-anna und Hypatia stehen den Historikern und Historikerinnen Aufzeichnungen über deren Leben und Werk zur Verfügung, auch wenn diese spärlich und bruchstückhaft sind. Aber wie kann man die Geschichten von Frauen erforschen, die keine schriftlichen Aufzeichnungen hinterlassen haben und deren Existenz vielleicht nicht einmal bekannt ist? Die Geschichtswissenschaft hat für solche Fälle Methoden entwickelt. Manchmal, wie im Fall von Hypatia, kann eine Biografie aus den Schriften anderer zusammengesetzt werden. Besser erforschen lassen sich Mittelalter und Frühe Neuzeit, weil mehr Dokumente aller Art existieren. Historiker und Historikerinnen haben Bilder studiert und Kataloge von Privatbibliotheken wohlhabender Frauen daraufhin untersucht, ob sie wissenschaftliche Bücher besaßen. So konnten sie Frauen aus dem frühneuzeitlichen Europa aufspüren, die sich privat oder beruflich mit Naturwissenschaften beschäftigten. Frauen standen häufig in Korrespondenz mit bekannteren Wissenschaftlern, und manchmal werden Frauen in Widmungen zu wissenschaftlichen Texten aufgeführt, die von Männern geschrieben wurden.[7] Diese Aufzeichnungen liefern wichtige Informationen über Frauen, die vielleicht nicht die Möglichkeit hatten, eigene wissenschaftliche Werke zu verfassen, aber dennoch stark am wissenschaftlichen Leben beteiligt waren.

Die Geschichte der wissenschaftlichen Kultur und der Frauen, die an ihr teilnahmen, ist in Europa besser erforscht als im Rest der Welt. Während viele Methoden, die für die Erforschung der Geschichte europäischer Frauen in der Wissenschaft angewandt werden, auf andere Regionen und Zeiträume übertragen werden können, muss auch die Diversität der wissenschaftlichen Kulturen berücksichtigt werden. Beispielsweise suchen Historiker und Historikerinnen bei der

↑ Die Scheibe von En-hedu-anna ist aus Kalzit und wurde zwischen 2350 und 2300 v. Chr. hergestellt. Das Relief auf der Hauptseite zeigt En-hedu-anna und ihre Begleiter, auf der Rückseite trägt die Scheibe eine Inschrift von En-hedu-anna.

Erforschung der Wissenschaftsgeschichte in der islamischen Welt nach wissenschaftlichen Aktivitäten an den Höfen islamischer Dynastien und eher nicht an Institutionen, die den Akademien und Universitäten in Europa entsprechen würden. Der Gebrauch der Druckerpresse war in der damaligen islamischen Welt nicht so üblich wie in Europa, sodass sich gedruckte Bücher dort weniger schnell verbreiteten als in den Wissenschaftsnetzwerken des frühneuzeitlichen Europa.[8]

DOKUMENTE UND LÜCKEN INTERPRETIEREN

Die Beiträge von Frauen werden in der Geschichtsschreibung oft übersehen, weil man dazu neigt, die Vergangenheit mit heutigen Augen zu betrachten. So findet man in der Vergangenheit selten Frauen, deren Tätigkeit mit dem heutigen Bild von Frauen in der Wissenschaft übereinstimmt. Noch vor wenigen Jahrzehnten wären Historiker und Historikerinnen nicht auf die Idee gekommen, die Praktiken von Hexen oder Hebammen der Wissenschaft zuzuordnen. Umso wichtiger ist es, den Begriff Wissenschaft weiter zu fassen und nach Frauen in Bereichen zu suchen, die man eher als Grenzwissenschaften betrachtet. Zu Beginn der Frühen Neuzeit waren Astrologie und Alchemie noch Teil der Gelehrtenwelt mit ähnlichem Status wie Astronomie und Physik. Erst in späteren Zeiten wurden sie als Randbereiche oder als pseudowissenschaftlich angesehen.

↑ Ein indo-persischer Himmelsglobus von 1362–1363. Er zeigt die Sternbilder und die Ekliptik, wie sie von der Erde aus zu sehen sind.

In allen Epochen der Geschichte waren Frauen auch in der Heilkunde tätig. In der islamischen Welt erwähnten männliche Ärzte, dass Frauen als Ärztinnen ausgebildet wurden. Allerdings sind keine medizinischen Bücher bekannt, die von Frauen aus der islamischen Welt verfasst wurden. Meist kümmerten sich Frauen um die Gesundheit der eigenen Familie, manche waren außerhalb der Familie als Hebammen tätig.[9]

Die Geschichtswissenschaft erkennt heute an, dass diese Frauen ebenso wie männliche Wissenschaftler und Naturphilosophen systematisch nach Wissen über die Natur strebten. Wir wissen heute auch, dass ihr Ausschluss aus der Welt der Wissenschaft wenig mit ihren Praktiken, aber viel mit ihrem Geschlecht zu tun hatte. Wenn wir über die Grenzen eines engen Wissenschaftsbegriffs hinausblicken, finden wir viele Frauen, die mit Fleiß und Ehrgeiz danach strebten, in die heiligen Hallen der Wissenschaft eingelassen zu werden.

Statt einfach zu akzeptieren, dass es Bereiche gibt, in denen Frauen nicht auftauchen, sollten wir fragen, warum sie dort nicht zu finden sind und wer ihnen den Zugang verweigerte. Wenn man die Frage auf diese Weise neu formuliert, kann eine Lücke in den historischen Aufzeichnungen neu interpretiert werden – als Beleg für ein bestimmtes Handeln. Als sich die Naturwissenschaft im späten 18. und frühen 19. Jahrhundert zu einem angesehenen Berufsfeld für Männer entwickelte, wurden interessierte Frauen – oft absichtlich – an den Rand gedrängt. Manche Disziplinen, etwa die Botanik, galten als »angemessen« für Frauen. Bereiche wie Mathematik oder Chemie dagegen waren von Männern dominiert, und der Zugang zu wissenschaftlichen Organisationen wurde Frauen verwehrt oder erschwert. Frauen wandten sich dem wissenschaftlichen Schreiben und der populärwissenschaftlichen Schriftstellerei zu, um ihrem Interesse nachzugehen, während männliche Wissenschaftler, die in den geschützten Räumen wissenschaftlicher Institutionen arbeiteten, regelmäßig die wissenschaftliche Arbeit von Frauen nutzten, ohne ihnen jemals Anerkennung zu zollen. Die Abwesenheit von Frauen im kollektiven Verständnis der Wissenschaftsgeschichte ist nicht immer einem Mangel an Beweisen geschuldet. Wie das Erinnern, so ist auch das Vergessen eine Form aktiven Handelns. Die Beiträge von Frauen zur Erforschung der Natur wurden in vielen Fällen einfach übersehen. Für diese Nachlässigkeit gibt es zahlreiche Belege.

Teil I

Altertum bis Mittelalter

灸難產穴歌

難產灸奇穴婦人右脚小指尖炷如小麥灸三壯下火立產效通仙

註 婦人產子

出諸符藥不效者灸此其穴在右脚小指爪甲外尖上即至陰穴也灸三壯艾炷如小麥下火立產

灸穴圖

KAPITEL 1

Ärzte, Hebammen und »Großmütter«

KÖRPERVERSTÄNDNIS UND PRAKTIKEN IM ALTERTUM

In verschiedenen Kulturen galten im Lauf der Geschichte sehr unterschiedliche Vorstellungen über den Körper, über die Gesundheit und die soziale Rolle der Frau. All das hatte einen Einfluss auf den Zugang von Frauen zu Bildung und zu medizinischen Tätigkeiten. Wir neigen dazu, das Wissen um die menschliche Anatomie und die Funktion der Körperteile als feststehende Tatsachen zu betrachten, als Wissen, das vor langer Zeit entdeckt und festgeschrieben wurde. Tatsächlich aber haben sich die bekannten Tatsachen und Auffassungen über den Körper im Lauf der Medizingeschichte ständig verändert. In der griechischen Medizin zum Beispiel war die Gebärmutter das definierende Organ, das den männlichen Körper von der »unvollkommenen« Form des weiblichen Körpers unterschied. Der Uterus und seine Funktionen charakterisierten die weibliche Natur. In der alten chinesischen Medizin, in der ein Gleichgewicht männlicher und weiblicher Energie die Kräfte und Teile des Körpers reguliert, kommt dem Uterus nicht diese sozial definierende Rolle zu. Es gibt nur wenige Aufzeichnungen von Krankenpflegerinnen, Ärztinnen, Hebammen, Apothekerinnen oder Chirurginnen aus Altertum und Antike. Diese Tatsache, in Kombination mit volkstümlichen Erzählungen über die »ersten« Ärztinnen, hat diese Vorreiterinnen automatisch in die Reihen der allgemeinen Ärzteschaft eingeordnet und dadurch soziale und kulturelle Umstände verschleiert, die Frauen den Weg in eine medizinische Tätigkeit ebneten oder verwehrten.

Zu den frühesten Erwähnungen von Frauen, die als Medizinerinnen in einem formalen Sinne arbeiten – also mit ihrer Tätigkeit Geld verdienten oder Status erlangten –, zählen Dokumente aus dem Alten Ägypten. Die Belege sind spärlich vorhanden, aber sie deuten darauf hin, dass sich im besonderen politischen Umfeld des Landes eine Gemeinschaft von Ärztinnen gebildet haben könnte, die separat

← Acu-moxa-Punktdiagramm, das den Zhiyin-Punkt (Erreichen des Yin) zeigt, hier auch als »Punkt der schwierigen Geburt« beschrieben. Aus *Chuanwu lingji lu* (Aufzeichnung der erhabenen Lehren) von Zhang Youheng, einer Abhandlung über Acu-moxa in zwei Bänden.

neben der von Männern existierte. Peseschet war eine Frau, die von der 5. bis in die 6. Dynastie des Alten Reiches (2465–2150 v. Chr.) lebte und deren Stele im Grab des Achethotep in Gizeh gefunden wurde. Verschiedene Forscher haben die Inschrift ihres Titels auf der Stele als »Chefärztin« oder »Leiterin der Ärztinnen« interpretiert, was Historiker zu der Annahme veranlasst hat, dass es möglicherweise reine Frauengruppen von Ärzten gegeben hat, denen Peseschet vorstand.[10]

Peseschets Titel enthält einen Hinweis darauf, wie Frauen im Alten Reich am öffentlichen Leben teilnahmen: wahrscheinlich im Dienst an anderen Frauen und wahrscheinlich nicht als Vorgesetzte von Männern. Die politische Organisation der altägyptischen Kultur schloss Frauen von der regulären Bürokratie und Verwaltung des Reiches aus.[11] Historikerinnen und Historiker können die Tätigkeit der Ärztinnen nicht genauer definieren, da es keine spezifischen Aufzeichnungen dazu gibt. Sie können jedoch, durch Verallgemeinerung der besser dokumentierten Tätigkeit männlicher Ärzte, Rückschlüsse auf die Arbeit der Ärztinnen ziehen.

Um die spärlichen Quellen über Ärztinnen im Alten Ägypten zu interpretieren, könnte man auch von der Annahme ausgehen, dass sie vor allem für Gynäkologie und Geburtshilfe – also für die Belange anderer Frauen – zuständig waren. Für solche Tätigkeiten gibt es mehr Belege. Aufgezeichnet wurden sie in einer Reihe

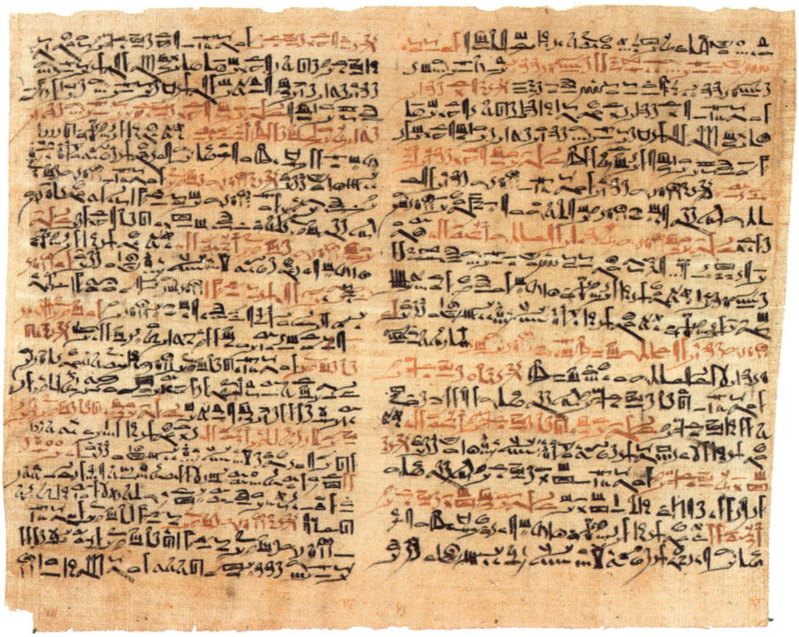

↑ Der *Papyrus Edwin Smith*, eine medizinische Abhandlung, etwa 1600 v. Chr.

von medizinischen Papyri, die von Ägyptologen im 19. und frühen 20. Jahrhundert entdeckt wurden, darunter der *Papyrus Ebers* und der *Papyrus Edwin Smith*. Wenn wir davon ausgehen, dass einige Frauen als Ärztinnen fungierten, indem sie andere informell medizinisch versorgten, können wir annehmen, dass sie einige der in diesen Papyri beschriebenen Eingriffe durchführten. Um festzustellen, ob eine Frau schwanger war, konnte der altägyptische Arzt oder eben die Ärztin zum Beispiel ihren Puls messen, ihre Brüste untersuchen oder ihren Urin testen, indem dieser auf Gersten- und Emmer-Samen geträufelt wurde, um zu sehen, ob die Samen keimten.[12] Zur Schwangerschaftsverhütung wurde empfohlen, Krokodilkot oder Honig in die Vagina einzuführen.[13] Die medizinischen Papyri enthielten auch Rezepte zur Beschleunigung der Geburt oder zur Erleichterung schwieriger Geburten.[14]

FRAUEN UND FORTPFLANZUNGSMEDIZIN IN DER ANTIKE

In vielen Fällen haben die einzigen Belege für die Verbindung von Frauen zur Medizin – als Patientinnen oder Praktikerinnen – mit Schwangerschaft, Geburt und dem weiblichen Fortpflanzungssystem zu tun. Das gilt auch für die griechische und römische Antike. Die berühmteste griechische Schrift über Medizin ist das *Corpus Hippocraticum*, eine Sammlung von Texten über Physiologie, Ätiologie, Chirurgie und andere medizinische Themen, die von etwa 60 verschiedenen Autoren verfasst wurden (hauptsächlich im späten 5. und frühen 4. Jahrhundert v. Chr.).[15] Auch wenn Hippokrates im Volksmund als »Vater der modernen Medizin« bezeichnet wird, wurden die hippokratischen Schriften eigentlich von einer Gruppe von Autoren verfasst, die bestimmte Vorstellungen über den Körper und Krankheiten teilten.

Das *Corpus Hippocraticum* ist für Historiker und Historikerinnen besonders interessant, weil seine Autoren ein gemeinsames Interesse daran hatten, rationale Ursachen und Heilmittel für Krankheiten zu finden, die nicht auf Magie oder göttliches Eingreifen angewiesen waren. Zwar wurden »volkstümliche« Heilmittel im antiken Griechenland und in Rom auch nach dem *Corpus Hippocraticum* weiter angewandt, doch sahen die hippokratischen Autoren solche Heilmittel nun in neuem Licht: Ein Kraut, das früher aus magischen Gründen verordnet worden war, wurde auch weiterhin verordnet, allerdings versuchte man nun, die kausalen Auswirkungen des Krauts auf den Körper rational zu erklären.[16]

Das *Corpus Hippocraticum* enthält mehrere Abschnitte über das Wesen und die Krankheiten von Frauen, aus denen Historiker und Historikerinnen die Rollen von Frauen als Heilerinnen und Patientinnen in der damaligen Zeit im Vorderen Orient abgeleitet haben. Auch aufgrund von Werken anderer antiker Denker wie Soranos von Ephesos haben Historiker und Historikerinnen eine relativ detaillierte Vorstellung von der Medizin in dieser Zeit entwickelt, die auch erklärt, wie diese Ideen übersetzt und in andere Epochen und Regionen übertragen wurden, um schließlich zur Grundlage der modernen westlichen Medizin zu werden. In dieser letzten Hinsicht erwiesen sich die Vorstellungen der Griechen über die Natur der Frau und ihre Unterlegenheit gegenüber dem Mann als einflussreich und langlebig. Aus diesem Grund ist das Studium der Geistesgeschichte der Medizin – also der Entstehung und Verbreitung von Ideen über den Körper – ein wichtiger Bestandteil sowohl der Geschichte der Frauen als auch der Wissenschaftsgeschichte.

Die Griechen betrachteten Frauen als minderwertig, als unvollkommen entwickelte Männer, weshalb Frauen an spezifischen Krankheiten litten. Die Menstruation wurde beispielsweise als Krankheit angesehen. In der hippokratischen Schrift *Über die Frauenkrankheiten* leitete der Autor sein Thema mit der Behauptung ein, dass »die Frau, die nie ein Kind geboren hat, stärker und leichter unter der Menstruation leidet als eine Frau, die ein Kind geboren hat«.[17] Der Autor führt zur grundlegenden Natur der Frau weiterhin aus, dass »das Fleisch einer Frau schwammiger und weicher ist als das eines Mannes« und »eine Frau wärmeres Blut hat als ein Mann und deshalb wärmer ist als ein Mann«.[18]

Die alten Griechen stellten auch die Theorie auf, dass die Gebärmutter im Körper sehr beweglich sei und ihre Position im Körper durch zu unregelmäßigen Geschlechtsverkehr oder andere Umstände, die den Körper leerer als gewöhnlich machen würden, verlagern könne.[19]

In *Über die Frauenkrankheiten* finden sich ausführliche Anmerkungen zu Therapien und Rezepten für die speziellen Krankheiten von Frauen. In einem Abschnitt über Unfruchtbarkeit erinnert der Autor die Ärzteschaft daran, dass »Heilung die Sorge um den ganzen Körper und die Heilung des Gebärmutterhalses einschließt«, und schlägt bestimmte Arten von Dampfbädern, Reinigungen und andere Verfahren vor, um eine Schwangerschaft zu begünstigen.

HEILPRAXIS UND GEBURTSHILFE

Während medizinische Schriften wie das *Corpus Hippocraticum* sich mit ziemlicher Sicherheit an Männer wandten, waren einige Frauen in der griechischen und römischen Antike als Hebammen tätig und verfügten wohl über ähnliches Wissen und vergleichbare Therapien zur Versorgung schwangerer Frauen und zur Geburtshilfe. Im frühen 2. Jahrhundert n. Chr. schrieb Soranos von Ephesos in seiner Abhandlung über Gynäkologie über die Hebammenkunst. Soranos stellte das Hebammenwesen in den Kontext der Ärzteschaft und beschrieb die idealen Eigenschaften einer guten Hebamme und einige ihrer Techniken.[20] Die besten Hebammen waren laut Soranos gebildet und in der medizinischen Theorie bewandert; sie hatten ein gutes Gedächtnis, ein gepflegtes Äußeres und schlanke Hände und Finger mit geschnittenen Nägeln, um das versehentliche Verletzen der Patientinnen zu vermeiden.[21] Der Historikerin Valerie French zufolge »deuten eine Reihe römischer Gesetze stark darauf hin, dass Hebammen einen Status und eine Vergütung genossen, die mit denen männlicher Ärzte vergleichbar waren«.[22]

Römische Hebammen trugen die notwendigen Utensilien bei sich und stellten auch einen speziellen Geburtsstuhl für die gebärenden Frauen bereit. Die Sitzfläche des Stuhls war halbmondförmig und hatte in der Mitte eine Öffnung, durch die das Baby in die Hände der Hebamme gelangen konnte. Die Hebamme und ihre Helferinnen waren auch für den emotionalen Zustand der Mutter verantwortlich, sie wirkten beruhigend auf die Gebärende ein, denn man nahm an, dass Angst und Anspannung die Geburt erschwerten.[23] Im Fall von Komplikationen standen der Hebamme zahlreiche Mittel zur Verfügung, um die Geburt zu beschleunigen oder zu erleichtern – beispielsweise Hyänenpfoten, Schlangenhaut oder Kräuter wie Diptam.[24]

HEILKUNDIGE FRAUEN IM ALTEN CHINA

In der antiken Medizintradition der westlichen Welt spielte die Gebärmutter sowohl bei der Unterscheidung zwischen männlichen und weiblichen Körpern als auch bei den sogenannten Frauenkrankheiten eine zentrale Rolle. Die frühe chinesische Heilkunde sah den Körper als einen Mikrokosmos im größeren Universum und betrachtete ein ausgewogenes Kräfteverhältnis als Grundlage der Gesundheit.[25] In

↑ Das antike römische Relief zeigt eine Hebamme bei der Geburtshilfe. Die Tätigkeit der Hebamme war im alten Rom ein anerkannter Beruf.

ähnlichem Sinne war das Familienleben im kaiserlichen China ein Mikrokosmos des Staates. Viele Angelegenheiten, die im Westen eher öffentlich verwaltet wurden, fanden innerhalb der Familie statt, einschließlich der Medizin. Die Historikerin Charlotte Furth hat die Entwicklung von *fuke* in der Song-Dynastie (960–1279) nachgezeichnet, was mit Gynäkologie übersetzt werden kann, sich aber wörtlich auf die Medizin der Ehefrauen bezieht.

Im kaiserlichen China praktizierten Frauen tatsächlich Medizin, sogar an den kaiserlichen Höfen. Aber auch hier stammen viele Aufzeichnungen, die wir über Ärztinnen und Hebammen haben, aus Schriften von Männern. Chinesische Ärzte äußerten sich oft herablassend über Ärztinnen und betrachteten diese als ungebildet, grob und ungehobelt. Furth verwendet diese Aufzeichnungen aus der Zeit der Ming-Dynastie (1368–1644) anstelle der weitaus geringeren Anzahl offizieller Aufzeichnungen über Ärztinnen, um den sozialen und kulturellen Kontext von Frauen in der Medizin zu erklären.[26] Wie im Alten Ägypten sind Aufzeichnungen von oder über Medizinerinnen sehr spärlich. Männliche Ärzte betrachteten Medizinerinnen als fragwürdige »Großmütter« wie Medizinverkäuferinnen, Schama-

> Zu vielen Zeiten und an vielen Orten wurden Ärztinnen ausgegrenzt, weil sie an Praktiken festhielten, die von der »modernen« Medizin als altmodisch oder überholt angesehen wurden.

ninnen und Hebammen und warnten vor ihnen. Während der Ming-Zeit war es männlichen Ärzten verboten, die Frauen des kaiserlichen Hofes zu behandeln, manchmal wurden daher Dienstmädchen ausgebildet, um die Frauen des Hofes medizinisch zu versorgen, oder man rief eine »Großmutter« zur Behandlung.[27]

Tatsächlich gab es sehr viele dieser »Großmütter«, über die man wohl sagen kann, dass sie ihren Lebensunterhalt als Heilerinnen verdienten. Die Schmähschriften der Ärzte weisen darauf hin, dass in dieser Zeit eine Professionalisierung der Medizin für Frauen stattfand, auch wenn die Männer dies nicht guthießen. Die Behandlung mancher Frauenbeschwerden galt für Männer als unangebracht und musste notwendigerweise von Frauen durchgeführt werden. Gleichzeitig suchten die Männer nach Wegen, die medizinischen Tätigkeiten von Frauen zu regulieren.[28] Die »Großmütter« zogen von Ort zu Ort, leisteten Geburtshilfe, beschafften und mischten Medikamente und praktizierten Behandlungen wie Moxibustion und Akupunktur, die von männlichen Ärzten als unmodern angesehen wurden.[29] Zu vielen Zeiten und an vielen Orten wurden Ärztinnen ausgegrenzt, weil sie an Praktiken festhielten, die von der »modernen« Medizin als altmodisch oder überholt angesehen wurden.

In der Antike und im Mittelalter übten Frauen die Medizin auf verschiedene formelle und informelle Weisen aus, auch ihre Ausbildung war jeweils unterschiedlich. Üblich war vor allem die informelle medizinische Unterstützung der eigenen Familie und der Nachbarn. Menschen mit niedrigerem sozialen Status konnten sich die professionelle Medizin oft nicht leisten, aber sie konnten von Familienmitgliedern oder von weniger angesehenen Ärzten und – davon gab es einige – von weniger angesehenen Ärztinnen versorgt werden. Vor allem für Fragen von Zeugung und Geburt waren Frauen Ansprechpartnerinnen. Aber selbst in der Antike, für die nur ein sehr begrenzter Fundus an Aufzeichnungen ausgewertet werden kann, machten sich Frauen als Heilerinnen und Pflegerinnen einen Namen, indem sie ihr medizinisches Wissen für den eigenen Lebensunterhalt und für die Versorgung anderer einsetzten.

KAPITEL 2

Das Übernatürliche und das Geheiligte

THESSALIENS MAGISCHE WURZELN

An der nordöstlichen Küste Griechenlands liegt, im Norden, Süden und Westen von Bergen umgeben, das antike Thessalien. Diese Region Griechenlands beflügelte die Fantasie der Griechen und Römer in besonderem Maß, und in der Literatur finden sich viele Hinweise auf Thessalien als Land der Zauberei und Magie. Vielleicht gehen diese Assoziationen auf die Geschichte von der zauberkundigen Königstochter Medea zurück, die besagt, dass Medea in ihrem von einem Drachen gezogenen Wagen über Thessalien geflogen sei und einen Korb mit Kräutern abgeworfen habe, die dort Wurzeln schlugen.[30] In anderen Geschichten heißt es, Medea könne den Mond vom Himmel verschwinden lassen, um ihre Zauberei in völliger Dunkelheit zu wirken. Die Kräuter, die in Thessalien wurzelten, sollen den dortigen Frauen magische Kräfte verliehen haben, und bald entstanden Geschichten über thessalische Jungfrauen, die den Mond beherrschen und vom Himmel herabholen konnten. Legenden wie diese nährten den uralten Glauben, dass Frauen eine innige Verbindung zur Natur – zur irdischen wie zur himmlischen – haben. In der Antike und im Mittelalter jedoch, als die Natur und vor allem die astronomischen Phänomene noch geheimnisvoll waren, löste das Wissen der Frauen über solche unfassbaren Dinge wilde Spekulationen und manchmal auch Ängste aus.

Die Geschichte von Medeas Kräuterkorb und den magischen Wurzeln Thessaliens findet sich in Aristophanes' griechischer Komödie *Die Wolken*, die um 423 v. Chr. geschrieben wurde. Medeas Geschichte wurde von einem anonymen Scholiasten (einem Kommentator antiker und klassischer Texte) hinzugefügt, um einem Dialog zwischen zwei Figuren des Stücks, Sokrates und Strepsiades, einen Kontext zu geben. In einem scheinbar banalen Gespräch über das Begleichen von Schulden sagt Strepsiades, er könne sich vor der Zahlung drücken, indem er »eine

← Hildegard von Bingen stellte sich den Kosmos als flammendes Ei vor. Illuminierte Seite aus ihrem Werk *Scivias*, um 1175.

Hexenfrau, eine Thessalierin, dafür bezahlt, dass sie nachts den Mond herunterholt«. Strepsiades scherzt, wenn er den neuen Mondzyklus (in dem seine Schuld fällig wird) verhindern könnte, müsse er nicht zahlen. Der Scholiast berichtet, dass die thessalischen Frauen ihre Kraft Medeas magischen Kräutern verdankten. Aber wer sind diese Hexen, die den Mond stehlen können?

In einer Scholie an Apollonios von Rhodos, etwa aus dem 3. Jahrhundert v. Chr., die Apollonios' berühmtes Epos *Argonautika* kommentiert, heißt es,

> *»[i]n der Antike glaubte man, dass Hexen den Mond und die Sonne herunterziehen. Dementsprechend nannten viele Leute sogar bis zur Zeit von Demokrit Finsternisse ›kathaireses‹. Sosiphanes sagt im Meleagros: ›Jede thessalische Jungfrau mit Zaubergesang [ist] eine falsche Herabholerin des Mondes vom Himmel.‹«*

Man glaubte damals allgemein, dass die thessalischen Hexen die Macht hätten, eine Mondfinsternis herbeizuführen. Der Dichter Sosiphanes hielt die Frauen für Betrügerinnen.[31] Ein anderer griechischer Schriftsteller namens Asklepiades schrieb im 2. Jahrhundert v. Chr., dass die thessalischen Frauen die Bewegungen des Mondes studierten und ankündigten, wann sie ihn herabholen würden. Sogar Platon schreibt in seinem sokratischen Dialog *Gorgias* über »die thessalischen Zauberinnen, die, wie sie sagen, den Mond vom Himmel herabholen, auf die Gefahr hin, dass sie selbst zugrunde gehen«.[32] In der Wissenschaftsgeschichte wurde diese Legende als »Thessalian Trick« bekannt.

↑ Die zauberkundige Medea nimmt Abschied von ihren Kindern, die aus einer Verbindung mit Jason hervorgegangen sind. Die Lithografie (um 1880) stellt die Szene aus Euripides' Stück *Medea* dar.

Trotz des weitverbreiteten Glaubens an die Kräfte der thessalischen Frauen und wiederholter Hinweise auf ihre Aktivitäten im Lauf der Jahrhunderte ist unklar, wer sie tatsächlich waren und wie sich ihr Mondritual vollzog. Möglicherweise handelte es sich um eine Gruppe früher Astronominnen, die Mondfinsternisse beobachteten, vorhersagten und die Menschen in dem Glauben ließen, sie würden dabei Magie ausüben. Andererseits sind Mondfinsternisse an jedem beliebigen Ort nur etwa alle drei Jahre zu beobachten. Das Zeitintervall dürfte zu groß sein, um den Glauben an Magie aufrechtzuerhalten. Es gibt daher Zweifel, ob das »Herabbringen des Mondes« tatsächlich etwas mit Mondfinsternissen nach heutigem Verständnis zu tun hatte. Andere Spekulationen besagen, dass die sogenannten Hexen den Trick mithilfe eines aufwendigen Theaters durchführten, indem sie Vorrichtungen mit Kerzen, Spiegeln und Flaschenzügen konstruierten, um den Anschein zu erwecken, dass der Mond verschwand.[33] Ob sie nun Astronominnen, Hexen oder Betrügerinnen waren: Ihr Ruf war so allgegenwärtig, dass Mondfinsternisse lange mit ihrer Magie erklärt wurden.

HEXEN, BETRÜGERINNEN ODER ASTRONOMINNEN?

In der Literatur und anderen Aufzeichnungen, die all die Jahrhunderte überdauert haben, findet sich nur ein Name einer möglicherweise realen thessalischen Zauberin. Sowohl der griechisch-römische Schriftsteller Plutarch als auch eine Scholie zu Apollonios erwähnen Aglaonike (ca. 1. oder 2. Jh. v. Chr.) als Tochter des Hegemons von Thessalien und als erfahrene Astronomin. Zur *Argonautika* von Apollonios heißt es in der Scholie:

> *»Aglaonike, die Tochter des Hegemon, die in der Astronomie bewandert war und die Mondfinsternisse kannte, pflegte immer, wenn er [der Mond] mit ihnen [Finsternissen] zu tun hatte, zu sagen, dass sie die Göttin herabzog …«*[34]

In den *Conjugalia Praecepta*, einem Ratgeber für Ehepaare, erzählt Plutarch genau dieselbe Geschichte, um zu zeigen, dass eine Frau Kenntnisse der Geometrie und Astronomie besitzen sollte, um nicht von Aglaonike getäuscht zu werden,

> *»und wie sie, indem sie die Phasen des Mondes, in denen er sich verfinstert, genau kannte und die Zeit, in der der Mond vom Schatten der Erde eingeholt werden sollte, im Voraus kannte, die Frauen bedrängte und sie glauben ließ, dass sie den Mond herabziehen würde.«*[35]

Plutarch, der um 100 n. Chr. schrieb, erwähnte Aglaonike noch zwei weitere Male in seinen Schriften und wies darauf hin, dass sie keine tatsächliche Hexe war, sondern eine geschickte Astronomin, die ihr Wissen über Naturphänomene einsetzte, um die Unwissenheit der Menschen auszunutzen.

Aglaonike hat keine Originaltexte hinterlassen. Manche Historiker halten sie für einen Mythos, ebenso wie Mykale, eine andere thessalische Hexe, von der es hieß, dass sie den Mond »durch ihre Reize herabziehen konnte«.[36] Wenn Aglaonike tatsächlich existierte, ist unklar, wann genau sie lebte. Plutarchs Formulierungen deuten darauf hin, dass sie vor seiner Zeit gelebt haben könnte. Damals wussten die Griechen noch nicht viel über Mondphasen und Finsternisse. Das änderte sich erst mit Claudius Ptolemäus' astronomischer Abhandlung *Almagest*, die auf ca. 150 n. Chr. datiert wird. Um eine solche Expertin in der Mondbeobachtung zu sein, hätte Aglaonike Kenntnisse der babylonischen Astronomie aus Mesopotamien benötigt. Die Babylonier hinterließen eine der größten und kontinuierlichsten Sammlungen astronomischer Aufzeichnungen des Altertums. Insbesondere ihre Astronomischen Tagebücher enthalten datierbare Beobachtungstexte mit umfangreichem Material über Mond- und Sonnenfinsternisse, beginnend um 750 v. Chr.[37] Die babylonische Astronomie erreichte Griechenland erst um das 4. Jahrhundert v. Chr., was einige Forscher veranlasst, Aglaonike um das 2. oder 1. Jahrhundert v. Chr. anzusiedeln.[38] Wie Aglaonike Zugang zur Ausbildung in babylonischer Astronomie gehabt haben könnte, ist ebenfalls unklar.

Wenn die Scholie und Plutarch Aglaonikes Talente korrekt wiedergeben, muss sie eine fähige Astronomin gewesen sein. Aber ob sie nun existierte oder nicht: Durch ihre Geschichte haben die Mondrituale anderer thessalischer Hexen eine astronomische Bedeutung erhalten. Weil Aglaonike mit diesen Fähigkeiten in die Reihe der thessalischen Hexen eingereiht wurde, hat man auch den vermeintlich übernatürlichen Aspekt in den überlieferten Handlungen anderer Hexen neu beleuchtet.

Dennoch beruhten Aglaonikes Macht und Status in der Antike nicht auf ihrem Wissen über Naturphänomene, sondern auf ihrer Verbindung zur Zauberei, nicht zuletzt wegen ihr gilt Thessalien bis heute als Region mit einem besonderen Zauber.

MYSTISCHE VISIONEN DES KOSMOS

Die Hexen von Thessalien wurden manchmal als »dämonische Frauen« bezeichnet, doch sie lebten Jahrhunderte vor den Hexenverbrennungen. Hätten sie zur Zeit der mittelalterlichen oder frühneuzeitlichen Hexenverfolgungen gelebt, als das Christentum Hexerei als Satanswerk verurteilte, wären sie wegen ihrer mutmaßlichen Verbindung zur dunklen Magie in Lebensgefahr gewesen. Aber auch Frauen, die nicht zum Okkulten tendierten, sondern lediglich mehr Macht oder Wissen besaßen, als im Rahmen ihrer sozialen und kulturellen Tradition akzeptiert war, wurden im Lauf der Geschichte immer wieder zum Gegenstand von Gerüchten und Verdächtigungen. Dies galt sogar für die berühmte fromme Äbtissin und

Mystikerin Hildegard von Bingen, die ihr kosmologisches System durch göttliche Visionen und Interpretation kirchlicher Schriften entwickelte.

Die 1098 im Rheinland geborene Hildegard (siehe Seite 33) soll bereits im Alter von drei Jahren göttliche Visionen empfangen haben. Sie beschrieb ein intensives Licht, das »mein Gehirn, mein Herz und meine Brust ganz und gar durchdrang wie eine Flamme, die jedoch nicht brannte«.[39] Durch das Licht empfing sie göttliche Weisheit, die es ihr ermöglichte, heilige Schriften zu interpretieren. Während

↑ »Der Erlöser« aus Buch II der *Scivias* schildert Hildegards Vision von der Erschaffung des Himmels, der Erde und der Menschen.

ihrer Kindheit und bis ins Erwachsenenalter hinein behielt Hildegard ihre Visionen für sich: »Aus Furcht vor den Menschen wagte ich nicht, jemandem davon zu erzählen.«[40]

Christliche Mystiker glauben, dass sie höheres Wissen um Gott durch eine über Selbstkontemplation und Einsicht herbeigeführte Vereinigung mit Gott erlangen und dieses Wissen in Visionen übermittelt werden kann. Es gab zwar berühmte männliche Mystiker, den heiligen Augustinus von Hippo und den heiligen Petrus Damiani, eine mystische Tradition für Frauen scheint es vor Hildegard jedoch nicht gegeben zu haben. Sie ist die erste bekannte weibliche Mystikerin im Westen, über die wir Aufzeichnungen besitzen. Als Frau betrat sie mit ihrer mystischen Erfahrung des Göttlichen neue Wege, was ihr Zögern erklären mag, ihre Visionen bekannt zu machen. Innerhalb der Kirche war es Frauen gemäß der Anordnung des Paulus im Neuen Testament in 1. Korinther 14, 33–35 untersagt zu predigen. Frauen, die kompetent über die Heilige Schrift sprachen, wurden verunglimpft und als Hysterikerinnen und/oder Hexen abgetan.[41] Erst im Alter von 43 Jahren begann Hildegard ihre Visionen zu dokumentieren, nachdem sie eine himmlische Stimme gehört hatte, die sagte: »Du hinfälliger Mensch, Asche von Asche und Dreck von Dreck! Sage und schreibe nieder, was du siehst und hörst.«[42]

Hildegard beschrieb 26 Visionen in den *Scivias* (Wisse die Wege), einer illuminierten Schrift in drei Teilen. In diesem Werk legte sie ihre Vorstellung des kosmologischen Systems dar, das in vielerlei Hinsicht mit den Vorstellungen männlicher Kosmologen der Zeit übereinstimmte. In mancher Hinsicht hob sich ihr Bild des Kosmos jedoch ab. In einer ihrer Visionen sah sie die Erde, in Übereinstimmung mit der ptolemäischen Kosmologie, in der Mitte des Universums, aber das Universum war eiförmig und von Feuer umgeben. Sie sah die vier Elemente der Erde, die durch den Sündenfall ins Chaos gestürzt waren und erst nach dem Gericht des Herrn wieder ihre harmonische Ordnung erlangen können. Die Eiform enthielt auch die Sternbilder, den Mond sowie Merkur und Venus. In der feurigen Schale sah sie Mars, Jupiter, Saturn, und am höchsten Punkt des Gebildes prangte die Sonne. Hildegards eiförmiger Kosmos wurde gelegentlich als eine spezifisch weibliche Vorstellung gedeutet, die ein mütterliches und nährendes Bild des Universums zeichnet: Das Ei ist ein Mutterleib, der sein Kind, die Erde, umschließt. Die kosmische Schwangerschaft – dargestellt als Vereinigung von Materie und Geist, die ein heiliges materielles Universum zeugen.[43]

MACHT DURCH KENNTNIS DER NATUR

Im Jahr 1147 bestätigte Papst Eugenius III. den ersten Teil der *Scivias* als authentisch und erlaubte Hildegard daraufhin, öffentlich zu predigen. Hildegard war damit die erste Frau, die eine päpstliche Bestätigung als Autorität in theologischen Fragen erhielt.[44] Die göttliche Vision als Mystikerin gab Hildegard Macht und Autorität, die ihr als Frau sonst verwehrt waren, und ihr Status als von Gott selbst auserwählte Mystikerin erleichterte ihren Aufstieg in Kirche und Gesellschaft.

Hildegards Visionen verliehen ihr zweifellos Macht und kulturellen Einfluss in kirchlichen Belangen und wissenschaftlichen Diskussionen über den Kosmos, aber sie blieb sich des schmalen Grats bewusst, den sie als wortführende Frau beschritt. Einige, die sich ihrer Autorität widersetzten, fragten, warum die göttliche Weisheit einer Frau und nicht einem Mann zuteilwerden sollte.[45] Hildegards Autorität lag nur in ihrer Heiligkeit als eine von Gott Auserwählte, und die Heiligkeit einer Frau zeigte sich durch Demut.[46] In ihren Schriften war sie häufig selbstironisch und nannte sich selbst »eine arme kleine Gestalt von Frau«, um ihre Demut vor der Kirche zu zeigen und ihre Kritiker zu beschwichtigen. Wenn ihre Heiligkeit und Autorität infrage gestellt wurden, war es für sie wichtig zu zeigen, dass es Gott war, der sprach, nicht sie.[47]

Hildegard und Aglaonike haben nicht viel gemeinsam: Hildegard war eine von Gott auserwählte Mystikerin des Mittelalters, Aglaonike eine angebliche Hexe der Antike, die dunkle Magie anwandte. Ihre Gemeinsamkeit war die Verbindung zum Übernatürlichen, durch die sie in ihrer und unserer Zeit Anerkennung erlangten. Dem Wissen der Frauen allein wurde scheinbar nicht viel Wert beigemessen. Gehört und gesehen wurde es erst, wenn es übernatürliche, göttliche oder böse Anklänge hatte. Ob die Magie real war oder nicht, spielt keine große Rolle, denn sie bot einen echten und glaubwürdigen Rahmen, in dem Frauen Macht und Autorität in wissenschaftlichen Fragen erlangen konnten.

S·
HER
LIN
DIS

Hildegard von Bingen

(um 1098 – 17. September 1179)

Die Äbtissin, Universalgelehrte und Mystikerin Hildegard von Bingen wurde um 1098 in Rheinhessen geboren. Sie war ein zerbrechliches und kränkliches Kind und soll schon im Alter von drei Jahren göttliche Visionen empfangen haben, deretwegen sie als sonderbar galt. Als sie acht Jahre alt war, brachten ihre Eltern sie in eine Frauenklause, die dem Benediktinerkloster Disibodenberg angeschlossen und der Obhut der Vorsteherin Jutta von Sponheim unterstellt war. Hildegard und Jutta standen einander sehr nahe, und als Jutta 1136 starb, wurde Hildegard zur Magistra vom Disibodenberg gewählt.

Hildegard hielt ihre mystischen Visionen von Gott in den *Scivias* fest, einem reich illuminierten dreiteiligen Werk, das ihr Ruhm und päpstliche Bestätigung einbrachte. Ihre Berühmtheit zog so viele neue Menschen an, die in den Orden eintreten wollten, dass St. Disibodenberg sie nicht alle aufnehmen konnte. Sie beschloss, mit ihren Nonnen in das nahe gelegene, neue Kloster Rupertsberg bei Bingen am Rhein umzuziehen. Auch dieses war bald überfüllt, und Hildegard schlug die Eröffnung eines zweiten Klosters in Eibingen vor. Als die Kirchenältesten ihr die Erlaubnis dazu verweigerten, erkrankte sie. Sie glaubte, dieses Schicksal habe Gott ihr auferlegt, weil sie seinen Willen nicht schnell genug umgesetzt hatte. Als die Ältesten endlich einlenkten, erhob sich Hildegard vom Krankenbett und eröffnete 1165 das Kloster, die heutige Benediktinerinnenabtei St. Hildegard.

Neben kosmologischen Theorien verfasste Hildegard zwei Abhandlungen über Medizin und Naturgeschichte, Texte über das Leben von Heiligen und die *Symphonia armonie celestium revelationum*, eine Sammlung von Original-Lyrik mit einer begleitenden Musikkomposition. Hildegard starb am 17. September 1179 auf dem Rupertsberg, wurde aber erst 2012 von Papst Benedikt XVI. heiliggesprochen. Im gleichen Jahr erhob Papst Benedikt sie auch zur Kirchenlehrerin und machte sie damit zu einer von nur vier Frauen, denen diese Ehre zuteilwurde.

Teil II

Renaissance & Aufklärung

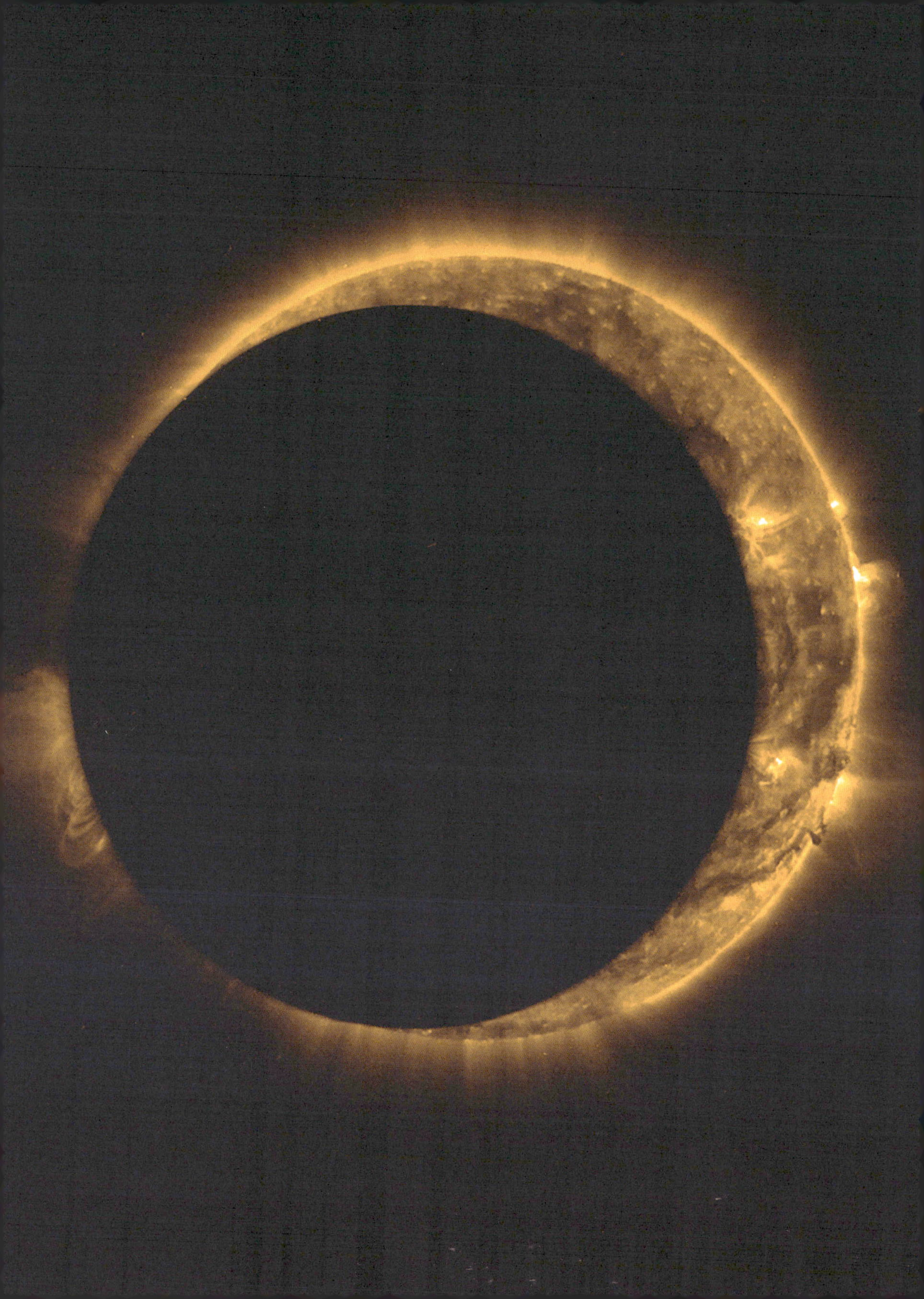

KAPITEL 3

Frauen beschreiten eigene Wege

PLANETENBAHNEN

1650 veröffentlichte Maria Cunitz (siehe Seite 44) *Urania Propitia* (Newe und Langgewünschete leichte Astronomische Tabelln), ein Buch mit anspruchsvoller Mathematik und astronomischen Berechnungen nach Keplerscher Astronomie. Es ist das früheste erhaltene wissenschaftliche Werk, das von einer Frau geschrieben wurde.[48] Im 17. Jahrhundert kam es selten vor, dass Frauen bedeutende Beiträge zu Naturwissenschaft und Mathematik leisteten, aber nicht, weil sie unqualifiziert waren. Vielmehr herrschte allgemein die Meinung, dass Frauen nicht in der Lage seien, in solchen Bereichen erfolgreich zu sein, und zu wissenschaftlichen Zirkeln keinen Zugang haben sollten. Mit *Urania Propitia* bewies Cunitz, dass Frauen genauso fähige Astronominnen und Mathematikerinnen sein konnten wie ihre berühmteren männlichen Kollegen.

Cunitz wurde in Schlesien geboren, kurz nachdem Johannes Kepler sein heliozentrisches Modell des Sonnensystems in *Astronomia Nova* (Neue Astronomie) publiziert hatte. Die Keplersche Astronomie, die die elliptischen Bahnen der Planeten nachwies, war im Europa des 17. Jahrhunderts eines von mehreren konkurrierenden Modellen des Sonnensystems. Cunitz unterstützte Keplers System, noch bevor die astronomische Gemeinschaft seine drei Gesetze der Planetenbewegung vollständig akzeptiert hatte (selbst Galileo Galilei nahm Keplers erstes Gesetz der elliptischen Bahnen nicht ohne Weiteres an).[49]

Trotz ihres Festhaltens an der Keplerschen Astronomie fand Cunitz Fehler in dessen *Rudolfinischen Tafeln* von 1627, einer Sammlung von Sternen, Planetentafeln und Anweisungen zur Berechnung von Planetenpositionen, und sie setzte sich die Aufgabe, diese zu korrigieren. In der daraus resultierenden *Urania Propitia* korrigierte sie viele von Keplers Fehlern und vereinfachte seine Berechnungen, indem sie die Logarithmen entfernte. Zwar enthielt auch Cunitz' Arbeit die für diese Art

← Nahezu vollständige Sonnenfinsternis, gesehen vom Mini-Satelliten Proba-2, Freitag, 20. März 2015.

von Tabellen üblichen Fehler, aber die Genauigkeit ihrer Tabellen übertraf die von Kepler. *Urania Propitia* wurde zweisprachig, in lateinischer und deutscher Sprache, veröffentlicht. Damit war das Buch auch »normalen« Menschen zugänglich, die nicht den Gelehrtenkreisen angehörten und kein Latein lesen konnten. Solche Publikationen trugen dazu bei, dass sich Deutsch als offizielle Wissenschaftssprache etablieren konnte.

Der Historiker Noel M. Swerdlow schrieb, die *Urania Propitia* sei »auf dem höchsten technischen Niveau ihrer Zeit, denn ihr Zweck war es, Lösungen für Schwierigkeiten in der fortschrittlichsten Wissenschaft des Zeitalters, der mathematischen Astronomie in Keplers *Rudolfinischen Tafeln*, zu liefern«.[50] Der französische Astronom Jean-Baptiste Joseph Delambre nannte Cunitz aufgrund ihres Werks eine »zweite Hypatia«. Sie gewann geradezu mythischen Status und wurde auch als Athene von Schlesien bekannt.

FORSCHUNG ALS FAMILIENUNTERNEHMEN

Auf Cunitz folgten im 18. Jahrhundert weitere Frauen, die sich mit Astronomie und Mathematik beschäftigten. Der Besuch einer Universität und die Mitgliedschaft in wissenschaftlichen Institutionen waren ihnen weiterhin weitgehend verwehrt, doch für Frauen aus höheren sozialen und wirtschaftlichen Schichten boten sich mehr Möglichkeiten zur wissenschaftlichen Betätigung als im Mittelalter. Das Zeitalter der Aufklärung ermutigte die Menschen im 18. Jahrhundert zur Kultivierung durch Bildung, einschließlich der Naturwissenschaften und der Mathematik.[51] Insbesondere Letztere wurde als geeignet für Frauen angesehen, da weder ein Labor voller Geräte noch eine voll ausgestattete Bibliothek erforderlich waren, beides kostspielige Dinge, die normalerweise Männern vorbehalten waren.[52] Obwohl Frauen eine wissenschaftliche Ausbildung nicht offenstand, wurde von ihnen erwartet, dass sie zumindest genügend grundlegende Kenntnisse in Naturwissenschaften und Mathematik erwarben, um sich an gesellschaftlichen Gesprächen beteiligen und ihren männlichen Verwandten und ihrem Gatten bei der Buchführung helfen zu können. Für Frauen, deren Ehemänner als Naturwissenschaftler oder Astronomen arbeiteten, waren Kenntnisse in Mathematik besonders nützlich.

Die Französin Nicole-Reine Étable de la Brière Lepaute (5. Januar 1723–6. Dezember 1788) war die Ehefrau des königlichen Uhrmachers Jean-André Lepaute. Durch ihre Arbeit mit ihm fand sie den Weg in die Welt der Wissenschaft: Ihre erste Zusammenarbeit war sein 1755 erschienenes Buch *Traité d'horlogerie* (Abhandlung über die Uhrmacherkunst). Sie berechnete die Schwingungen von Pendeln und Pendellängen, die mit Schwingungszahlen korrespondieren. Ihre Rechenkünste fielen dem Astronomen Jérôme Lalande auf, einem weiteren Mitarbeiter ihres Mannes.

Lalande war so beeindruckt von Lepaute, dass er sie um Mitwirkung bei der Lösung eines besonders schwierigen Problems für die astronomische Gemeinschaft bat – die Berechnung des Rückkehrdatums des Halleyschen Kometen.

Das Problem mit der Vorausberechnung des Rückkehrdatums hatten, so schien es, weder Edmond Halley selbst noch Isaac Newton lösen können. Als Halley sich zum ersten Mal mit der Rückkehr des Kometen beschäftigte, legte er Newtons Gravitationstheorie und eine neue mathematische Methode, das Infinitesimalkalkül, zugrunde, um den Weg des Kometen durch den Himmel zu kartieren. Sowohl Newton als auch Halley gingen davon aus, dass Kometen sich auf einer parabolischen Bahn um die Sonne bewegen, aber das Wissen um die Form und Richtung dieser Bahn war nur ein Teil der Gleichung. Ein weiteres Kriterium war die Geschwindigkeit des Kometen, die, wie sie wussten, stark von der Anziehungskraft von Jupiter und Saturn abhing. Der Komet und die Planeten bildeten ein Dreikörperproblem, bei dem jedes der drei Objekte die beiden anderen beeinflusste.[53] Halley und Newton waren wohl in der Lage, ein Zweikörperproblem zu berechnen, doch konnten sie keine Lösung für das Dreikörperproblem finden.[54] Die Lösung des Dreikörperproblems und die erfolgreiche Vorhersage der Rückkehr des Kometen wurden zu einem inoffiziellen Test für Newtons Gravitationstheorie: Wenn das vorhergesagte Datum mit der Rückkehr des Kometen übereinstimmte, hatte Newton recht. Wenn nicht, mussten die Wissenschaftler eingestehen, dass andere Kräfte als die Schwerkraft das Universum beherrschten.[55]

1757 stellten sich Lalande, Lepaute und ein weiterer Mitarbeiter, Alexis-Claude Clairaut, der Aufgabe, an der einige der berühmtesten Wissenschaftler ihrer Zeit bis dahin gescheitert waren. Von Juni bis September 1757 arbeiteten die drei von morgens bis abends im Palais Luxembourg und berechneten die Bewegung des Kometen auf seiner Bahn. Clairaut führte Berechnungen für den Kometen durch, während Lalande und Lepaute das Dreikörperproblem von Saturn und Jupiter in Angriff nahmen.[56] Lepaute gelang es schließlich, die Anziehungskraft zu berechnen, die Jupiter und Saturn auf den Kometen ausübten.[57] Sie sagten voraus, dass der Komet zwischen dem 15. März und dem 15. Mai 1758 das Perihel (den Punkt auf der Kometenbahn, an dem er der Sonne am nächsten ist) erreichen würde, und korrigierten damit die Vorhersage von Halley, der das Perihel für das Jahr zuvor angesetzt hatte.[58] Ihre Vorhersage lag nur um zwei Tage daneben: Der Komet umrundete die Sonne tatsächlich am 13. März.

Lepaute arbeitete danach an weiteren Projekten zusammen mit Lalande und betrieb sogar einige selbstständig. In den 1780er- und 1790er-Jahren veröffentlichten Lepaute und Lalande die Bände sieben und acht der *Éphémérides* (Ephemeriden), eines alle zehn Jahre erscheinenden Almanachs, der die Positionen von Sonne, Mond und Planeten vorhersagte. Astronomische Ephemeriden geben die Bahnen und Positionen von astronomischen Objekten im Lauf der Zeit an. Neun Jahre lang, zwischen 1775 und 1784, wirkte Lepaute auch an einem anderen Werk Lalandes mit,

←

NICOLE-REINE LEPAUTE

Nicole-Reine Lepaute, französische Mathematikerin und Astronomin, die zwischen 1747 und 1758 an den Berechnungen zur Umlaufbahn und zur Rückkehr des Halleyschen Kometen mitwirkte.

→

MARIA GAETANA AGNESI

Maria Gaetana Agnesi, italienische Mathematikerin und Philosophin, veröffentlichte *Instituzioni analitiche ad uso della gioventù italiana*, das erste Rechen-Lehrbuch in italienischer Sprache.

den *Éphémérides des mouvements célestes* (Ephemeriden der Himmelsbewegungen). Auf eigene Faust veröffentlichte Lepaute 1763 eine Karte der Sonnenfinsternis vom 1. April 1764, die den Verlauf der Finsternis in Viertelstunden-Schritten darstellte. Zudem veröffentlichte sie zwischen 1759 und 1774 eine Reihe von »Observations« in *Connaissance des temps* (Wissen der Zeiten), einer weiteren Publikation von Ephemeriden im nationalen astronomischen Jahrbuch Frankreichs.

Bekannt wurde Lepaute jedoch vor allem durch die Vorhersage der Rückkehr des Halleyschen Kometen. Beinahe wäre ihr die Anerkennung dafür verwehrt geblieben, weil Clairaut ihren Anteil an den Berechnungen herunterspielte und sie als seine eigenen ausgab. Lalande war über diese Unehrlichkeit empört und brach für ein Jahr den Kontakt zu ihm ab. Letztlich war es Lalande, der Lepautes maßgebliche Rolle in ihrer gemeinsamen Arbeit öffentlich anerkannte.[59] Rückblickend auf ihre gemeinsame Arbeit schrieb Lalande in seiner *Bibliographie* von 1803, dass »[Lepaute] allein die Berechnungen für die Position der Sonne, des Mondes und aller Planeten durchgeführt hat«, und er lobte sie als »die einzige Frau in Frankreich, die ein wahres Verständnis der Astronomie erlangt hat«.[60]

EIGENE KARRIEREWEGE

Das Europa der Aufklärung war für Frauen recht widersprüchlich. Einerseits wurden sie ermutigt, naturwissenschaftliche Kenntnisse zu erwerben, andererseits blieb ihnen eine eigene wissenschaftliche Karriere verwehrt. Wie Lepautes Geschichte zeigt, war es für Frauen schwierig, Anerkennung für ihre Arbeit zu erlangen, da sie so oft von männlichen Mitarbeitern als »unsichtbare Assistenten« in den Schatten gestellt wurden.[61] Damit eine Frau in ihrer wissenschaftlichen Arbeit sichtbar und eigenständig sein konnte, musste oft ein männlicher Mitarbeiter wie Lalande für sie sprechen. Selbst über Cunitz' *Urania Propitia* munkelte man in der astronomischen Gemeinschaft, es könne das Werk ihres Mannes sein. Dies veranlasste ihn dazu, ein klärendes Vorwort zu späteren Ausgaben zu schreiben, »damit nicht jemand fälschlicherweise denke, das Werk sei vielleicht nicht von einer Frau, sondern gebe vor, von einer Frau zu sein«.[62]

Maria Gaetana Agnesi aus Mailand (16. Mai 1718–9. Januar 1799) hatte ebenfalls das Glück, in ihrem Vater Pietro einen männlichen Unterstützer zu haben. Agnesi zeigte von klein auf einen scharfen Intellekt, der von Pietro und den von ihm engagierten Privatlehrern gefördert wurde. Pietros Antrieb war jedoch nicht nur die väterliche Liebe. Er suchte Zugang zur Aristokratie, indem er sich bei den Eliten der Stadt einschmeichelte, um so sein soziales Prestige zu steigern.[63] In seinem Palazzo veranstaltete er eine »*conversazione*«, einen elitären Diskussionszirkel, bei dem Agnesi häufig im Mittelpunkt stand. Sie erfreute Pietros Gäste, indem sie bereits im Alter von fünf Jahren Gespräche in fließendem Französisch führte und im Alter von zehn Jahren lateinische Reden zur Verteidigung der Frauenbildung hielt. Als

Teenager diskutierte sie sogar mit dem Prinzen von Polen in flüssigem Latein und Italienisch über die Newtonsche Physik.

Agnesi erkrankte 1730 an einem unbekannten Leiden und zog sich allmählich aus dem öffentlichen Leben zurück, das ihr Vater ihr aufgezwungen hatte. Im Jahr 1738 veröffentlichte sie *Propositiones philosophicae* (Philosophische Aufsätze), eine Sammlung von Essays über Naturphilosophie und Wissenschaft, die von der *conversazione* inspiriert waren. Vor allem aber konzentrierte sie sich auf die Mathematik, was auch mit ihrer Hingabe an den Katholizismus zusammenhing. Agnesi bezeichnete die Mathematik als »die größte irdische Freude, die der Menschheit zur Verfügung steht« und betrachtete sie als eine besondere Art von Wissen, das absolute Wahrheiten offenbaren konnte – eine passende Form des Studiums, um Gott zu betrachten.[64]

Als Katholikin und Anhängerin der Aufklärung fand Agnesi, dass die Kirche sowohl Elemente der modernen Wissenschaft aufnehmen als auch eine bessere Bildung für die Armen und Frauen ermöglichen sollte.[65] Zu diesem Zweck veröffentlichte sie 1748 die zweibändigen *Instituzioni analitiche ad uso della gioventù italiana* (Lehrbuch der Analysis für die italienische Jugend), ein einzigartiges, erstmals in italienischer und nicht in lateinischer Sprache verfasstes Rechen-Lehrbuch, das auch Menschen außerhalb der Elite zugänglich war. Das Werk war eine komplexe und doch leicht verständliche Synthese aus Algebra, Geometrie sowie Differential- und Integralrechnung, dem fortschrittlichsten Zweig der Mathematik zu Agnesis Zeit.[66] Agnesi widmete das Buch der Kaiserin Maria Theresia von Österreich und schrieb eine leidenschaftliche Verteidigung der Frauenbildung:

> *»Ich bin zutiefst überzeugt, dass in unserer Zeit, einem Zeitalter, an das sich die Nachwelt durch Ihre Herrschaft erinnern wird, jede Frau sich anstrengen und danach streben sollte, den Ruhm ihres Geschlechts zu fördern … «*[67]

AUSSERHALB EUROPAS

Als Autorinnen wissenschaftlicher Texte, die für Leser außerhalb gelehrter Kreise bestimmt waren, legten Cunitz mit ihrer deutschen *Urania Propitia* und Agnesi mit ihren italienischen *Instituzioni analitiche* den Grundstein für weitere Werke von Frauen, die Wissenschaft an ein Laienpublikum vermittelten. Diese Tradition dauerte bis ins 19. Jahrhundert an und war nicht auf Europa beschränkt.

Auch die chinesische Astronomin und Mathematikerin Wang Zhenyi (1768–1797) schrieb für Schüler und Laien. Zhenyi wurde 1768 während der Qing-Dynastie in der Präfektur Jiangning (heute Nanjing) geboren. Wie so viele andere gelehrte Frauen, denen die Teilnahme an Akademien und Institutionen sowohl in China als auch im Westen verwehrt war, begann Zhenyi ihre Ausbildung zu Hause. Ihr Großvater lehrte sie Astronomie und Mathematik, während ihre Großmutter sie in

Poesie unterrichtete. Einen Großteil ihres Wissens in Astronomie und Mathematik eignete sie sich jedoch autodidaktisch an, wie sie in dem vierbändigen Werk *Jenseits des Studiums der Mathematik* detailliert beschreibt. Ihr posthum erschienenes Werk *Die vorläufige Sammlung des Defeng-Pavillons* spiegelt wider, wie belesen sie war, und zeigt, dass sie sowohl Werke über chinesische Astronomie und Mathematik als auch westliche Texte wie Euklids Werk über Geometrie in *Elemente* gelesen hatte.[68]

Zhenyis Arbeit war auf interessante Weise vom chinesischen wie vom europäischen Denken beeinflusst. Einerseits hing sie bestimmten Strömungen der chinesischen Astronomie an, für die astronomische, himmlische Vorhersagen seit langer Zeit bedeutungsvoll waren: Wenn solche Vorhersagen von den kaiserlichen Astronomen präzise durchgeführt wurden, bestätigten sie den himmlischen Auftrag des Kaisers; waren sie aber ungenau, konnte er sein Mandat verlieren.[69] In *Disput über den Zug der Äquinoktien* beschrieb Zhenyi die Abfolge der Tagundnachtgleichen und deren Berechnung, aber sie widersetzte sich der Tradition, indem sie in *Die Erklärung einer Mondfinsternis* und *Die Erklärung einer Sonnenfinsternis* beide als Naturphänomene darstellte und nicht als Ereignisse, die zur Interpretation der kaiserlichen Macht herangezogen werden konnten. Sie entwickelte sogar ihr eigenes Arbeitsmodell einer Mondfinsternis: Eine kugelförmige Lampe an der Decke stellte die Sonne dar, ein runder Handspiegel repräsentierte den Mond und ein runder Tisch die Erde. Indem sie die drei in eine Linie brachte, konnte sie demonstrieren, wie eine Mondfinsternis möglich ist, wenn der Mond den Erdschatten durchläuft. In einer Zeit, in der das tychonische geo-heliozentrische Modell des Universums noch von den Qing-Astronomen favorisiert wurde, vertrat sie die Vorstellung eines sonnenzentrierten Universums.[70]

Stark beeinflusst war Zhenyi von Mei Wending (1633–1721), einem führenden Mathematiker der Qing-Zeit. Ähnlich wie Cunitz mit Keplers *Rudolfinischen Tafeln* schrieb Zhenyi Wendings *Grundlagen der Rechenkunst* um, um seine Multiplikations- und Divisionsberechnungen zu vereinfachen. Ihr Werk *Die Notwendigkeit der Berechnung* war daher verständlicher und für ein breiteres Publikum geeignet.[71] Andere zugängliche Mathematiktexte für Anfänger waren *Arithmetik leicht gemacht*, *Einfache Kalenderberechnungen* und *Einfache Gesetzmäßigkeiten der Berechnung*. Obwohl nur wenige vollständige Exemplare ihrer zahlreichen Werke erhalten geblieben sind, zeugt das, was überdauert hat, von einem unersättlichen Forschergeist.

Zhenyi, Cunitz, Lepaute und Agnesi sind nicht als Ausnahmeerscheinungen der Wissenschaftsgeschichte zu sehen, sie sind vielmehr Beweise dafür, dass Frauen schon immer in der Lage waren, in Astronomie und Mathematik erfolgreich zu sein. Die meisten ihrer Zeitgenossinnen hatten einfach nicht die Möglichkeiten dieser Vorreiterinnen, entweder weil sie einer niedrigeren sozialen Schicht angehörten oder ihnen kein männlicher Verwandter den Weg in die Wissenschaft ebnete.

Maria Cunitz

(um 1600/1610 – 22./24. August 1664)

Die zwischen 1600 und 1610 in Schlesien geborene Astronomin Maria Cunitz sollte später als zweite Hypatia und Athene von Schlesien bekannt werden. Als Frau blieb Cunitz eine formale Ausbildung verwehrt, stattdessen wurde sie zu Hause von ihrem Vater Henrich Cunitz, einem ausgebildeten Arzt, unterrichtet. Unter der Anleitung ihres Vaters und später ihres Mannes Elias von Löwen erwarb Cunitz fundierte Kenntnisse in Mathematik und Astronomie und erlernte sieben Sprachen fließend: Griechisch, Latein, Deutsch, Polnisch, Französisch, Italienisch und Hebräisch.

Cunitz und ihr Mann, den sie 1629 heiratete, betrieben gemeinsam Astronomie, und sie beherrschte bald auch höhere Mathematik. Sie verstand Keplers *Astronomia Nova* sehr gut und war eine der Ersten, die sich die drei Keplerschen Gesetze der Planetenbewegung zu eigen machte. Bei der Erforschung seiner *Rudolfinischen Tafeln,* einem Sternenkatalog mit Anleitungen zur Berechnung von Planetenpositionen, bemerkte sie einen Fehler in Keplers Berechnungen und korrigierte ihn.

1650 veröffentlichte sie auf eigene Kosten die *Urania Propitia,* eine korrigierte und vereinfachte 250-seitige Version von Keplers *Rudolfinischen Tafeln.* Sie veröffentlichte sie sowohl in Latein, der offiziellen Sprache der gelehrten europäischen Naturphilosophen und Mathematiker, als auch in der Volkssprache Deutsch. Dadurch trug sie dazu bei, Deutsch als Wissenschaftssprache zu etablieren.

Als Cunitz im August 1664 starb, war *Urania Propitia* das einzige Werk, das sie veröffentlicht hatte. Aber da das Buch ein so bemerkenswerter Beitrag zur Astronomie war, hat ihr Vermächtnis Bestand. Ihr zu Ehren wurden 1960 der Asteroid Mariacunitia und 1961 der Cunitz-Krater auf der Venus benannt.

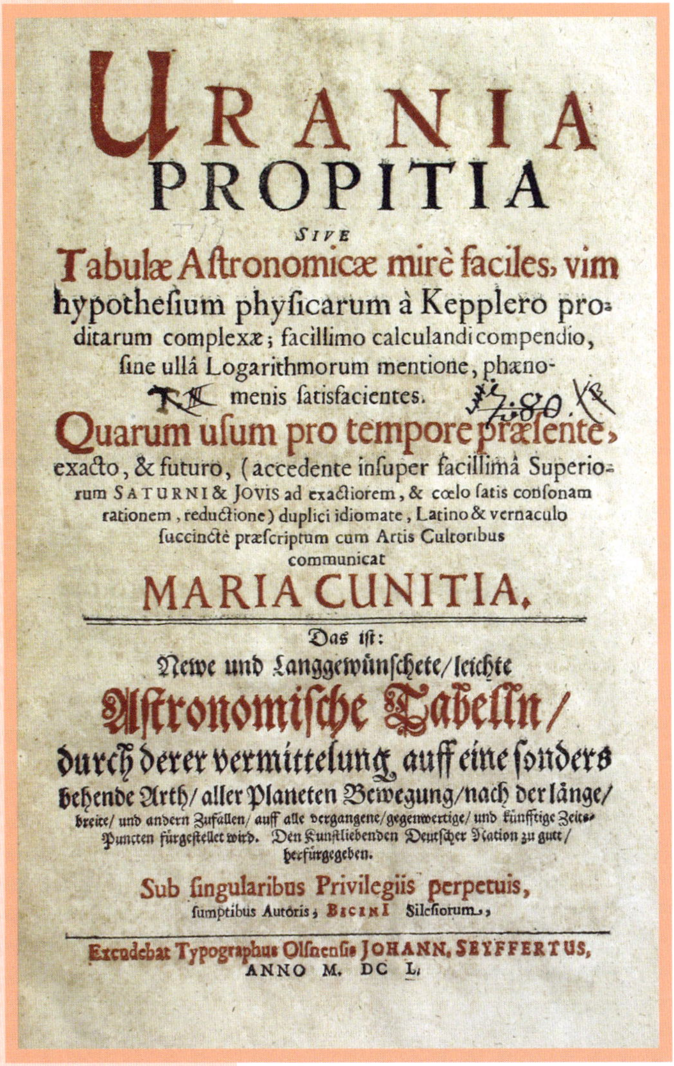

URANIA
PROPITIA
SIVE
Tabulæ Astronomicæ mirè faciles, vim hypothesium physicarum à Kepplero proditarum complexæ; facillimo calculandi compendio, sine ullâ Logarithmorum mentione, phænomenis satisfacientes.
Quarum usum pro tempore præsente, exacto, & futuro, (accedente insuper facillimâ Superiorum SATURNI & JOVIS ad exactiorem, & cœlo satis consonam rationem, reductione) duplici idiomate, Latino & vernaculo succinctè præscriptum cum Artis Cultoribus communicat
MARIA CUNITIA.
Das ist:
Newe und Langgewünschete/ leichte
Astronomische Tabelln/
durch derer vermittelung auff eine sonders behende Arth/ aller Planeten Bewegung/ nach der länge/ breite/ und andern Zufällen/ auff alle vergangene/ gegenwertige/ und künfftige Zeit-Puncten fürgestellet wird. Den Kunstliebenden Deutscher Nation zu gutt/ herfürgegeben.
Sub singularibus Privilegiis perpetuis, sumptibus Autoris; BICINI Silesiorum.
Excudebat Typographus Olsnensis JOHANN. SEYFFERTUS, ANNO M. DC L.

↑ Titelblatt von Maria Cunitz' *Urania Propitia* aus dem Jahr 1650.

KAPITEL 4

Ehefrauen und Schwestern in wissenschaftlicher Partnerschaft

LIEBENDE ASSISTENTIN ODER EIGENSTÄNDIGE CHEMIKERIN?

In einem Doppelporträt von Marie-Anne Paulze (20. Januar 1758–10. Februar 1836) und Antoine Lavoisier aus dem Jahr 1788 verewigte der französische Maler Jacques-Louis David eines der berühmtesten Wissenschaftlerpaare der Geschichte. Das Porträt zeigt das Paar bei der Arbeit: Antoine sitzt an einem mit einem scharlachroten Samttuch bedeckten Tisch, seine chemischen Instrumente vor sich, und hält beim Schreiben seiner *Traité élémentaire de chimie* (System der antiphlogistischen Chemie) inne, um Marie-Anne über die Schulter zu schauen. Sie steht in einem wallenden weißen Kleid hinter ihm, eine Hand auf seiner Schulter, die andere auf den Tisch gestützt, während sie direkt aus dem Porträt schaut. Es scheint, dass sie ihre eigene Arbeit am Zeichentisch hinter sich unterbrochen hat, um Antoines Werk zu überprüfen. Obwohl von Marie-Anne und Antoine separate Porträts existieren, ist Davids Darstellung des Paares in ihrem Pariser Heimlabor zu dem Bild geworden, das man am ehesten mit dem Namen Lavoisier verbindet.

Das Gemälde, das unter dem Titel *Antoine-Laurent Lavoisier und seine Frau* bekannt wurde, hat man im Lauf der Zeit unterschiedlich interpretiert – mal als Ausdruck von Marie-Annes Hingabe als Antoines liebende Assistentin, mal als Beweis für Marie-Annes gleichberechtigte Mitwirkung an der Entstehung der modernen Chemie.[72] Die Wahrheit liegt vermutlich dazwischen.

Marie-Anne Pierrette Paulze wurde 1758 in Montbrison, Frankreich, geboren. Im Alter von 13 Jahren heiratete sie 1771 den 15 Jahre älteren Antoine. Dieser war ein wohlhabender Anwalt, aber seine wahre Berufung war die Naturwissenschaft, vor allem die Chemie. Antoine war eine Schlüsselfigur in der chemischen Revolution

← Jacques-Louis Davids Doppelporträt von Antoine-Laurent Lavoisier und Marie-Anne Lavoisier (Marie-Anne Pierrette Paulze) entstand im Jahr 1788.

des 18. Jahrhunderts und gilt heute als »Vater der modernen Chemie«, weil er die vorherrschende Theorie des Phlogiston umstieß, indem er die Rolle des Sauerstoffs bei der Verbrennung entdeckte. Es ist möglich, dass nichts davon ohne Marie-Anne geschehen wäre.

Bald nach ihrer Heirat erlernte Marie-Anne Englisch und Latein, allein um Antoine zu unterstützen, denn seine Kenntnisse dieser Sprachen waren dürftig. Da viele richtungsweisende Forschungen auf dem Gebiet der Chemie in Großbritannien stattfanden und auf Englisch publiziert wurden, waren Marie-Annes Übersetzungen entscheidend, um Antoine mit dem neuesten Wissen zu versorgen und ihm die Teilnahme an gelehrten Debatten zu ermöglichen. Marie-Anne bat Antoine, sie auch in Chemie zu unterrichten, zudem stellte das Paar Privatlehrer für ihre weitere Bildung ein.[73] Das eigene chemische Wissen versetzte sie in die Lage, differenzierter zu übersetzen und französische Ausgaben chemischer Schriften durch eigene Kommentare, Kritiken und Vorworte zu ergänzen.

Laut einem zeitgenössischen Bericht von Arthur Young, der das Haus der Lavoisiers besuchte, arbeitete Marie-Anne im Labor an der Seite von Antoine.[74] Auch Marie-Annes im Labor gezeichnete Skizzen lassen ihre eigentliche Rolle dort erkennen. Zwei der erhaltenen Zeichnungen zeigen Antoine und ein Team von Assistenten, die Experimente zu Sauerstoff und Atmung durchführen, während Marie-Anne an einem Tisch sitzt, das Experiment aufmerksam beobachtet und aufzeichnet. Sie war keine unsichtbare Assistentin, sie wollte gesehen werden. Deshalb setzte sie sich ins Bild, fügte sich und ihre Rolle im Labor in ihre künstlerischen Skizzen ein.

Als begabte Künstlerin und Chemikerin schuf sie 13 Kupferstiche für Antoines 1789 erschienenes *Traité élémentaire de chimie* (System der antiphlogistischen Chemie). Die akribisch vorbereiteten Platten, die alle mit »Paulze Lavoisier sculpsit« signiert sind, zeigen genaue, maßstabsgetreue Zeichnungen von Antoines Geräten. Diese realistische Darstellung war eine deutliche Abweichung von anderen chemischen Texten der Zeit, die in der Regel mit wenig realitätsgetreuen Abbildungen illustriert waren.[75] Marie-Annes Stiche und die darin dargestellten Details waren eine wertvolle Ressource für andere Chemiker, die eigenen Instrumente bauen und Antoines Ergebnisse nachvollziehen wollten, was das Buch und letztlich auch Antoines Chemie umso bekannter machte.[76]

Antoine, der sowohl Aristokrat als auch Steuereintreiber war, wurde 1794 während der sogenannten Schreckensherrschaft der Französischen Revolution auf der Guillotine hingerichtet. Marie-Anne arbeitete nach seinem Tod unermüdlich daran, Antoines Ruf wiederherzustellen. Sie prangerte diejenigen an, die an den Anschuldigungen beteiligt waren, die zu seiner Inhaftierung und Enthauptung führten. Nachdem sie selbst zwei Monate in der Bastille inhaftiert gewesen war, forderte Marie-Anne die beschlagnahmten Laborgeräte und andere Besitztümer zurück und veröffentlichte Antoines Manuskript zu *Mémoires de physique et de chimie* (Physik und Chemie), das er während seiner Inhaftierung verfasst hatte. Um den Ruf ihres verstorbenen Mannes als Symbolfigur der modernen Chemie zu festigen, verfasste sie ein anonymes Vorwort, das ihm, und nur ihm, die neue Welt der Chemie zuschrieb.

Nach modernen Maßstäben mag es so aussehen, als hätte Marie-Anne die Rolle einer untergeordneten Assistentin gespielt, aber die Geschichte der Lavoisiers steht beispielhaft für die gleichberechtigte wissenschaftliche Zusammenarbeit zwischen Männern und Frauen. Während der Aufklärung wurden Frauen und Männer als unterschiedlich, aber komplementär zu den gegensätzlichen Grundnaturen des jeweils anderen gesehen: Frauen waren die zivilisierende Kraft, die die Aggression der Männer einhegte.[77] Das Doppelporträt von Marie-Anne und Antoine zeigt, dass hier zwei eigenständige wissenschaftliche Arbeitsformen zusammenwuchsen und in der Arbeit gipfelten, die vor Antoine auf dem Tisch liegt.

PARTNERSCHAFT IN DEN STERNEN

Die Lavoisiers waren nicht das einzige Wissenschaftlerpaar, wenn auch eins der berühmtesten. Bevor Marie-Anne im Labor Experimente im Bild festhielt, leitete Elisabetha Catherina Koopman Hevelius (17. Januar 1647–22. Dezember 1693) die große Privatsternwarte *Stellaeburgum* (Dorf der Sterne) ihres Mannes. Auch die Zusammenarbeit zwischen Elisabetha und Johannes Hevelius aus Danzig wurde im Bild verewigt. In einem Stich auf dem Titelblatt zu Johannes' *Machina Coelestis* (Himmelsmaschine) von 1673 steht ein riesiger Messingsextant in der Mitte eines offenen Fensters, durch das der Himmel zu sehen ist. Um Messungen mit dem großen Sextanten vorzunehmen, waren zwei Personen nötig. Links bedient Johannes das Instrument, rechts Elisabetha. Dies war das erste gedruckte Bild einer Astronomin bei der Arbeit.[78]

Die 1647 geborene Elisabetha hatte sich schon immer für die Sterne interessiert. Schon als Mädchen suchte sie Johannes auf, der in ihrem Geburtsjahr seinen berühmten Mondatlas *Selenographia* veröffentlicht hatte. Er versprach, sie über die Wunder der Astronomie zu unterrichten, wenn sie älter war. Dieses Versprechen vergaß Elisabetha nicht. Als seine erste Frau Catherina starb, erinnerte die damals 15-jährige Elisabetha den 50-jährigen Johannes an seine Worte. Wenige Monate später heirateten die beiden. Damit begann eine wissenschaftliche Partnerschaft, die fast 20 Jahre dauern sollte.

In einer Zeit, in der ein Universitätsstudium für Frauen kaum möglich war, bot die Ehe mit einem so angesehenen Wissenschaftler einer intelligenten und wissbegierigen Frau eine attraktive Perspektive. Für Elisabetha war der Zugang zu einem der berühmtesten Observatorien Europas die nächstbeste Lösung. Sie nahm die Rolle der Forscher-Ehefrau mit großem Eifer an und führte gleichzeitig einen Haushalt mit drei Kindern. Wenige Jahre nach ihrer Heirat übernahm sie die Leitung von

←

ELISABETHA HEVELIUS

Der Stich aus dem 17. Jahrhundert zeigt Johannes und Elisabetha Hevelius mit ihrem Messingsextanten in ihrer Sternwarte *Stellaeburgum*.

→

CAROLINE LUCRETIA HERSCHEL

Die Astronomen und Geschwister Wilhelm und Caroline Herschel auf einer Lithografie aus dem 19. Jahrhundert.

Stellaeburgum, assistierte und kooperierte mit anderen Astronomen, die in der mit erstklassigen Instrumenten ausgestatteten Sternwarte arbeiteten. Einem Bericht zufolge war auch Edmond Halley als junger, aufstrebender Astronom bei ihnen zu Gast, und Elisabetha tat sich sogar mit Halley zusammen, um ihn in der Verwendung des Sextanten zu unterrichten.[79]

Wie Marie-Anne Lavoisier (siehe Seite 47) übernahm Elisabetha für ihren Mann Schriftverkehr, übersetzte lateinische Texte und den Briefwechsel mit anderen Astronomen. Sie arbeitete aber auch an Sternberechnungen, die Johannes nutzte, um die Sternenkataloge und -karten von Johannes Kepler zu verbessern. Im 16. Jahrhundert wünschten sich die Astronomen präzisere Kataloge, die die Sternparallaxe gemäß der kopernikanischen Theorie der Bewegung der Erde um die Sonne berücksichtigten.[80] Aber die Berechnung der Entfernung zwischen nahen und weiter entfernten Sternen war außerordentlich schwierig, zumal sie dies nur mit den Messinginstrumenten und dem bloßen Auge versuchten.

Nach fast 16 Jahren gemeinsamer Arbeit fielen 1679 fast alle Instrumente, Daten und die Bibliothek des Ehepaars Hevelius einem Brand zum Opfer. Das Paar musste zunächst alles neu aufbauen, bevor es weiter forschen konnte. Nach Johannes' Tod im Jahr 1687 setzte Elisabetha die Forschungen allein fort und veröffentlichte schließlich 1690 das Hauptwerk ihres gemeinsamen Forscherlebens *Prodromus Astronomiae,* eine Sammlung von drei Publikationen.

Die erste war ein Katalog der Positionen und Helligkeiten von 1564 Sternen, 600 neu entdeckten Sternen und etwa einem Dutzend neuer Sternbilder. Der *Prodromus* enthielt auch eine Dokumentation der Berechnungsmethoden und Beispiele dafür, wie Johannes einen Sextanten und einen Quadranten benutzte, um die Länge und Breite eines Sterns zu berechnen.[81] Der *Prodromus Astronomiae* war der bis dahin größte und genaueste Sternenkatalog, und er war der letzte, der ohne die Hilfe eines Teleskops fertiggestellt wurde.[82]

Obwohl der *Prodromus Astronomiae* zweifellos ein Gemeinschaftswerk des Paars war, wurde, wie damals üblich, nur Johannes als Autor genannt. Weil Elisabethas Arbeit in der ihres Mannes aufging, ist es schwierig, ihre Beiträge zu den veröffentlichten Texten genau zu quantifizieren. Elisabetha wurde dennoch bekannt. Viele andere Ehefrauen von Wissenschaftlern hingegen blieben unsichtbar, weil sie auf den Titelblättern der Publikationen nicht genannt wurden. Johannes brach mit der Tradition, als er sie nicht nur bildlich, sondern auch schriftlich in die *Machina Coelestis* einbezog, indem er »seiner liebsten Frau« bestimmte Beobachtungen ausdrücklich zuschrieb.

Nicht nur Ehepaare bildeten Forschungspartnerschaften, auch Brüder und Schwestern arbeiteten zusammen. Wenig bekannt ist beispielsweise die Kollaboration von Lady Katherine Ranelagh (22. März 1615–3. Dezember 1691) und ihrem Bruder Robert Boyle, einer herausragenden Persönlichkeit der Chemie, Philosophie und modernen experimentellen Wissenschaft. Lady Ranelagh war zwölf Jahre älter als ihr Bruder. Anders als Marie-Anne Paulze Lavoisier und Elisabetha Koopman Hevelius, die aktiv an den Experimenten und Berechnungen beteiligt waren, war Lady Ranelagh eher eine Mentorin ihres Bruders. Und da keine bildlichen Darstellungen dieser Partnerschaft existieren, ist Lady Ranelagh zu einer Fußnote in Boyles Leben und Karriere verkommen.

Lady Ranelagh war eine der angesehensten und einflussreichsten Frauen im England des 17. Jahrhunderts. Obwohl ihr Privatleben aufgrund einer arrangierten Ehe und der letztendlichen Trennung von Arthur Jones (dem späteren Viscount Ranelagh) unglücklich war, stand sie mit bekannten Intellektuellen und mit Parlamentsmitgliedern ihrer Zeit in gutem Kontakt. Sie war Mitglied des »Hartlib Circle«, der 1630 von Samuel Hartlib gegründet wurde und ein Korrespondenznetzwerk von politisch engagierten und wissenschaftlich interessierten europäischen Intellektuellen war, darunter der Schriftsteller John Milton, William Laud, der Erzbischof von Canterbury und schließlich Boyle selbst. Als Teenager korrespondierte Boyle häufig mit seiner älteren Schwester, und aus diesen Briefen erschließt sich Lady Ranelaghs Einfluss auf die intellektuelle und moralische Entwicklung des jungen Boyle.[83]

Während seiner philosophisch-ideologischen Entwicklung suchte Boyle den Rat von Lady Ranelagh. Oft nutzte er ihre Anekdoten, um seine Ideen zu verdeutlichen, und benannte sie manchmal als »meine Schwester«. Seine philosophische Publikation *Occasional Reflections Upon Several Subjects* (Gelegentliche Reflexionen zu mehreren Themen) widmete Boyle in Gänze seiner Schwester und nannte sie »Sophronia«, ein griechisches Wort für Mäßigung und Weisheit. Aus Gründen des Anstands nannte Boyle Lady Ranelagh in seinen Schriften jedoch nie namentlich, was es erschwert, ihren genauen Einfluss auf sein Werk zu bestimmen.[84]

Bruder und Schwester begeisterten sich für die Chemie. Lady Ranelagh las Boyles Entwürfe chemischer Texte und ermutigte ihn, seine Werke zu veröffentlichen. In ihrer Korrespondenz tauschten sie sich über chemische Rezepturen und Experimente aus. Lady Ranelagh kannte sich mit den chemischen Aspekten der Medizin aus, die ihrer Meinung nach der Zweig der Naturwissenschaft mit dem größten praktischen Nutzen für die Gesellschaft war.[85] Wegen ihrer medizinischen Rezepturen war sie so angesehen, dass Boyle sie in seinen eigenen Werken oft als maßgebliche Quelle zitierte, vor allem in *Usefulness of Natural Philosophy* (Überlegungen zur Nützlichkeit experimenteller Naturphilosophie), und sie als »a great

Lady« bezeichnete.[86] Als Boyle zu seiner Schwester zog, wo er die nächsten 23 Jahre bis zu ihrem fast gleichzeitigen Tod im Jahr 1691 lebte, richtete Lady Ranelagh ihm ein Heimlabor mit allem ein, was er brauchte.

Im Jahr 1660 löste sich der Hartlib-Zirkel auf, in dem Lady Ranelagh bedeutenden Einfluss genoss, und die Royal Society wurde offiziell gegründet. Viele Angehörige des Hartlib-Zirkels, so auch Robert Boyle, fungierten als Gründungsmitglieder. Frauen waren als Mitglieder der Royal Society nicht zugelassen. Somit war Lady Ranelagh ausgeschlossen, obwohl sie demselben intellektuellen Milieu angehörte und einen engen Austausch mit Mitgliedern der Royal Society pflegte.[87]

Weil Boyle in seinen Werken Pseudonyme für Lady Ranelagh verwendete und weil sie von der Royal Society ausgeschlossen war, kann ihre Rolle in der wissenschaftlichen Revolution leicht übersehen werden. Ihre intellektuelle Kraft ist jedoch in einem Maß in Boyles Werk eingeflossen, das vielleicht nie genau quantifiziert werden kann. Mehr noch: Die Ideen, die sie durch ihre Beziehungen zu wichtigen Mitgliedern des Hartlib-Zirkels und später der Royal Society vorantrieb, bildeten einen Teil des Fundaments der »Society«, das noch heute Bestand hat.

SCHRITTE IN DIE UNABHÄNGIGKEIT

Im Gegensatz zu Lady Ranelagh hat Caroline Lucretia Herschel (16. März 1750–9. Januar 1848) als Teil der bekanntesten wissenschaftlichen Geschwisterpartnerschaft mit ihrem älteren Bruder Wilhelm einiges an Anerkennung erhalten. Allerdings hatte sie trotz nennenswerter Leistungen und astronomischer Entdeckungen wenig Handlungsspielraum und Unabhängigkeit, wie sie selbst erkannte: »Ich bin nichts. Ich habe nichts getan; alles, was ich bin, alles, was ich weiß, verdanke ich meinem Bruder. Ich bin nur das Werkzeug, das er zu seinem Gebrauch geformt hat.«[88]

Wie viele Frauen im 18. Jahrhundert besaß Caroline nur eine begrenzte Bildung. Hinzu kam, dass sie in ihrer Kindheit ein Maß an Vernachlässigung erlebte, das an Missbrauch grenzte.[89] Ihr Bruder Wilhelm, zu dem sie das engste Verhältnis hatte, holte sie aus dem Familienhaushalt in Hannover zu sich nach England und stellte sie als Haushälterin und Assistentin an. Dafür fühlte sie sich ihm stets verpflichtet. Ursprünglich war Wilhelm als Musiker tätig, und Caroline arbeitete mit ihm als Notenkopistin und Sängerin. Als Wilhelm sein Interesse der Astronomie zuwandte, stellte er Caroline kurzerhand und ohne sie zu fragen als Assistentin ein. In ihren Memoiren erinnert sie sich an sein aufmunterndes Wortspiel bei der Übergabe des schwenkbaren Teleskops, es sei ein »telescope adapted for ›sweeping‹«, sie könne es also einfach wie einen Besen schwingen.[90]

In ihrer neuen Funktion als Assistentin protokollierte Caroline Wilhelms Beobachtungen, polierte seine Teleskopspiegel und kopierte astronomische Kataloge. Sie versorgte ihn mit Essen und las ihm vor, während er arbeitete – Aufgaben, die weit außerhalb des Aufgabenbereichs einer Assistentin lagen. Im Jahr 1786 veröffentlichte Wilhelm den *Catalogue of Nebulae and Clusters of Stars* (Katalog der Nebel und Sternhaufen) in den *Philosophical Transactions*, und trotz Carolines gewissenhafter Mitarbeit bei der Zusammenstellung trug der veröffentlichte Katalog nur Wilhelms Namen – sie war nur die namenlose Assistentin. Nach Wilhelms Tod jedoch ordnete Caroline die Nebel und Sternhaufen des Katalogs neu in Zonen ein. Dieses kolossale Projekt erforderte die Neuordnung von 2500 Nebeln. Der überarbeitete Katalog wurde in *New General Catalogue* umbenannt, und Caroline wurde für ihr Werk 1828 mit der Goldmedaille der Royal Astronomical Society (RAS) ausgezeichnet.

Durch eigene Beobachtungen entdeckte Caroline zwischen 1786 und 1797 acht neue Kometen. Fünf davon wurden in den *Philosophical Transactions of the Royal Society* veröffentlicht, womit sie die erste Frau war, die dort publizierte. Zusätzlich zu ihren Kometen entdeckte sie auch drei neue Nebel und identifizierte 560 Sterne, die von John Flamsteed, seines Zeichens »erster Königlicher Astronom«, in seinem maßgeblichen Sternenkatalog übersehen worden waren. 1798 veröffentlichte sie den *Catalogue of Stars, taken from Mr. Flamsteed's Observations* (Sternenkatalog aus den Beobachtungen von Herrn Flamsteed), der die zusätzlichen Sterne

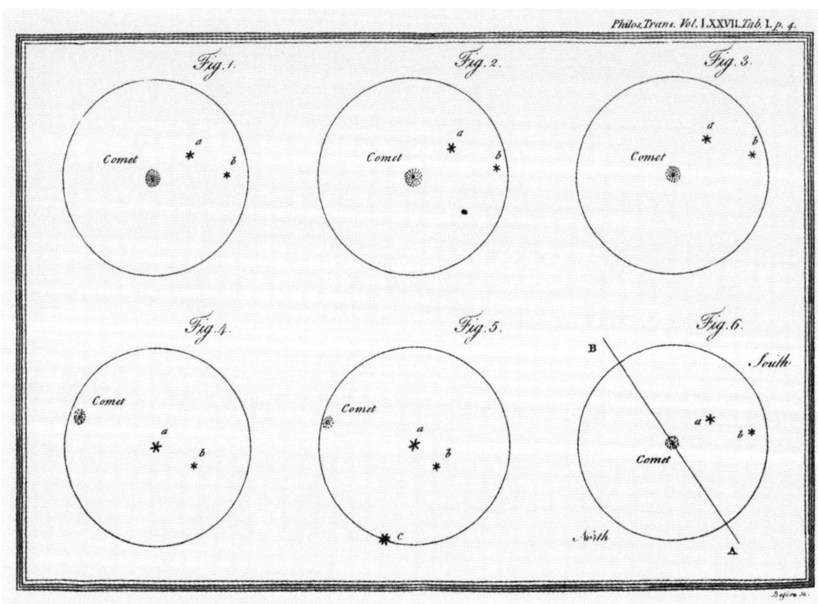

↑ Das Schaubild zeigt sechs verschiedene Positionen eines Kometen, der von Caroline Herschel im August 1786 entdeckt wurde. Es wurde am 1. Januar 1787 in den *Philosophical Transactions* veröffentlicht.

und ein von ihr erstelltes Register enthielt, um die Beobachtungen leicht mit ihrem Eintrag abgleichen zu können.

Caroline wurde als Ehrenmitglied in die RAS aufgenommen und zudem vom König von Preußen mit der Goldmedaille für Wissenschaft ausgezeichnet. Viel Freude hatte Caroline an den lobenden Ehrungen nicht. In ihren Memoiren schrieb sie zur Ehrenmitgliedschaft in der RAS: »Gott weiß, wofür.« Am meisten scheint sie sich darüber gefreut zu haben, dass sie für die Unterstützung ihres Bruders ein Stipendium von 50 Pfund pro Jahr von der Krone erhielt, was sie zur ersten professionellen Wissenschaftlerin in Großbritannien machte. Dies war eine der wenigen Gelegenheiten in ihrem Leben, in denen sie eine gewisse Form von Unabhängigkeit genoss: »... das erste Geld, von dem ich jemals in meinem Leben dachte, dass es mir freisteht, es ganz nach meinem eigenen Belieben auszugeben.«[91]

VON DER GESCHICHTE VERDRÄNGT

Die romantisierte Geschichte von der Forscherehe, in der eine liebende Ehefrau ihrem berühmten Mann selbstlos zur Seite stand, wurde über Jahrhunderte unkritisch überliefert. Wie begabt oder intelligent diese Frauen auch waren, sie wurden auf die Rolle einer hilfreichen Assistentin reduziert – eine Position, die der untergeordneten Stellung der Frau gegenüber den Männern in der Gesellschaft im Allgemeinen entsprach.[92] Aber das Wissen dieser Frauen und die Arbeit, die sie leisteten, waren durchaus wesentlich, nicht nur für die Veröffentlichungen ihrer Ehemänner und Brüder, sondern auch für die Entwicklung der modernen Wissenschaft und ihrer Institutionen. Der Versuch, die Beiträge dieser Partner separat zu quantifizieren und zu bewerten, ist müßig, denn es handelt sich um Arbeit, die gleichberechtigt und gemeinschaftlich geleistet wurde und demselben Zweck diente.

ANDREAE VESALII
BRVXELLENSIS, SCHOLAE
medicorum Patauinæ professoris, de
Humani corporis fabrica
Libri septem.
CVM CAESAREAE
Maiest. Galliarum Regis, ac Senatus Veneti gra-
tia & priuilegio, ut in diplomatis eorundem continetur.

BASILEAE.

KAPITEL 5

Frauen und die Anatomie in der Wissenschaftlichen Revolution

DIE ANDERE WISSENSCHAFTLICHE REVOLUTION

Historiker betrachten die Zeit von der Mitte des 16. bis zur Mitte des 18. Jahrhunderts als die wichtigste und produktivste Zeit in der Geschichte der Naturwissenschaft in Europa. In diesen zwei Jahrhunderten wurden viele bedeutende wissenschaftliche Fortschritte erzielt, darunter Nikolaus Kopernikus' Erklärung des heliozentrischen Kosmos im Jahr 1543 und William Harveys Veröffentlichung seiner Theorie des Blutkreislaufs im Jahr 1628. Wegen der vielen wegbereitenden Entdeckungen und Durchbrüche wird die Frühe Neuzeit oft als Zeit der »Wissenschaftlichen Revolution« bezeichnet, und im allgemeinen Verständnis umfasst dieser Begriff das Leben und die Arbeit berühmter Männer. Frauen hatten nur begrenzte Möglichkeiten, an der entstehenden Wissenschaftskultur teilzuhaben, da sie von den Laboratorien und Universitäten, die in Europa und auf der ganzen Welt entstanden, ausgeschlossen waren. In den letzten Jahrzehnten haben feministische Historikerinnen jedoch daran gearbeitet, die Rolle der Frauen in dieser fruchtbaren Periode der Wissenschaften neu zu beleuchten.

Visuelle Darstellungen gehören zu den wichtigsten Quellen, aus denen die Rolle von Frauen in der Wissenschaft dieser Zeit analysiert werden können. Während der Wissenschaftlichen Revolution ermöglichte die Verbreitung gedruckter Bücher eine schnellere Weitergabe von Wissen, und komplexe Illustrationen waren leichter zu reproduzieren. Die visuelle Kultur ist eines der Markenzeichen der Frühen Neuzeit, und nirgends ist diese Visualität als Medium für die Schaffung und Vermittlung von Wissen wichtiger als in der Wissenschaft der Anatomie. Durch zwei- und dreidimensionale Darstellungen des menschlichen Körpers erlangten

← Titelblatt von *De humani corporis fabrica* (Vom Bau des menschlichen Körpers) des Anatomen Andreas Vesalius, erschienen 1543. Der Holzschnitt zeigt eine öffentliche Sektion, die Vesalius am Leichnam einer Strafgefangenen vornimmt.

die frühneuzeitlichen Anatomen ein komplexes visuelles Verständnis des menschlichen Körpers. Das hatte auch Auswirkungen auf die soziale und kulturelle Stellung der Frau: Frauen waren bestrebt, Wissen über ihren eigenen Körper zu erlangen, sie nutzten dieses Wissen, um andere Frauen zu heilen. Frauen haben Wege gefunden, trotz Verboten Naturwissenschaften zu studieren, und so bewirkt, dass wir die Wissenschaftliche Revolution heute nicht mehr als ausschließlich männlich dominiert verstehen.

DIE FRÜHE MODERNE IM ZEITALTER DES KÖRPERS

Im Jahr 1543, demselben Jahr, in dem Kopernikus sein umstrittenes Werk *De revolutionibus orbium coelestium* (Über die Umlaufbahnen der Himmelssphären) veröffentlichte, publizierte der Anatom und unverbesserliche Gelegenheits-Grabräuber Andreas Vesalius das prächtigste illustrierte Buch über Anatomie in der westlichen Welt, *De humani corporis fabrica* (Vom Bau des menschlichen Körpers). Die ursprüngliche Folio-Ausgabe war 43 Zentimeter hoch und enthielt auf über 700 Seiten detaillierte Holzschnitt-Illustrationen des sezierten menschlichen Körpers. Da der Druck enorm teuer war, konnten sich nur die Wohlhabenden und Gebildeten das Werk leisten. Das Titelblatt zeigt eine öffentliche Anatomie-Demonstration, bei der Vesalius selbst einen Körper vor einer riesigen Zuschauermenge seziert. Auf dem Seziertisch liegt die einzige Frau in der Szene, eine namenlose Gefangene, deren Gebärmutter dem gaffenden Publikum präsentiert wird.

Die übliche Vorstellung, die man von einem Anatomiestudium hat, ähnelt wohl dem Titelblatt von Vesalius' Buch: Ein distinguierter Professor demonstriert vor eifrigen Studenten die Sektion eines Menschen. Tatsächlich liegen die Wurzeln der anatomischen Praxis aber nicht in der universitären medizinischen Lehre, sondern in den Bereichen der Volksheilkunde, der religiösen Praxis und im Wissen der Frauen. Die Historikerin Katharine Park hat sich mit der Autopsie und der Aufbewahrung von Reliquien sezierter heiliger Frauen in der religiösen Praxis befasst und auch dokumentiert, dass wohlhabende Frauen, die im Kindbett starben, obduziert wurden, um die Ursache ihrer Krankheit zu finden. Beide Sezierpraktiken fanden außerhalb der akademischen Anatomie statt, aber im Mittelpunkt beider stand die mysteriöse Natur des weiblichen Körpers und die Nutzbarmachung der Geheimnisse, die er bergen könnte. Frauen schienen ein geheimes Wissen über Sexualität und Zeugung und die unsichtbaren inneren Strukturen des Körpers zu besitzen, das normalerweise Männern wie Frauen unbekannt blieb.[93]

Die Anatomie ist eine der Wissenschaftsdisziplinen, in der das komplexe Wechselspiel zwischen Frauen als Praktikerinnen und als Forschungsobjekte am deutlichsten wird. Frauen waren in der Anatomie schon immer *Wissende*, in dem Sinne, dass sie, wie jeder andere auch, Körper haben, über die sie intimes Wissen besitzen. Außerdem haben Frauen im Lauf der Geschichte Wissen über die Körper anderer Frauen, mit denen sie verwandtschaftliche, gemeinschaftliche oder berufliche Beziehungen hatten, erworben und genutzt. Der weibliche Körper war von besonderem Interesse für die Anatomen der Frühen Neuzeit, die fast ausschließlich Männer waren. Die Geheimnisse der Fortpflanzung, das intime Wissen, das zwischen Frauen ausgetauscht wurde, und die geheimnisvollen inneren Strukturen des Körpers, die beides regulierten, gehörten zu den wichtigsten Forschungsfragen dieser Wissenschaft.

Frauen, die nach Wissen über die Natur strebten, wurden häufig von einflussreichen Mitgliedern ihrer Gesellschaft unterstützt, die bestehende Regeln über die Rolle von Frauen beugten oder veränderten. Während der Aufklärung spielten Frauen in Italien eine zentrale Rolle im wiederbelebten intellektuellen Leben der Städte. Die 1714 in Bologna geborene Anatomin Anna Morandi lebte in einer Zeit intensiver Umwälzungen. Regierungs- und Kirchenvertreter hatten umfangreiche Reformen eingeleitet, um Bolognas früheren kulturellen und intellektuellen Ruhm wieder herzustellen. Im Mittelalter war Bologna die Heimat wichtiger Anatomen gewesen, darunter Mondino de' Liuzzi, von dem es heißt, er habe als erster in Europa die Anatomie an einem echten Leichnam demonstriert.[94]

ANNA MORANDIS WACHSKÖRPER

Anna Morandi (21. Januar 1714–9. Juli 1774) kam zur Anatomie, als sie 1740 den Künstler Giovanni Manzolini heiratete. Noch im gleichen Jahr begann Manzolini eine Lehre bei dem berühmten Anatomen und Wachsbildhauer Ercole Lelli. Traditionell wurde die Wachsbildhauerei häufig für religiöse Darstellungen verwendet, im 18. Jahrhundert wurde sie aber auch für den Unterricht in Anatomie – anstelle menschlicher Leichen – wichtig. 1745 begann Morandi, ihrem Mann zu assistieren und Anatomieunterricht für Medizinstudenten in ihrem Heimatelier zu erteilen. Ihre Partnerschaft und die hervorragende Qualität ihrer Arbeit brachten dem Paar internationales Ansehen ein.[95]

1749 beauftragte ein Professor der Universität Bologna das Paar mit der Anfertigung von Modellen für eine Anatomieschule, die er in seinem Haus eröffnete und die später in das Institut der Wissenschaften verlegt wurde. Morandi und Manzolini schufen etwa 20 Modelle der schwangeren Gebärmutter und des weiblichen Fortpflanzungssystems, die für den Unterricht in Geburtshilfe verwendet wurden.[96] Als Manzolini 1755 plötzlich starb, übernahm Morandi seine anatomische Modellierpraxis und trieb ihre Karriere eigenständig und erfolgreich voran.[97]

Laut der Wissenschaftlerin Rebecca Messbarger war Morandi durch ihren Status als Witwe und durch die Art ihrer Arbeit so etwas wie eine Kuriosität in Bologna. Zugleich fürchteten die führenden Intellektuellen der Stadt aber auch, dass sie die Stadt verlassen und ihre unvergleichlichen Talente mitnehmen könnte.[98] Um ihre Dienste für das intellektuelle Leben der Stadt und die Universität von Bologna zu

←

ANNA MORANDI MANZOLINI

Die Anatomin Anna Morandi Manzolini lernte Anatomie und Wachsbildhauerei bei ihrem Mann und übernahm nach dessen Tod seine Praxis. Sie war zu ihrer Zeit sehr berühmt, und viele ihrer hervorragenden anatomischen Wachsmodelle sind heute noch erhalten.

DOROTHEA ERXLEBEN

Dorothea Erxleben war die erste Frau, die in Deutschland einen medizinischen Universitätsabschluss erlangte. Sie setzte sich für die Bildung von Frauen ein und kämpfte dafür, den Doktortitel führen zu dürfen.

←

LAURA BASSI

Die italienische Physikerin Laura Bassi erwarb als zweite Frau den Doktortitel und lehrte an der Universität von Bologna. Sie machte die Newtonsche Mechanik in ihrem Heimatland bekannt.

sichern, verlieh ihr der Papst ein lebenslanges Stipendium. 1758 wurde sie in die angesehene Clementinische Akademie der Künste aufgenommen, und zwei Jahre später nahm sie eine Berufung auf den Lehrstuhl für anatomisches Modellieren an der Universität von Bologna an.[99] Messbarger weist darauf hin, dass es bei Morandis Arbeit, so virtuos sie auch war, nicht nur darum ging, Kunst zu schaffen oder Lehrmodelle für andere Menschen herzustellen. Morandi war selbst eine versierte Anatomin, die neue Sektionstechniken entwickelte und neben der Herstellung von Wachsfiguren einflussreiche Beobachtungen und theoretische Arbeiten durchführte. Ihre Aufzeichnungen über den Körper fasste sie in einem 250-seitigen Buch zusammen, das sowohl die Form als auch die Funktion der Körperteile erklärte.[100]

Gelehrte erkannten an, dass Morandis Arbeit innovativ war und dass ihre Modelle von traditionellen dreidimensionalen Darstellungen des menschlichen Körpers abwichen. Statt ein rein rationales medizinisches Bild des unbewegten Körpers zu schaffen, zielten Morandis Modelle von Sinnesorganen und Händen darauf ab, auch die physiologischen Prozesse des Körpers zu erfassen.[101] In ihren Notizen über die Anatomie und Physiologie der Hand schrieb Morandi nicht nur über ihre Bestandteile, deren Aussehen und Anordnung, sondern auch über den Prozess der Berührung selbst:

> *»Der Tastsinn durchdringt den ganzen menschlichen Körper, jeder Teil ist von ihm besessen und mit vielen Nervenfasern ausgestattet, die ihn empfindlich für jede Berührung mit einem fremden Körper machen, und je nach der Zartheit oder Härte des Körpers, der ihn überrascht, stellt er sich neu ein und bewegt sich.«*[102]

Aufgrund ihres Verständnisses für den menschlichen Körper war Morandi weit mehr als eine Künstlerin oder Handwerkerin. Und ihre Wachsmodelle sind mehr als nur Darstellungen, die für die Unterweisung von Studenten gedacht sind. Sie sind der physische Ausdruck ihrer Forschungen und können durchaus in einem Atemzug mit Vesalius' *De humani corporis fabrica* genannt werden.

Morandi starb 1774, und ihr Vermächtnis ist seitdem fast in Vergessenheit geraten. Einige ihrer Modelle sind im Museum für menschliche Anatomie an der Universität Bologna erhalten, andere hingegen sind eingelagert und in schlechtem Zustand.[103] Messbarger argumentiert insbesondere, dass Morandis frühe Biografen ihr einen schlechten Dienst erwiesen, indem sie ihr unterstellten, dass ihre Talente einfach angeboren oder instinktiv waren und nicht das Produkt umfangreicher Forschung und engagierter Studien.[104] Tatsächlich war Morandi eine herausragende Wissenschaftlerin, die in ihrer eigenen Zeit berühmt war und deren Geschichte gängige Vorstellungen über die Rolle von Frauen als Schöpferinnen anatomischen Wissens und das wissenschaftliche Establishment im Europa der Aufklärung infrage stellt.

Das 18. Jahrhundert war für Frauen in der Naturwissenschaft eine Zeit des Wandels.[105] Nachdem sie lange Zeit nur in häuslichen Labors mitarbeiten durften, konnten sich einige Frauen nun, gegen Ende der Frühen Neuzeit, Plätze an Universitäten sichern und als Ärztinnen und Anatominnen an der Schaffung von Wissen über den menschlichen Körper mitwirken. Im 18. Jahrhundert erwarb Dorothea Erxleben (13. November 1715–13. Juni 1762) als erste Frau in Deutschland einen medizinischen Abschluss an der Universität Halle.[106] Ähnlich wie Frauen, die zu Hause im Rahmen von Familienbetrieben ausgebildet wurden, erhielten viele wohlhabendere Frauen eine informelle wissenschaftliche Ausbildung, aber um in ihrem Fach anerkannt zu werden, brauchten sie eine Zertifizierung durch eine öffentliche Institution wie eine Universität.[107]

Erxleben wurde zunächst zuhause unterrichtet, wo sie, auf Drängen ihres Vaters, auf die gleiche Weise unterrichtet wurde wie ihr Bruder.[108] Als Jugendliche begann Erxleben in der Arztpraxis ihres Vaters Christian Polycarp Leporin in Quedlinburg zu arbeiten. Später wandte sie sich mit der Bitte, zum Medizinstudium an der Universität zugelassen zu werden, an den König von Preußen.[109] Sie schrieb eine Abhandlung über die institutionellen und kulturellen Barrieren, die Frauen bei der Bildung entgegenstanden, die 1742 veröffentlicht wurde. Etwa zur gleichen Zeit erhielt sie schließlich die Erlaubnis, sich in Halle zu immatrikulieren. Ihr Studium wurde durch den preußisch-schlesischen Krieg unterbrochen, denn in der kriegsbedingten Abwesenheit ihres Vaters führte sie dessen Arztpraxis. Nach seinem Tod übernahm sie die Praxis und zog gleichzeitig ihre Kinder groß. Erst im Alter von 37 Jahren konnte sie ihr Studium wieder aufnehmen.[110]

Der kulturelle Kontext, in dem Frauen wissenschaftliche Karrieren anstrebten, spielt eine entscheidende Rolle. Erxleben musste die preußische Regierung aktiv davon überzeugen, sie studieren zu lassen, und gehörte schließlich zu einer Reihe von Adeligen, die eine Erlaubnis erhielten.[111] Erxleben hatte bereits von gelehrten Frauen im Ausland gehört, doch in Deutschland hatten Frauen keinen Zugang zu Universitäten, erst jetzt wurden einzelne Frauen zur Aufnahme vorgeschlagen.[112] Dennoch stieß sie auf den Widerstand von Männern, die es für unangemessen hielten, dass Frauen überhaupt Zugang zu Bildung erhalten, ganz zu schweigen vom Zugang zu den Bildungsstätten, die bislang nur Männern vorbehalten waren.

1753 beschwerten sich drei Ärzte in der Stadt Quedlinburg über »Quacksalberei«, die den Berufsstand ruiniere, und beschuldigten Erxleben als Haupttäterin. Diese Beschwerden führten zu einer neuen Stadtverordnung, die die Ausübung der ärztlichen Tätigkeit nur noch mit Approbation erlaubte. Da Erxleben ihr Studium noch nicht abgeschlossen hatte, wurde ihr die Ausübung der Praxis untersagt. In einer schriftlichen Erwiderung auf den Vorwurf der Quacksalberei grenzte sie sich von echten Quacksalbern ab, die im Gegensatz zu ihr keinerlei medizinische

Ausbildung hatten. Später im Jahr bat sie um die Erlaubnis, die Abschlussprüfungen ihres Studiums ablegen zu dürfen. Der Rektor der Universität entschied, Erxleben in Halle zuzulassen. Diese Entscheidung war ein erstes Anzeichen, dass sich die Einstellung der Gesellschaft in Deutschland in Bezug auf die Ausbildung von Frauen wandelte.[113] Nachdem sie fast ein Jahrzehnt lang öffentlich als Ärztin praktiziert hatte, konnte Erxleben 1754 endlich offiziell den Doktortitel führen.

UMWÄLZUNGEN IN DER MODERNEN WISSENSCHAFT

Sowohl Dorothea Erxleben als auch Anna Morandi lebten in einer Zeit des Wandels für Frauen in der Naturwissenschaft, ebenso Zeitgenossinnen wie Laura Bassi (1711–1778) in Bologna, die als erste Frau die Berufung auf einen Universitätslehrstuhl für Physik erhielt. War die Anatomie im späten Mittelalter durch die intensive Beschäftigung männlicher Wissenschaftler mit dem weiblichen Körper geprägt, so bewiesen die Frauen des 18. Jahrhunderts, dass dieses Gebiet nicht nur eine Domäne der Männer war. Viele Frauen traten in Erxlebens Fußstapfen und wurden, nachdem sie ähnliche soziale und rechtliche Hürden überwunden hatten, Ärztinnen. Morandis Weg war sogar noch ungewöhnlicher.

Morandi ist für die Geschichte der »Wissenschaftlichen Revolution« mindestens so wichtig wie Vesalius, wenn nicht sogar wichtiger. Ihre Arbeit war in wissenschaftlicher Hinsicht revolutionär, aber auch in sozialer Hinsicht. Vesalius' Prestige und Ruhm waren zum Teil auf sein herausragendes Buch zurückzuführen, aber auch auf seine soziale Stellung, den Zugang zu Bildung und die Finanzierung seiner Arbeit – alles Dinge, die Männern zur Verfügung standen, die sich als talentiert genug erwiesen. Gleiches galt jedoch nicht für Frauen, darum war Morandis Erfolg als Anatomin so außergewöhnlich. Sie nutzte ihre gesellschaftliche Stellung und ihre Verbindungen zu einflussreichen Wissenschaftlern und Reformern in Bologna, um eine außergewöhnliche Karriere als Anatomin zu machen.

Die Medizinerinnen des 18. Jahrhunderts übten ihren Beruf im Rahmen der Grenzen aus, die ihnen als Frauen in dieser Zeit gesetzt waren. Ihre Leistungen sind aber nicht weniger relevant als die ihrer männlichen Kollegen. Gegen Ende der Frühen Neuzeit schien es, als würden die tiefsten Geheimnisse des Kosmos aufgedeckt, von der Ordnung des Himmels bis zu den komplizierten Abläufen und kleinsten Strukturen des Körpers. Die Revolution der Wissenschaft bestand nicht nur aus den Entdeckungen einzelner visionärer Männer. Revolutionär waren auch die sich anbahnenden Veränderungen in Bezug auf Bildung und berufliche Möglichkeiten für Frauen.

P. Sluyter Sculp.

KAPITEL 6

Imperialismus und Ausbeutung im Zeitalter der Entdeckungen

AUF DER JAGD NACH DEN NATURWUNDERN DER WELT

Im Jahr 1766 stachen unter dem Kommando von Louis Antoine de Bougainville von Nantes aus zwei Schiffe, die *Boudeuse* und die Étoile, in See. Bougainville war von König Ludwig XV. beauftragt, den Pazifik zu erkunden und im Namen der französischen Krone neues oder unbewohntes Land in Besitz zu nehmen. Während Bougainville das Ruder der *Boudeuse* übernahm, richtete ein kleiner, glattgesichtiger Diener namens Jean Baret (27. Juli 1740–5. August 1807) sein Quartier auf der Étoile in der Kajüte seines Arbeitgebers Philibert Commerson ein. Dies war ein ungewöhnliches Arrangement, aber Baret und Commerson erklärten gegenüber der restlichen Besatzung, sie wollten nachts eine Kabine teilen, da beide stark an Seekrankheit litten. Noch ungewöhnlicher war aber die wahre Geschichte: Jean Baret hieß eigentlich Jeanne. Sie hatte sich als Mann verkleidet, um an der Expedition teilnehmen zu können.

Commerson war der vom König persönlich angestellte Naturforscher der Expedition, und als solcher erhielt er von der Krone 2000 Livre, um einen Assistenten und Illustrator zu bezahlen.[114] Commersons Assistent war jedoch eine Frau, und die französische Marineverordnung von 1689 verbot es Frauen, sich längere Zeit an Bord von Marineschiffen aufzuhalten. Ein Aufenthalt über Nacht oder für die Dauer der Expedition kam überhaupt nicht infrage. Um die Zusammenarbeit fortzusetzen, war Barets Verkleidung die einzige Möglichkeit.

Genaues über die Beziehung von Baret und Commerson ist nicht bekannt. Vor der Expedition von 1766 war Baret zwei Jahre lang als Commersons bezahlte Assistentin in Paris beschäftigt, vorher war sie – kurz nach dem Tod von Commersons

← Maria Sibylla Merians Darstellung der Pfauenblume *Flos pavonis* und des Lebenszyklus einer blassen meergrünen Raupe in ihrem Buch *Metamorphosis insectorum Surinamensium* von 1730.

Frau – als Haushälterin bei ihm eingezogen. Baret war im fünften Monat schwanger, was Fragen über die Abstammung des Kindes aufwarf, zumal Baret sich weigerte, die Abstammung in juristischen Dokumenten anzugeben. Die Historikerin Londa Schiebinger vermutet, dass die beiden sich im Loiretal kennenlernten, wo Commerson als Botaniker umherstreifte und Baret Pflanzen und Kräuter für Mediziner und Apotheker sammelte, und dort eine Liebesbeziehung begannen.[115] Doch ganz gleich, welche Art von Beziehung sie tatsächlich hatten: Sie wollten zusammenbleiben.

Im Rahmen der Expedition überquerte Baret den Pazifik und besuchte Orte, die kaum eine europäische Frau je betreten hatte, schon gar nicht eine Frau, die wie Baret aus der Arbeiterklasse stammte. Naturforscher der Oberschicht heuerten oft Assistenten aus der Unterschicht für Übersee-Expeditionen an, jedoch normalerweise keine Frauen.[116] Als Commersons Assistentin trug Baret während der Exkursionen Ausrüstungsgegenstände, sammelte Pflanzen- und Tierexemplare und trug Herbarien mit fremden Pflanzen aus der ganzen Welt von Rio de Janeiro bis Madagaskar zusammen. In den Augen anderer war Baret nicht nur eine Assistentin – Bougainville bezeichnete sie als »Botanikexpertin«.[117] Das Nationalmuseum für Naturgeschichte in Paris verzeichnet 1735 von Commerson gesammelte Exemplare.[118] Und obwohl die Exemplare unter seinem Namen als Hauptentdecker aufgeführt sind, war Baret als seine enge Assistentin an ihrer Sammlung und Erhaltung beteiligt.

Die dreijährige Reise wurde zur ersten französischen Weltumsegelung. Als Teil der Besatzung wurde Baret in der Verkleidung eines Mannes die erste Frau, die an einer Weltumseglung teilnahm. In den Berichten anderer Expeditionsteilnehmer finden sich unterschiedliche Angaben darüber, wann Barets wahre Identität erkannt wurde, fest steht aber, dass dies während der Reise geschah. Die Mannschaft kehrte 1769 nach Frankreich zurück, aber Baret blieb bei Commerson und trennte sich erst von ihm, als dieser 1773 auf der Île de France, dem heutigen Mauritius, im Indischen Ozean starb. Als Baret einige Jahre später nach Frankreich zurückkehrte, musste sie Kritik an ihrem Verhalten während der Expedition hinnehmen. Sie hatte gegen den Marinekodex verstoßen, aber Bougainville bürgte für sie. Statt sie zu bestrafen, zahlte ihr die königliche Marine ab 1785 eine Pension von 200 Livre pro Jahr und verlieh ihr den Ehrentitel »femme extraordinaire«.[119]

Barets Geschichte ist wirklich außergewöhnlich: Sie zeigt, welche enormen Anstrengungen Frauen unternehmen mussten, um in Bereiche vorzudringen, die ausschließlich Männern vorbehalten waren. Man muss sie aber auch im Kontext der dunkleren Geschichte des französischen Imperialismus und der Kolonialisierung sehen. Baret nahm an einer Expedition teil, um Land für das französische Imperium zu beanspruchen; dass dieses Land sehr oft die Heimat indigener Völker war, spielte für Frankreich keine Rolle. Nach dem Verlust der amerikanischen Kolonien durch die Niederlage im Siebenjährigen Krieg versuchte Frankreich, seine

↑

JEANNE BARET

Jeanne Baret verkleidete sich als Mann, um an Bord eines französischen Forschungsschiffs mitreisen zu können. Sie war die erste Frau, die die Welt umrundete.

geschrumpfte Macht auf der Weltbühne zurückzuerobern. Die Rolle von Commerson und Baret als Naturforscher auf einem Militärschiff war ein wichtiger Teil der kolonialen Mission der Marine, denn die militärische Machtexpansion Europas ging Hand in Hand mit der Ausweitung der wissenschaftlichen Erforschung. Das Sammeln der Naturwunder fremder Länder und ihre spätere Integration in europäische taxonomische Systeme, etwa das Klassifizierungssystem von Carl von Linné, waren ein Symbol für Europas Herrschaft über den Rest der Welt. Der kommerzielle Handel mit exotischen Pflanzen als Nahrungsmittel, Medikamente und Farbstoffe verschaffte den europäischen Ländern wirtschaftliche Macht. Besonders in dieser Ära verminderter französischer Souveränität galt die Botanik als Schlüssel zur Ankurbelung der Wirtschaft und zur Etablierung Frankreichs als führende europäische Macht.[120]

INDIGENES WISSEN FÜR DIE EUROPÄISCHE WISSENSCHAFT

Commerson und Baret waren nicht die Ersten, die imperiales Machtstreben nutzen, um ihre Wissenschaft voranzutreiben. Im 18. Jahrhundert umspannten die stetig wachsenden europäischen Handels- und Militärrouten bereits den gesamten Globus. Fast 70 Jahre bevor Baret ihre Verkleidung anlegte und in See stach, war Maria Sibylla Merian (2. April 1647–13. Januar 1717) nach Lateinamerika gereist, um Insekten in ihrer natürlichen Umgebung zu beobachten. Merian verkleidete sich jedoch nicht, sondern umging die verschiedenen Barrieren, die Frauen zu Hause hielten. Sie finanzierte ihre Forschungsreise über den Atlantik selbst, indem sie Illustrationen und Abonnements für das Buch verkaufte, das sie nach ihrer Expedition veröffentlichen wollte. Soweit bekannt ist, war sie die einzige Frau ihrer Zeit, die so etwas getan hat.

Von Kindheit an interessierte sich Merian für Pflanzen und Insekten, aber es war ihr Können als Künstlerin, das ihr schließlich den Weg in die Wissenschaft ebnete. Sie kam 1647 als Kind einer Künstlerfamilie in Frankfurt am Main zur Welt, begann ihre Ausbildung bei ihrem Vater Matthäus Merian und setzte sie nach dessen Tod bei ihrem Stiefvater Jacob Marrel fort. Wiederentdeckte Tagebücher aus ihrer Jugendzeit zeigen, dass Merians Illustrationsstil im Alter von dreizehn Jahren fast vollständig entwickelt war und dass sich ihre Affinität zu den Naturwissenschaften parallel zu ihrer Kunst entwickelte. Ab 1660 dokumentierte sie ihre Versuche zur Zucht von Raupen und deren Ernährung. Ihren Beobachtungen fügte sie eine aquarellierte Illustration bei, die das Leben der Raupen darstellte, vom Ei bis zu den Exkrementen. Während andere Naturforscher normalerweise tote, präparierte Exemplare studierten, beobachtete Merian lebendige Insekten, und zwar mit großer Sorgfalt: Sie dokumentierte die Metamorphose der Seidenraupen in ihrem Tagebuch, fast ein Jahrzehnt bevor der italienische Biologe Marcello Malpighi 1669 seinen Bericht veröffentlichte, der weithin als der erste gilt.[121]

Merian pflegte ihr künstlerisches Geschick und entwickelte ihren scharfen Blick für wissenschaftliche Präzision zeitlebens weiter, auch als sie 1665 Ehefrau von Johann Andreas Graff und Mutter der Töchter Johanna Helena und Dorothea Maria wurde. 1675 veröffentlichte Merian den ersten Teil ihres Werks *Neues Blumenbuch*, eine dreibändige Reihe mit jeweils zwölf Tafeln mit Abbildungen von Blumen und Insekten. 1679 kehrte sie mit dem zweibändigen Werk *Der Raupen wunderbare Verwandlung und sonderbare Blumennahrung* zu ihrer Faszination für Raupen zurück. Das Buch setzte den Stil fort, den sie viele Jahre zuvor in ihren Tagebüchern begonnen hatte: eine Beschreibung des Lebenszyklus und des Lebensraums der Insekten, die mit schönen, präzisen Illustrationen zum Leben erweckt wurde. Im Jahr 1691 ließ sich Merian von Graff scheiden, damals für eine Frau ein seltener Schritt, und zog mit ihren Töchtern nach Amsterdam.

Das Sammeln der Naturwunder fremder Länder und ihre spätere Integration in europäische taxonomische Systeme, etwa das Klassifizierungssystem von Carl von Linné, waren ein Symbol für Europas Herrschaft über den Rest der Welt.

Amsterdam war für die Niederländer der Dreh- und Angelpunkt des weltweiten Handels und verfügte über Sammlungen wundersamer und kurioser Naturobjekte aus dem gesamten niederländischen Kolonialreich, das damals große Teile Indonesiens und der Westindischen Inseln umfasste. Merian besuchte unter anderem die große naturkundliche Sammlung, die der amtierende Bürgermeister und ehemalige Direktor der Niederländischen Ostindien-Kompanie zusammengetragen hatte. Da sie es gewohnt war, lebende Exemplare zu betrachten, war sie jedoch von der Sammlung enttäuscht. Sie beschloss, an die Quelle zu gehen: »Das alles hat mich dazu angeregt, eine große und teure Reise zu unternehmen und nach Surinam zu fahren …, um dort meine Beobachtungen fortzusetzen.«[122]

In den Niederlanden folgten wissenschaftliche Expeditionen oft den holländischen Handelsrouten, aber Frauen wurden von den Handelsgesellschaften nicht

↑

MARIA SIBYLLA MERIAN

Die deutsche Naturforscherin und botanische Künstlerin Maria Sibylla Merian hat unser Verständnis der Ökologie in nennenswerter Weise vorangebracht.

angeheuert und auch nicht von wissenschaftlichen Institutionen finanziert. Man glaubte, dass Frauen auf Reisen in fremde Länder größeren Gefahren ausgesetzt waren als Männer, dabei hatten die Bedenkenträger meist die weibliche Fortpflanzungsfähigkeit im Sinn. Einige Ärzte behaupteten, dass Reisen südlich des Äquators zu Unfruchtbarkeit führten, während andere befürchteten, dass Weiße Frauen in warmen Klimazonen unter starker Menstruation und zuweilen tödlichen Blutungen leiden würden.[123] Aber Merian war entschlossen, und nachdem sie genügend finanzielle Mittel gesammelt hatte, trat sie 1699 im Alter von 52 Jahren mit ihrer Tochter Dorothea die Reise in die niederländische Kolonie Surinam (heute Republik Suriname) an.

Die Holländer hatten Surinam 1667 kolonisiert und eine Wirtschaft etabliert, die auf Kaffee, Baumwolle, Zuckerrohr und Kakao basierte und von der Versklavung verschleppter Menschen aus Afrika und der einheimischen Arawak-Bevölkerung getragen wurde. Die Sklavenhaltung in Surinam war als besonders brutal berüchtigt, und angesichts dieser Verhältnisse führte Merian ihre wissenschaftlichen Studien durch. Sie verbrachte 21 Monate in Surinam und beobachtete eine Vielzahl von lebenden Insekten, viele noch nicht klassifizierte aus dem Inneren der Kolonie, und illustrierte ihre Lebenszyklen in und um die Pflanzen, von denen sie sich ernähren. Das daraus resultierende Buch *Metamorphosis insectorum Surinamensium* (Die Verwandlung der surinamischen Insekten) wurde 1705, nach ihrer Rückkehr in die Niederlande, veröffentlicht. Mit der Darstellung der Lebenszyklen der Insekten und ihren pflanzlichen Lebensgrundlagen war Merians Buch eine beispiellose Studie über die vernetzte Ökologie der natürlichen Welt. Mit seinen 60 wunderschön gestochenen Tafeln und der Studie über neu klassifizierte Insekten wurde *Metamorphosis* zu einem berühmten und hochgeschätzten Meisterwerk der Naturgeschichte.

Dass Merian so viele neue Exemplare entdecken konnte, liegt auch daran, dass sie die Arbeitskraft der versklavten Arawak in Anspruch nahm, die sie ins Innere Surinams führten und ihr Wissen über die Exemplare weitergaben. In einer ihrer Illustrationen stellte Merian eine blasse, meergrüne Raupe dar, die auf der Pfauenblume *Flos pavonis* lebt, einer auffälligen Blume mit leuchtenden Rot- und Gelbtönen. Die Pfauenblume, so erfuhr Merian von den versklavten Frauen, war ein Abtreibungsmittel, denn die Arawak, »die nicht gut behandelt werden, wenn sie bei den Holländern in Dienst stehen, treiben damit [mit dem Samen dieser Pflanze] ihre Kinder ab, damit ihre Kinder keine Sklaven werden, wie sie es sind«.[124] Merians Darstellung der einheimischen Pflanze ist sowohl ein Bericht aus erster Hand über die Brutalität der Kolonie gegenüber den versklavten Menschen als auch über die Leichtigkeit, mit der europäische Wissenschaftler wie Merian das Wissen der Versklavten nutzten und ausbeuteten. Sie nahm sogar eine versklavte Frau mit nach Hause in die Niederlande, die ungenannt bleibt und die Merian in ihren Schriften nur als »meine Indianerin« erwähnt.[125]

Der internationale Sklavenhandel, der Merians Arbeit ermöglichte, fand schließlich im 19. Jahrhundert in ganz Europa ein Ende, hinterließ aber Spuren. Imperien und Nationen war weiterhin daran gelegen, ein einheitliches Klassifizierungssystem für die Flora und Fauna zu etablieren. Die Kartierung unbekannter und manchmal gefährlicher fremder Landschaften mag für manchen jungen Naturforscher auch eine Möglichkeit gewesen sein, seine Männlichkeit unter Beweis zu stellen.[126] Im 19. Jahrhundert unternahmen mehr Frauen Auslandreisen als zu Merians Zeiten. Vor allem in Großbritannien stand Naturkunde hoch im Kurs, und viele naturkundlichen Texte wurden von Frauen geschrieben. Gleichzeitig expandierte das Britische Empire weiterhin. Als die Naturforscherin und Schriftstellerin Sarah Bowdich Lee (10. September 1791–22. September 1856) im Jahr 1816 in der britischen Kronkolonie in Westafrika ankam, mehr als ein Jahrhundert nachdem Merian nach Surinam gesegelt war, stand die Naturerforschung noch immer im Dienst des Empire.

Bowdich Lee war schwanger, als sie zunächst nach Cape Coast Castle im heutigen Ghana reise, um bei ihrem Mann Thomas Edward Bowdich zu sein. Thomas war ein junger Sekretär im Dienste der Company of Merchants, der die Aufgabe hatte, einen Friedensvertrag zwischen den Briten in Cape Coast Castle und dem Aschanti-Königreich auszuhandeln. Cape Coast Castle war ein Überbleibsel des internationalen Sklavenhandels, der im Britischen Empire 1807 abgeschafft worden war. Es war eine von Dutzenden von »Sklavenburgen«, die an der afrikanischen Küste verstreut waren und in deren Kerkern gefangene Afrikaner und Afrikanerinnen auf die Verschiffung nach Amerika warteten. An der afrikanischen Goldküste befand sich die größte Ansammlung europäischer Festungen außerhalb Europas.[127]

Während ihres Aufenthalts an der Goldküste unternahm Bowdich Lee zahlreiche naturkundliche Studien der lokalen Flora und Fauna und wurde damit zur ersten Europäerin, die systematisch Pflanzen im tropischen Westafrika sammelte. Als Bowdich Lee mit ihrem Mann nach England zurückkehrte, veröffentlichte er sein Werk *Mission from Cape Coast Castle to Ashantee* (Mission der Englisch-Afrikanischen Compagnie von Cape Coast Castle nach Ashantee), in das er die Verhandlungen mit dem Volk der Aschanti, einen anthropologischen Bericht über das Königreich sowie geografische und naturkundliche Beobachtungen aufnahm. Viele der naturkundlichen Studien stammten von seiner Frau, wurden aber in das Buch eingearbeitet, das er unter seinen alleinigen Namen veröffentlichte.

Anschließend plante das Paar eine wissenschaftliche Erforschung von Sierra Leone, das nach der Abschaffung des Sklavenhandels durch die Briten als Siedlung freier Afrikaner gegründet wurde. Um ihre unabhängige Erkundung zu starten, zog das Paar 1819 nach Paris, um Thomas' Ausbildung in den Naturwissenschaften voranzutreiben und Geldmittel für die Reise aufzubringen. Sie studierten bei dem prominenten Naturforscher und Zoologen Georges Cuvier und verdienten ihr Geld mit der Übersetzung naturkundlicher Texten ins Englische. Bowdich Lee selbst übersetzte mehrere Werke von Cuvier, darunter *Elements of Conchology* (Geschichte und Anatomie der Mollusken) und *The Ornithology of Cuvier* (Cuviers Vogelkunde). Während dieser Zeit veröffentlichte Bowdich Lee auch ihr eigenes Buch, *Taxidermy: Or, The Art of Collecting, Preparing and Mounting Objects of Natural History* (Taxidermie, oder: Die Kunst des Sammelns, Präparierens und Montierens von naturhistorischen Objekten). Das Buch über Taxidermie, also Tierpräparation, erlebte sechs Auflagen, die bis auf die letzte alle anonym veröffentlicht wurden.[128]

Als es genug Geld hatte, machte sich das Paar 1822 auf die Seereise nach Sierra Leone, musste dann aber in Madeira von Bord gehen, weil Bowdich Lee schwanger war. Nach der Geburt ihrer Tochter Eugenia Keir zog die Familie weiter nach Bathurst (dem heutigen Banjul) am Gambia-Fluss. Sie schafften es nie bis nach Sierra Leone, da Thomas 1824 starb. Sarah blieb noch zwei Monate in Afrika. Auf der Rückreise wurden alle ihre gesammelten Exemplare zerstört. Selbst Thomas' Tod und der Verlust ihrer Materialien hielten sie nicht von der Arbeit ab, und sie veröffentlichte Thomas' letztes Manuskript *Excursions in Madeira and Porto Santo* (Exkursionen auf den Inseln Madeira und Porto Santo) im Jahr 1825. Ein Großteil des Werkes war jedoch ihr eigenes, einschließlich eines Verzeichnisses, das 20 neue, von ihr identifizierte Fischarten umfasste. In der französischen Übersetzung des Werkes fügte Cuvier Anmerkungen zur Klassifizierung hinzu, und Alexander von Humboldt steuerte einen Anhang bei, in dem er die Beobachtungen des Buches lobte.[129]

Trotz ihrer wissenschaftlichen Leistungen war Bowdich Lee ohne das Einkommen ihres Mannes in finanziellen Nöten, sodass sie weiterhin populärwissenschaftliche Artikel und Bücher schrieb. Eines ihrer Bücher und vielleicht ihre größte Leistung war *The Fresh-water Fishes of Great Britain* (Die Süßwasserfische von Großbritannien), das zwischen 1828 und 1838 in zwölf Teilen veröffentlicht wurde. Es war nicht nur mit wunderschönen ichthyologischen Aquarellen illustriert, sondern auch ein bahnbrechendes Werk zur Klassifizierung von Fischen, denn es enthielt die neuesten Entwicklungen von Cuvier, die in Großbritannien noch nicht veröffentlicht worden waren. Obwohl Bowdich Lee ihre wissenschaftliche Karriere in der Partnerschaft mit ihrem Mann begann, hatte sie erst nach dessen Tod Erfolg, sie veröffentlichte im Lauf ihres Lebens 20 Bücher.

Im Gegensatz zu Baret und Merian sprach sich Sarah Bowdich Lee offen gegen die Sklaverei aus. Eines ihrer fiktiven Werke, *The Booroom Slave,* wurde sogar von der Abolitionisten-Bewegung genutzt, um die Unmenschlichkeit der Sklaverei aufzuzeigen.[130] Dennoch wären ihre Forschungen ebenso wie die der Frauen vor ihr ohne das imperialistische Streben und den Sklavenhandel nicht möglich gewesen. Alle drei Entdeckerinnen umgingen die Regeln, die Frauen an den Rand der Forschungstätigkeit und Naturwissenschaft verbannten, aber alle drei Biografien sind auch in Geschichten von Brutalität und kolonialer Ausbeutung verwickelt.

Teil III

Das lange 19. Jahrhundert

195.—Cystoclonium purpurascens, *Harv.*

196.—Gracilaria multipartita, *J. Ag.*

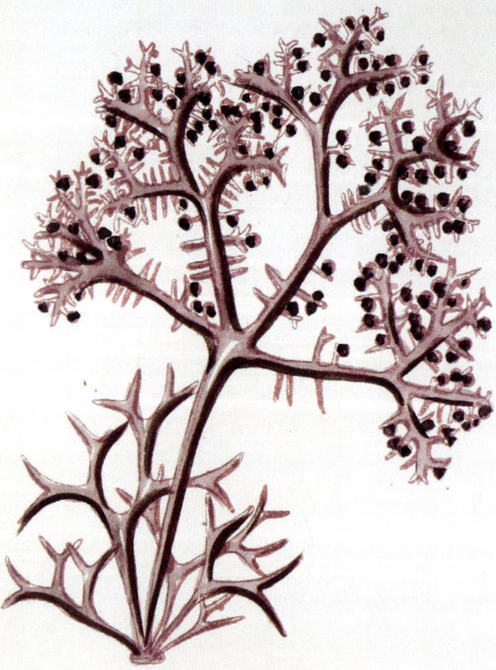

197.—Gigartina pistillata, *Lamour.*

198.—Gracilaria confervoides, *Grev.*

KAPITEL 7

Wissenschaftsautorinnen und populärwissenschaftliche Schriftstellerinnen

NEUE TECHNOLOGIEN UND NEUE MÖGLICHKEITEN FÜR FRAUEN IN DER NATURWISSENSCHAFT

Als die Schriftstellerin Florence Fenwick Miller (5. November 1854–24. April 1935) 1884 die Lage der Frauen in Großbritannien bewertete, sah sie, dass es voranging. Obwohl der Weg zur Gleichberechtigung noch weit war, hatten mehr Frauen als je zuvor Zugang zu Bildung oder beteiligten sich an politischen Debatten und sozialen Reformen. Viele erreichten Berufsziele (und Einkommen), die ihnen zuvor verwehrt waren. Perspektivisch sah Miller sogar noch mehr Fortschritt. »Der Verstand wird mehr und mehr geschätzt und kultiviert werden und immer einflussreicher werden; und die Lage der Frauen muss sich entsprechend ändern«, schrieb sie. »Manchen gefällt diese Tatsache nicht; und niemand kann all ihre Folgen mit Sicherheit vorhersehen, aber wir können sie ebenso wenig verhindern, wie wir zu den ABC-Täfelchen zurückkehren können … « Diese neue Wertschätzung weiblicher Bildung ging nach Millers Ansicht Hand in Hand mit dem technischen Fortschritt, insbesondere mit Technologien, die dem geschriebenen Wort dienten. Sie schrieb: »Die Druckerpresse, die die Worte des Denkers vervielfältigt; die Dampfmaschine, die die Presse speist und mit ihrem Produkt davon eilt, und der elektrische Telegraf, der Gedanken um den Globus trägt, machen dies zu einem Zeitalter, in dem die geistige Kraft eine Bedeutung annimmt, die sie in der Geschichte des Schaffens nie zuvor hatte.«[131]

Tatsächlich nahm im 19. Jahrhundert die Zahl der Autorinnen parallel zur Einführung neuer Drucktechnologien sprunghaft zu. Alle Aspekte des Druck- und Verlagsprozesses wurden allmählich immer schneller und effizienter. Die dampfgetriebene Druckmaschine, die 1814 in England eingeführt wurde, konnte 1000

← Tafel XLIII aus Band II von Margaret Gattys *British Sea-Weeds*, erschienen 1872 in London.

bis 2000 Seiten pro Stunde produzieren, während ihr Vorgänger, die Handpresse, auf 200 bis 400 Seiten beschränkt war. 1884, im selben Jahr, in dem Miller schrieb, wurde die elektrisch betriebene Rotationspresse eingeführt, die fast 20 000 Exemplare pro Stunde produzierte. Gleichzeitig stieg die Alphabetisierungsrate, und die Nachfrage nach Lesbarem aller Art – Bücher, Zeitungen, Zeitschriften – wuchs im Gleichschritt mit der Produktion. Mit dem hohen Ausstoß an Druckerzeugnissen und der gestiegenen Nachfrage bei den Lesern wandten sich die Verleger aus der Not heraus an Schriftstellerinnen, und Frauen nutzten die neuen Möglichkeiten, die sich ihnen boten.

Umwälzungen im Verlagswesen und auf dem literarischen Markt hatten auch tiefgreifende Auswirkungen auf die Produktion und Verbreitung von Informationen über Wissenschaft und Naturgeschichte. Im Jahr 1815 gab es etwa zehn kommerzielle Zeitschriften, die auf Naturgeschichte, Wissenschaft, Medizin und Technik spezialisiert waren – bis 1830 hatte sich die Zahl verdreifacht.[132] In den 1840er- und 1850er-Jahren begannen Buchverlage, die Dampfpresse zu nutzen, und im Vergleich zum Anfang des Jahrhunderts vervierfachte sich die Zahl der wissenschaftlichen Bücher.[133] Im Gegensatz zum vorherigen Jahrhundert, als die Naturwissenschaft einer Männerelite und nur einem kleinen Teil der gebildeten Oberschicht vorbehalten war, richteten sich die wissenschaftlichen Publikationen des frühen 19. Jahrhunderts an die gesellschaftlich und wissenschaftlich Interessierten unter dem allgemeinen Lesepublikum.

Nicht nur die Leserschaft wurde vielfältiger, sondern auch die Schreibenden. Die Möglichkeiten für Frauen, sich einen Platz in den elitären Kreisen der Universitäten und Institutionen zu erobern, blieben bis weit ins 20. Jahrhundert hinein gering. Aber der Bedarf an mehr Publikationen, gepaart mit dem wachsenden öffentlichen Interesse an Wissenschaft und Naturgeschichte, öffnete eine Tür, durch die Frauen die Welt der Wissenschaft betreten konnten. Als populäre Texte über Wissenschaft und Naturgeschichte im Viktorianischen Zeitalter zu einem neuen literarischen Feld wurden, fanden Frauen einen Platz – nicht nur als Leserinnen, sondern auch als Schriftstellerinnen und Lehrerinnen, die die öffentliche Diskussion anregten und Ansichten über Wertschätzung von Natur und Wissenschaft prägten.

DIE MÜTTERLICHE TRADITION DER WISSENSCHAFTSLITERATUR

Eine der frühen Schriftstellerinnen dieser Zeit war Jane Marcet (1. Januar 1769–28. Juni 1858). Sie wurde am Neujahrstag 1769 als Jane Haldimand in London geboren und war das älteste der zwölf Kinder von Antoine-François Haldimand, einem Genfer Bankier, und seiner Frau, die ebenfalls Jane hieß. Jane wurde zusammen mit ihren Geschwistern zu Hause unterrichtet und erhielt eine umfassende Ausbildung, die typisch für eine Familie der Oberschicht war und – im Einklang mit den Bildungsstandards der Aufklärung – auch gewisse Kenntnisse in den

Naturwissenschaften vermittelte (siehe Seite 62). Ihr ernsthafterer Einstieg in die Wissenschaft kam später, nachdem sie 1799 ihren Schweizer Landsmann Alexandre Marcet geheiratet hatte. Als angesehener Arzt war Alexandre im intellektuellen Milieu Großbritanniens gut vernetzt, wovon auch Jane profitierte.

Alexandre bewirkte auch, dass Jane ihr Interesse der Chemie zuwandte. Aus Alexandres erhaltenen autobiografischen Aufzeichnungen geht hervor, dass er 1801 begann, Jane seine Notizen für einen Chemiekurs laut vorzulesen. Im gleichen Jahr begann Humphry Davy, öffentliche Vorlesungen über Chemie bei der Royal

---

Mit dem hohen Ausstoß an Druckerzeugnissen und der gestiegenen Nachfrage bei der Leserschaft wandten sich die Verleger aus der Not heraus an Schriftstellerinnen, und die Frauen nutzten die neuen Möglichkeiten, die sich ihnen boten.

Society zu halten, die Jane und Alexandre besuchten. Laut Alexandres Notizen hatte Jane im Frühjahr und Sommer mit dem Schreiben ihrer *Conversations on Chemistry* (Unterhaltungen über die Chemie) begonnen, einem Buch, das bei den Lesern außerordentlich gut ankam.[134] Jane legte ihre Manuskriptentwürfe Chemikern vor, die Kommentare und Ratschläge zu Überarbeitungen gaben, während ihr Mann Fakten überprüfte und bei Überarbeitungen half. In den meisten wissenschaftlichen Ehen erhielt der Ehemann die Anerkennung, aber im Fall von Jane und Alexandre konnte Jane den Erfolg für sich verbuchen (siehe Seiten 47–55).

1806 veröffentlichte Jane *Conversations*, das als das meistverkaufte englischsprachige Buch der ersten Hälfte des 19. Jahrhunderts gilt.[135] Michael Faraday schrieb, die dritte Auflage habe sein Interesse für die Naturwissenschaft geweckt. Er stieß auf das Buch, als er als Buchbinderlehrling in dem Betrieb arbeitete, in dem Janes Buch gebunden wurde. *Conversations* erlebte 16 Auflagen, die letzte erschien 1853, und drei französische Übersetzungen. Janes Name als Autorin taucht allerdings erst 1837 auf, und dann auch nur als »Mrs. Marcet«.

→

JANE MARCET

Die populärwissenschaftliche Autorin Jane Marcet veröffentlichte 1806 *Conversations on Chemistry,* eines der meistverkauften englischsprachigen Bücher des frühen 19. Jahrhunderts.

←

MARGARET GATTY

Margaret Gatty, Autorin von Büchern und Zeitschriftenartikeln, schrieb *Parables of Nature,* eines der beliebtesten Kinderbücher des späten 19. Jahrhunderts, und *British Sea-Weeds,* ein eindrucksvoll illustriertes zweibändiges Handbuch zur Meeresbiologie.

Marcets Zielgruppe für *Conversations* waren Frauen, und sie nutzte ein Dialogformat, um sie zu erreichen. In dem Buch unterrichtet die Figur der Mrs. B. die Schwestern Emily und Caroline. Gemeinsam diskutieren sie verschiedene chemische Konzepte, um schließlich zum Verständnis zu gelangen. Dieses Format ist charakteristisch für die »mütterliche Tradition« des wissenschaftlichen Schreibens, die unter Autorinnen im frühen 19. Jahrhundert weitverbreitet war. Diese Diskussionen fanden oft in häuslicher Umgebung statt und wurden fast immer von einer Mutter oder einer betont mütterlichen Lehrerin, etwa einer Gouvernante, geleitet. Modernen Lesern mag die häusliche Sphäre als Raum erscheinen, der Frauen einengt oder unterdrückt, aber indem die Autorinnen den weiblichen Figuren die Kompetenz einer wissenschaftlichen Lehrerin gaben, waren diese sowohl in der Wissenschaft als auch in der Gesellschaft, die den Platz der Frau noch immer eher im Haus sah, akzeptiert. Marcet brachte für ihr weibliches Publikum die Chemie aus dem Labor ins Haus, und das mit Erfolg. Die *Conversations* waren nicht nur in Großbritannien beliebt, sondern gehörten auch zur Standardlektüre vieler Mädchenschulen und Frauencolleges in den Vereinigten Staaten.[136] Marcet verwendete das Dialogformat auch für ihre späteren Bücher, darunter im Jahr 1816 *Conversations on Political Economy* (Unterhaltungen über die National-Ökonomie) und 1829 *Conversations on Vegetable Physiology* (Unterhaltungen über die Physiologie der Pflanzenwelt).

DAS GÖTTLICHE IN DER WISSENSCHAFTSLITERATUR

Später im 19. Jahrhundert kam die mütterliche Tradition aus der Mode und wurde für Schriftstellerinnen, die sowohl männliche als auch weibliche Leser ansprechen wollten, zunehmend unpopulär. Eine dieser Schriftstellerinnen war Margaret Gatty (3. Juni 1809–4. Oktober 1873), die 1864 ihre Abneigung gegen Marcets Stil zum Ausdruck brachte, indem sie in einem Brief an ihren Freund und Kollegen, den Naturforscher William Harvey, erklärte: »Ich *weigere mich*, Mrs. Marcet überhaupt zu lesen … Ich glaube, ich hasse Mrs. Marcet.«[137] Gatty verwendete für ihre Werke nicht nur ein anderes Format als Marcet, sondern neben dem Buch auch ein anderes Medium – die Zeitschrift.

Gatty wurde als Margaret Scott am 3. Juni 1809 in Essex als Tochter von Alexander John Scott, einem Kaplan der Royal Navy, und Mary Frances geboren. Die Mutter starb, als Margaret erst zwei Jahre alt war, sie und ihre ältere Schwester Horatia waren fortan in der Obhut ihres Vaters. Nach dem Tod seiner Frau zog sich der Geistliche von Familie und Freunden zurück und flüchtete sich in seine Bibliothek. Er konnte zwar seinen Töchtern keine väterliche Wärme vermitteln, versorgte sie aber zumindest mit Büchern.[138] Margaret und Horatia erhielten von einer Gouvernante eine Grundausbildung – Klavier, Zeichnen, Lesen und Schreiben –, aber die eigentliche Grundlage für Margarets spätere Schriftstellerkarriere entstand durch die Eigeninitiative der Schwestern, originelle Gedichte und Geschichten zu schreiben. Sie gründeten sogar ihre eigenen Schreibklubs, den Black Bag Club (1828) und den Fun Club (1832).[139]

Margaret gab das Schreiben auf, als sie 1839 den Vikar Alfred Gatty heiratete, mit dem sie zehn Kinder haben sollte. Als Pfarrersfrau hatte sie ihrem Mann und der Gemeinde gegenüber Pflichten, und als mehrfache Mutter war sie zudem mit dem Haushalt voll beschäftigt. Doch nach der Geburt ihres siebten Kindes im Jahr 1848 wurde Gatty an die Küste von Hastings geschickt, um sich von einer Krankheit zu erholen. Dort gab ihr ihr Arzt ein Exemplar von William Harveys *Phycologia Britannica*, einem Kompendium britischer Meerespflanzen mit wunderschönen farbigen Illustrationen.[140] Gatty war von den Algen und dem Leben im Meer hingerissen, und als sie nach Hause zurückkehrte, griff sie wieder zur Feder, um einer neuen Faszination zu frönen, der sie für den Rest ihres Lebens treu blieb.

1855 veröffentlichte Gatty ihr erstes Buch, *Parables from Nature* (Parabeln aus dem Leben der Natur), das in der zweiten Hälfte des 19. Jahrhunderts zu einem der beliebtesten Kinderbücher wurde. Jedes Kapitel vermittelt eine Lektion – mal in Moral, mal in Naturgeschichte, mal in beiden – durch die vermenschlichte Natur: Birken sprechen mit Ringeltauben, und Zoophyten wetten mit Algen. Auf *Parables* folgten weitere Bücher. Ihr vielleicht bemerkenswertestes Buch war 1862 *British Sea-Weeds*, ein eindrucksvoll illustrierter, zweibändiger Führer zur lokalen Meeresbotanik, das entstand, nachdem sie 14 Jahre lang Algen und Seegras gesammelt und studiert hatte. Neben Büchern schrieb Gatty Artikel über Naturgeschichte für eine Reihe von Zeitschriften, einschließlich einer von ihr gegründeten Zeitschrift mit dem Titel *Aunt Judy's Magazine*. Als Familie mit zehn Kindern hatten die Gattys oft Geldsorgen, aber mit ihrer schriftstellerischen Tätigkeit konnte Margaret einen beträchtlichen Anteil zum Familienunterhalt leisten. Frauen wie Gatty waren nach viktorianischen Maßstäben respektabel, weil sie ihre Berufstätigkeit zuhause ausführen konnten, und die Stigmatisierung von Frauen, die ein eigenes Einkommen verdienten, ließ langsam nach.

In ihrem ganzen Werk zeigt sich Gattys Bestreben, die Naturforschung und das Nachdenken über Gott in ihren Schriften zu vereinen. Die Theologie spielte in den Naturbeschreibungen vieler Frauen dieser Zeit eine wichtige Rolle, beeinflusst von dem Anglikaner William Paley und seinem 1802 erschienenen Werk *Natural Theology or Evidences of the Existence and Attributes of the Deity* (Natürliche Theologie). Paley argumentierte, dass sich in der Natur Beweise für die Existenz eines höchsten Wesens fänden, dass neue Entdeckungen über die Natur ein Beleg dafür seien, dass die Gottheit weise, mächtig und zielgerichtet sei, und dass die bloße Existenz von Pflanzen und Tieren auf eine schöpferische Absicht schließen lasse. Die Feinheiten der Natur zu studieren bedeute, einem göttlichen Schöpfer zu begegnen; die Natur zu erforschen bedeute, göttliches Wissen zu suchen. Frauen galten in der viktorianischen Gesellschaft als moralische Hüterinnen von Heim und Herd, und das Lehren von Moral und Frömmigkeit durch Vermittlung von Naturkenntnissen wurde durchaus als Bereich weiblicher Expertise verstanden. Paley und seine naturtheologischen Schriften, die diese Frauen aufgriffen, hatten einen tiefgreifenden Einfluss auf populärwissenschaftliche Schriften, vor allem, als diese sich um die Mitte des Jahrhunderts mit Charles Darwin und seinem Werk auseinandersetzten.[141]

DISKUSSION UND POPULARISIERUNG DER DARWINSCHEN EVOLUTIONSTHEORIE

Die Autorinnen, die der Paleyschen Naturtheologie anhingen, mussten sich nicht nur mit der Evolutionstheorie auseinandersetzen, sondern auch mit Vorboten der wissenschaftlichen Autorität und dem Säkularismus, der unter anderem von Thomas Henry Huxley und John Tyndall eingeführt wurde.[142] Gatty lehnte die Evolution durch natürliche Auslese und die ihrer Meinung nach daraus resultierende materialistische Weltsicht ab. 1861, zwei Jahre nach dem Erscheinen von Darwins *On the Origin of Species* (Über die Entstehung der Arten), veröffentlichte sie als Antwort auf Darwins Theorie der natürlichen Auslese die Kurzgeschichte *Inferior Animals*, eine moralische Erzählung, die das evolutionäre Argument der Hierarchie infrage stellte. Als populäre Schriftstellerin beeinflusste Gatty mit ihren frühen

↑ Stich mit der Darstellung der Marioni-Rotationspresse, 19. Jahrhundert. Diese Maschine konnte 7000 Exemplare pro Stunde mit festem Einband auf trockenem Papier produzieren.

Kommentaren zu Darwin die öffentliche Meinung über den Forscher.[143] Auch wenn die Geschichte und die Wissenschaft ihre Zweifel nicht bestätigt haben, ist es bezeichnend, dass sie überhaupt an wissenschaftlichen Debatten teilnehmen konnte, was Frauen in früheren Jahrhunderten weitestgehend verwehrt war.

Arabella Buckley (24. Oktober 1840–9. Februar 1929) äußerte sich ebenfalls zu Darwins Theorie der natürlichen Auslese, aber im Gegensatz zu Gatty sah sie Spiritualität und Evolution nicht als sich gegenseitig ausschließende Weltanschauungen. Die 1840 in Brighton geborene Buckley wurde im Alter von 24 Jahren Sekretärin des berühmten Geologen Charles Lyell und arbeitete elf Jahre lang bis zu seinem Tod 1875 für ihn. In ihrer Position besaß Buckley gute Verbindungen zu Großbritanniens Wissenschaftselite, darunter Darwin und Alfred Russel Wallace, dem Mitentwickler der Darwin'schen Theorie. Durch den Kontakt zu diesem intellektuellen Kreis kannte Buckley die Differenzen zwischen Darwin und seinen Zeitgenossen,

> Als sich im Großbritannien des 19. Jahrhunderts verschiedene kulturelle Veränderungen anbahnten, bot sich den Frauen ein neuer Zugang zu Wissenschaft und öffentlichem Leben, und sie griffen beherzt zu.

von denen viele die Entwicklung der sogenannten »höheren« Instinkte des Menschen, etwa die Moral, nicht mit einem System der natürlichen Auslese vereinbaren konnten, das keinen Schöpfer oder göttliches Eingreifen erforderte.

1871 griff Darwin in seinem Buch *The Descent of Man* (Die Abstammung des Menschen) die Bedenken seiner Zeitgenossen auf und erklärte die menschliche Moral als Ergebnis kindlicher Zuneigung. Diese betrachtete er als Schlüsseleigenschaft, die das Überleben der Nachkommen sichert und sich durch Generationen natürlicher Selektion entwickelt hat. Buckley fand dieses Argument überzeugend und verteidigte es in ihrer ersten Veröffentlichung im *Macmillan's Magazine* mit dem Titel *Darwinism and Religion* nur drei Monate nach der Veröffentlichung von *The Descent of Man*. Buckley erklärte, dass die natürliche Auslese weder den Glauben an Gott und die Unsterblichkeit der Seele gefährde noch die Überlegenheit des menschlichen Bewusstseins schmälere. Sie argumentierte, dass die kindliche Zuneigung zum Überleben zwingend notwendig sei, und die Fürsorge für die eigene Gemeinschaft ein Instinkt, der Selbstaufopferung und nicht Eigennutz erfordere. Damit war Buckley im Erscheinungsjahr von *The Descent of Man* die erste Autorin, die für eine mutualistische Lesart von Darwin eintrat.[144]

Buckley griff das Thema der Evolution in den Kinderbüchern *Life and Her Children* (1881) und *Winners in Life's Race* (1883) erneut auf. In beiden Büchern entwirft Buckley ein fantasievolles Evolutionsepos, in dem sie ihre Leser und Leserinnen mit den verschiedenen Lebensformen bekannt macht, beginnend mit den niederen Lebensformen und, in *Winners*, endend mit den Menschen. Sie veranschaulicht nicht nur die Grundlagen der natürlichen Auslese, sondern entwickelt die Ansicht dazu weiter, die sie ein Jahrzehnt zuvor im *Macmillan's* vertreten hatte. Ihre evolutionären Schriften zeigten auf, dass Arten durch Kooperation und Selbstaufopferung für die Gemeinschaft überleben. Buckley war eine der einflussreichsten populärwissenschaftlichen Vermittlerinnen von Darwins Theorie. Während ihrer gesamten schriftstellerischen Karriere unterhielt sie Korrespondenzen und Freundschaften mit männlichen Wissenschaftlern wie Darwin und Wallace, selbst als sie am Rande der Wissenschaft ihre eigenen innovativen Theorien über die natürliche Selektion entwickelte. Zwischen 1876 und 1901 veröffentlichte Buckley zehn Bücher zu naturwissenschaftlichen Themen, darunter ihre kreativsten Werke *The Fairy-Land of Science* (Das Feenreich der Wissenschaft) und dessen Fortsetzung *Through Magic Glasses* (Durch die Zauberbrille).[145] In beiden verwendete sie Sprache und Bilder aus Märchen, um die Natur in einem Licht von Wunder und Magie zu präsentieren.

Die Arbeit von Wissenschaftsautorinnen und populärwissenschaftlichen Schriftstellerinnen des 19. Jahrhunderts entspricht nicht den üblichen Vorstellungen von wissenschaftlicher Leistung, die theoretische Wissenschaft, Erfindung und Entdeckung in den Mittelpunkt stellen. Solche Praktiken und Institutionen waren nach wie vor Menschen wie Charles Darwin oder Michael Faraday vorbehalten. Aber die Frauen schufen sich einen Raum jenseits der Grenzen der Institutionen, Universitäten und Gesellschaften, in denen sie unerwünscht waren. Als sich im Großbritannien des 19. Jahrhunderts verschiedene kulturelle Veränderungen anbahnten, bot sich den Frauen ein neuer Zugang zu Wissenschaft und öffentlichem Leben, und sie griffen beherzt zu.

1. Belladonna purpureus. 2. Belladonna blanda. 3. Belladonna purpureus pallida.

Day & Haghe Lithrs to the Queen

KAPITEL 8

Botanik für Damen

NATURKUNDE-HYPE IM VIKTORIANISCHEN ZEITALTER

Im viktorianischen England entwickelte sich die Faszination für Naturkunde förmlich zu einer Obsession. Begriffe wie »Manie«, »Fieber« oder »Wahn« charakterisieren die populären Trends des 19. Jahrhunderts und beschreiben anschaulich, mit welcher Intensität die Menschen naturkundliche Schriften und Bilder konsumierten. Das Jahrhundert war geprägt von Gartenwahn und Farnfieber, eifrigem Insektensammeln und Schmetterlingswahn, Aquarienfieber, Fossilienjagd und Gesteinssammelwut.[146] All diese Obsessionen gründen sich auf Wissenschaftsbereiche wie Botanik, Entomologie, Muschelkunde, Meeresbiologie oder Geologie. Um von so einem Fieber gepackt zu werden, musste man aber nicht in der entsprechenden Wissenschaft ausgebildet oder in eine wissenschaftliche Gesellschaft gewählt worden sein – man brauchte einfach nur Begeisterung.

Die Menschen konnten ihren Wissensdurst nun auch mit Hunderten von naturkundlichen Büchern und Zeitschriften stillen, die aus den Druckmaschinen kamen.[147] Naturkundliche Kolumnen wurden zu einem üblichen und erwarteten Bestandteil der Zeitungen, und Naturforscher und populärwissenschaftliche Autorinnen fanden in solchen Publikationen neue Einkommensquellen. Mit der wachsenden Popularität der Naturkunde wandten sich auch immer mehr Frauen dem Schreiben zu. Während die theoretischen Wissenschaften die Domäne der Gentleman-Wissenschaftler blieben, wurden die naturkundlichen Obsessionen zunehmend zu einer weiblichen Sphäre.[148]

Der neue Umgang mit der Naturkunde bewirkte, dass die Menschen ihren Blick für das Besondere in der Natur schärften. Gerade diese Feinheiten – die winzigen verzweigten Adern eines Blattes, die mikroskopisch kleinen Sinneshaare einer Eintagsfliege oder die unvergleichliche Farbenvielfalt der Insekten – wurden als Beweis für einen göttlichen Schöpfer interpretiert. Das egalitäre Wesen der Naturkunde

← Lithografie einer Belladonnalilie: *Amaryllis belladonna* aus Jane Loudons *The Ladies' Flower Garden of Ornamental Bulbous Plants*, veröffentlicht 1841 in London.

sprach auch Frauen als Sammlerinnen, Beobachterinnen, Schriftstellerinnen und Leserinnen an. Es gab Frauen Raum, die Natur zu erforschen, ihre Kuriositäten zu sammeln, ihre Feinheiten zu beobachten und schließlich selbst darüber zu schreiben – und das, obwohl sie von höherer Bildung und von elitären Organisationen ausgeschlossen waren. Die viktorianischen Obsessionen sorgten für eine stetige Nachfrage und eine treue Leserschaft der Werke solcher Frauen.

BOTANIK ALS SCHICKLICHE WISSENSCHAFT FÜR DAMEN

Frauen publizierten hauptsächlich über Botanik und ihre angrenzende Themen wie Gartenbau und Gartengestaltung. Die Botanik war seit jeher die Domäne von Frauen, die als Hebammen, Heilerinnen und Pflegerinnen Pflanzen für medizinische Zwecke verwendeten. Für die Schriftstellerinnen und Leserinnen des 18. und 19. Jahrhunderts war die Botanik sowohl eine Quelle der spirituellen Erbauung als auch ein Weg, die Weiblichkeit durch eine Beziehung zur Natur zu kultivieren. Mehr als jede andere Wissenschaft entsprach die Botanik den kulturellen Vorstellungen von der Natur der Frau und ihrer vermeintlich natürlichen Aufgabe als Mutter und Ehefrau.[149] Bis weit ins 19. Jahrhundert hinein galt die Botanik als »weiblicher« als andere Wissenschaften und damit für Frauen als angemessen und schicklich. Durch die Botanik fanden Frauen mehr Möglichkeiten, Obsessionen wie dem Farnfieber oder der Sammelwut zu frönen, zumal ein Großteil der populärwissenschaftlichen Schriften in diesem Bereich von Frauen geschrieben wurde.

Im Jahr 1796 veröffentlichte Priscilla Wakefield (31. Januar 1751–12. September 1832) *An Introduction to Botany, in a Series of Familiar Letters* (Einführung in die Botanik), die erste systematische Einführung in die Wissenschaft, die von einer Frau geschrieben wurde. Das Buch besteht aus einer Reihe von Briefen, die zwei Schwestern im Teenageralter einander schrieben, und führt die Leser in Linnés System der botanischen Klassifikation ein, indem die eine Schwester die botanischen Lektionen ihrer Gouvernante an die andere weitergibt. Der schwedische Botaniker Carl von Linné veröffentlichte 1735 sein *Systema Naturae* (Vollständiges Natursystem), und obwohl es 1799 bis zu 55 Klassifizierungssysteme gab, war Linnés System im späten 18. und frühen 19. Jahrhundert das beliebteste.[150]

Linné vertrat die Ansicht, dass für die Klassifizierung vor allem die Fortpflanzungsorgane der Pflanze maßgeblich seien, daher organisierte er sein gesamtes System um die männlichen Staubgefäße und die weiblichen Stempel. Die Anzahl der Staubgefäße einer Pflanze bestimmte die »Klasse«, zu der sie gehörte, während die Anzahl der Stempel die »Ordnung« der Pflanze bestimmte. Dies war jedoch ein künstliches System ohne Grundlage in der Natur, da die Geschlechtsorgane der Pflanze nicht unbedingt Aufschluss über ein erbliches oder phylogenetisches Muster geben.[151] Andererseits war Linnés System einfach zu verstehen, erlaubte eine unkomplizierte Klassifizierung durch Beobachtung der sichtbaren Merkmale einer

↑

PRISCILLA WAKEFIELD

Priscilla Wakefield veröffentlichte mit ihrem Werk *An Introduction to Botany, in a Series of Familiar Letters* die erste von einer Frau verfasste systematische Einführung in die Botanik.

Pflanze und war bei einer Vielzahl von Arten relativ konsistent.[152] Seine Einfachheit war nicht der einzige Grund, warum Frauen sich für seine wissenschaftliche Einführung einsetzten. Das System ließ sich zudem leicht an den Schreibstil der Frauen jener Zeit anpassen. Sobald die Pflanzen aufgrund ihrer männlichen und weiblichen sexuellen Anatomie kategorisiert waren, war es für die Autorinnen einfach, ihnen männliche und weibliche Geschlechterrollen des 19. Jahrhunderts zuzuweisen.

Obwohl diese Art der Geschlechter-Stereotypisierung angesichts der Zurückdrängung der Frauen in die häusliche Sphäre während dieser Zeit regressiv und sogar unterdrückend erscheint, bot sie den Autorinnen Raum, naturwissenschaftliche Themen mit sentimentalen oder romantischen Aspekten auszuschmücken. Diese Merkmale naturwissenschaftlicher Texte von Frauen entsprachen den kulturellen Erwartungen an Autorinnen und bewirkten ironischerweise, dass die Botanik umso mehr ihre Domäne wurde. 1801 verfasste Frances Rowden (1774–zwischen 1820–1840) *A Poetical Introduction to the Study of Botany* (Poetische Einführung in die Botanik), ein lyrisches Buch über die Linnésche Botanik für Kinder und Frauen, das zugleich weibliche Ideale vermittelte. Als Rowden die Klassifizierung der Maiglöckchen erklärte, verherrlichte sie weibliche Bescheidenheit und Keuschheit: Maiglöckchen haben einen weiblichen Stempel zu sechs männlichen Staubgefäßen, und für Rowden wird die Blume zu einer Personifizierung jungfräulicher Bescheidenheit, einer Jungfrau, die ihre Unschuld bewahrt, obwohl sie durch die Staubgefäße doch von so viel männlicher Aufmerksamkeit umgeben ist.[153] Autorinnen bemühten derart häufig ganz ähnliche Deutungen und Sichtweisen, dass die Linnésche Botanik bald als verweiblichte Art der Pflanzenkunde galt.

DIE ENTFEMINISIERUNG DER BOTANIK

Ab etwa 1830 strebten männliche Wissenschaftler eine Professionalisierung der Naturwissenschaft an, um sie von ihrem Status als Freizeitbeschäftigung und von der popularisierten Naturkunde zu lösen. Sie bemühten sich, die Botanik in die Sphäre der akademischen und professionellen Wissenschaft zu integrieren, zu der Frauen immer noch wenig Zugang hatten, was auch die Wiedererlangung der Kontrolle über ein mittlerweile völlig feminisiertes Forschungsfeld bedeutete. Der Botaniker John Lindley setzte sich unverblümt und öffentlich dafür ein, die Botanik den Frauen zu entreißen, indem er in seiner Antrittsvorlesung an der Universität London 1829 verkündete: »Es war in den letzten Jahren in diesem Lande sehr in Mode, die Bedeutung dieser Wissenschaft zu unterschätzen und sie eher als ein Vergnügen für Damen denn als eine Beschäftigung für die ernsten Gedanken der Männer anzusehen.«

Im Lauf der nächsten Jahrzehnte stand die Botanik in mehrfacher Hinsicht im Spannungsfeld zwischen weiblichem Amüsement und männlichem Ernst, was Lindleys eigene Unterscheidung zwischen den beiden widerspiegelt.[154] Erstens verdrängte das natürliche System der Klassifizierung, für das Lindley eintrat, allmählich das Linnésche System. Während das System von Linné ein einfaches, wenn auch unvollständiges Mittel zur Pflanzenidentifikation darstellte, berücksichtigte das natürliche Klassifizierungssystem die Vererbungsmuster der Pflanzen und ihre phylogenetischen Beziehungen. Darüber hinaus bevorzugte Lindley das natürliche System, weil es im Gegensatz zum Linnéschen nicht mit Frauen und Weiblichkeit assoziiert wurde. Infolge dieser Veränderungen spaltete sich die Sprache der

---

Für Autorinnen und Leserinnen des 18. und 19. Jahrhunderts war die Botanik eine Quelle der spirituellen Erbauung und ein Weg, Weiblichkeit durch eine Beziehung zur Natur zu kultivieren.

Botanik in die literarischen und narrativen Formen des botanischen Schreibens im Amateur- und Populärbereich und in den spezialisierten und entpersonalisierten Schreibstil für den professionalisierten Fachbereich. Wo es einst eine einzige, weibliche Form der Botanik gab, war sie nun in eine amateurhafte »Damenwissenschaft« und eine männlich dominierte professionelle geteilt.[155]

Für die populären Schriften von Frauen wie Wakefield und Rowden war in dieser neuen Zukunft der Botanik kein Platz. So begannen in den 1830er-Jahren die frauenspezifischen Schreibtraditionen – Familiengeschichten, mütterliche Erzählungen, Dialoge und Briefe – zu verblassen und waren in den 1850er-Jahren größtenteils verschwunden.[156] Frauen, die weiterhin über Botanik schreiben und sie praktizieren wollten, mussten sich an die spezialisiertere Form anpassen und einen »wissenschaftlichen« Stil wählen. Dadurch veränderte sich ihre Zielgruppe.

Die populärwissenschaftliche Autorin Jane Loudon (19. August 1807–13. Juli 1858) wurde im Lauf ihrer Karriere Zeugin dieses Wandels und musste sich entscheiden, wie sie ihre Arbeit fortführen wollte. Loudon war eine produktive botanische Autorin, die fünf Bücher über Botanik und Gartenarbeit verfasst und zwei Redaktionsposten bei Frauenzeitschriften, *Ladies' Garden Magazine* und *The Ladies' Companion*, innehatte. Zu ihren populärsten Büchern gehören *The Ladies' Companion to the Flower Garden* (1841; Anweisungen für Damen zum Blumengarten) und *Botany for Ladies* (1842; Botanik für Damen). Da das Linnésche System zum Erscheinungszeitpunkt von *Botany for Ladies* bereits überholt war, übernahm Loudon das

↑

LYDIA BECKER

Ölgemälde der Lydia Becker von Susan Isabel Dacre. Becker war Herausgeberin, Wissenschaftsautorin und Frauenrechtlerin.

natürliche System der Klassifizierung, aber sie schrieb diese Bücher immer noch mit Blick auf ein weibliches Publikum. Ein Jahrzehnt später allerdings, 1851, wurde der Titel der zweiten Auflage von *Botany for Ladies* in *Modern Botany* (Moderne Botanik) geändert, wodurch Frauen nicht mehr die ausdrückliche Zielgruppe waren.[157]

Lydia Becker (24. Februar 1827–18. Juli 1890), eine weitere botanische Autorin, traf mit ihrem Werk ähnliche Entscheidungen, als sie 1887 *Botany for Novices: A Short Outline of the Natural System of Classification of Plants* (Botanik für Anfänger: Ein kurzer Abriss über das natürliche System der Klassifizierung von Pflanzen) veröffentlichte. Wie Loudon beabsichtigte auch Becker, eine Einführung für junge Frauen zu schreiben, aber nichts im Titel oder im Buch verweist auf diese Zielgruppe. Anders als bei den traditionellen Schriften über Botanik deutet nichts explizit auf das Geschlecht des anvisierten Publikums oder der Autorin hin, da Becker lediglich unter ihren Initialen veröffentlichte. Als glühende Verfechterin von Frauenrechten und Bildungsgerechtigkeit argumentierte Becker 1868 vor der British Association for the Advancement of Science, dass »es keinen Unterschied zwischen dem Intellekt von Männern und Frauen gibt, der der besonderen Organisation ihrer Körper entspricht und von ihr abhängt«.[158] Becker sah ihre Entscheidung, jeden Hinweis auf das Geschlecht zu entfernen, wahrscheinlich als einen Schritt in Richtung einer geschlechtsneutralen Wissenschaft. Aber wie Lindley deutlich gemacht hatte, war dies ein männliches Modell der Wissenschaft und des wissenschaftlichen Schreibens, das sich von der häuslichen Kultur, der Sentimentalität, der Romantik und der Moral distanzierte – also von Dingen, die man seinerzeit dem Bereich der Frauen zuordnete. Der Markt für botanische Bücher speziell für Frauen schrumpfte und verdrängte sie allmählich von ihrem Platz in der Wissenschaft.[159]

BOTANIK IM DIENST DES FEMINISMUS

Obwohl sich die Stellung der Frauen in der Botanik bis zum Ende des Jahrhunderts stark verändert hatte, war Elizabeth Clarke Wolstenholme Elmy (siehe Seite 96) eine Ausnahme im neuen Regelwerk des männlich-wissenschaftlichen Schreibens. Elmy veröffentlichte zwei botanische Texte für Kinder, die an frühere weibliche Schreibtraditionen anknüpften: *Baby Buds* (Baby-Knospen) im Jahr 1895 und *The Human Flower: A Simple Statement of the Physiology of Birth and the Relations of the Sexes* (Die menschliche Blume: Eine einfache Erklärung der Physiologie der Geburt und der Beziehungen der Geschlechter) im Jahr 1896. Seltsamerweise war Elmy keine populärwissenschaftliche Autorin oder Botanikerin, sondern in erster Linie eine Feministin. Sie setzte sich für die Bildung und Befreiung von Frauen ein und stellte die Botanik in den Dienst ihrer Sache.

Elmy beschäftigte sich besonders mit der sexuellen Befreiung der Frauen, insbesondere mit der sexuellen Selbstbestimmung der Frauen und der Aufhebung der Contagious Diseases Acts (CDAs). Sie war die erste Person, die öffentlich ein

Ende der damals legalen Vergewaltigung in der Ehe forderte und sich für deren Strafbarkeit einsetzte.[160] Ihre Erforschung der sexuellen Mündigkeit stand im Zusammenhang mit ihrem Engagement gegen die CDAs, gesundheitspolitische Gesetze, welche die Ausbreitung von Geschlechtskrankheiten in Großbritannien eindämmen sollten. Die Maßnahmen zielten unverhältnismäßig stark auf Frauen ab, indem sie der Polizei die Befugnis gaben, jede Frau zu verhaften und zu untersuchen, die unter dem Verdacht stand, Sexarbeiterin zu sein. Die männlichen Kunden jedoch entgingen einer solchen Behandlung und verbreiteten weiterhin ungehindert Krankheiten. Die geschlechtsspezifische Doppelmoral in der britischen Kultur, die weibliche Sexualität kriminalisierte, während männliche Sexualität unbehindert blieb, verknüpfte die beiden Themen, die Elmy am Herzen lagen. Ihre botanischen Texte waren eine Ergänzung ihres Kampfes gegen diese Doppelmoral.[161]

Baby Buds, ursprünglich unter dem Pseudonym Ellis Ethelmer veröffentlicht, war eine Sexualkunde-Fibel für Kinder, die als Einführung in die Botanik durchging. *The Human Flower* diente dem gleichen Zweck, richtete sich aber an junge Erwachsene. In *Baby Buds* nutzt eine Mutter-Erzählerin die sexuelle Fortpflanzung von Pflanzen, um Kinder in die menschliche Sexualanatomie, den Sexualverkehr und Beziehungen

↑ Die politische Karikatur von John Tenniel in der Ausgabe des *Punch* vom 28. Mai 1870 zeigt Lydia Becker an der Spitze einer Gruppe von Frauen, die von John Bull, einer fiktiven Personifikation Englands, ihr Wahlrecht fordern.

einzuführen. Die Erzählerin klärt das Kind nicht nur über den Geschlechtsakt und die Fortpflanzung auf, sondern auch über sexuelle Verantwortung. Indem sie das Kind durch den Sexualakt, die Empfängnis und die Geburt führt, zeigt die Erzählerin, dass sowohl Männer als auch Frauen gleichermaßen zum Sex und zur Fortpflanzung beitragen.[162] Elmy ermutigte auch zur sexuellen Selbstbestimmung, indem sie

---

Während es früher eine einzige, weibliche Form der Botanik gab, war sie nun in eine amateurhafte »Damenwissenschaft« und eine männlich dominierte professionelle geteilt.

---

schrieb, dass Menschen keine Bienen brauchen, um ihren Pollen zu übertragen, weil das Männchen und das Weibchen »sich zu diesem Zweck *einander* nähern [Hervorhebung hinzugefügt]«.[163] Im späten 19. Jahrhundert war es radikal und mutig, die kulturelle Doppelmoral in Bezug auf männliche und weibliche Sexualität anzusprechen, besonders gegenüber Kindern. Indem Elmy sich direkt an Kinder und Menschen wandte, die von menschlicher Fortpflanzung keine Ahnung hatten, versuchte sie, die kulturellen Vorstellungen über männliche und weibliche Sexualität zu verändern. Frühe weibliche Schreibtraditionen zur Botanik, die sich gut für menschliche Analogien und pädagogische Lektionen eigneten, waren für Elmys Zwecke besser geeignet als die moderne wissenschaftliche Herangehensweise. Elmys Bedeutung liegt also in der Art und Weise, wie sie die Wissenschaft in den Dienst ihres viel weitreichenderen Einsatzes für die Frauenbewegung stellte.

Die botanischen Texte von Frauen waren im 19. Jahrhundert unglaublich vielfältig, sowohl in ihren Erzählformen als auch in ihren Zielen. Zu Beginn des Jahrhunderts nutzte Frances Rowden die Botanik, um jungen Frauen Tugenden wie Bescheidenheit und Keuschheit zu vermitteln, während Elizabeth Elmy am Ende des Jahrhunderts die Botanik nutzte, um Kindern Sexualkunde verständlich zu machen. Auch wenn die Frauen gegensätzliche Ziele verfolgten, gaben ihnen die Wissenschaft der Botanik und der Markt für populärwissenschaftliche Bücher eine öffentliche Plattform. Erst als die Männer der Wissenschaft die Botanik für sich beanspruchten – um sie auf den Bereich der »ernsthaften Männergedanken« zu beschränken –, verloren die Frauen diese öffentliche Plattform wieder.

Elizabeth Clarke Wolstenholme Elmy

(getauft 15. Dezember 1833 – 12. März, 1918)

Elmy wurde 1833 in Manchester als Tochter eines methodistischen Pfarrers und einer Mutter aus der Arbeiterklasse geboren, war aber im Alter von zwölf Jahren bereits Vollwaise. Ihr Großvater mütterlicherseits, Richard Clarke, kümmerte sich um sie, und als Clarke starb, hinterließ er ihr genug Geld, um die Fulneck Moravian School zu besuchen. Später wurde Elmy Leiterin einer privaten Mädchenschule und gründete 1865 die Manchester Schoolmistresses Association.

In den 1850er-Jahren hatte sich Elmy mit ganzem Herzen der Frauenbefreiung verschrieben und war Mitglied in mehr als 20 feministischen Organisationen. Elmys scheinbar willkürlicher Einstieg in die Botanik im Alter von 65 Jahren diente in erster Linie als Ergänzung ihrer Anstrengungen zur Aufhebung der Contagious Diseases Acts.

Elmys botanische Fibel *Baby Buds*, die Kindern mithilfe der Fortpflanzung von Pflanzen die menschliche Sexualität erklärte, wurde 1895 unter dem Pseudonym Ellis Ethelmer veröffentlicht. Wenig später folgte ein weiteres auf der Botanik basierendes Aufklärungsbuch für junge Frauen, *The Human Flower: A Simple Statement of the Physiology of Birth and the Relations of the Sexes* (Die menschliche Blume: Eine einfache Erklärung der Physiologie der Geburt und der Beziehungen der Geschlechter), in dem sie dieselben Themen für ein reiferes Publikum aufgreift.

Elmy starb im Jahr 1918. Ihre Zeitgenossen sahen in ihr eine der einflussreichsten Stimmen im Kampf um die Freiheit der Frau. Ihre Bedeutung in der Botanik ist jedoch weniger bekannt, da sie keine neuen oder innovativen Entdeckungen machte.

KAPITEL 9

Vom Haushalt ins Hospital

KRANKENSCHWESTERAUSBILDUNG IN AMERIKA

Im frühen 19. Jahrhundert war die Krankenpflege in den Vereinigten Staaten noch kein Beruf, wie wir ihn heute kennen, mit spezialisierten Ausbildungsschulen, Berufsverbänden und definierten Pflegeaufgaben. Die Krankenpflege entwickelte sich erst nach dem amerikanischen Bürgerkrieg zu einem formalen und geregelten Bereich der Medizin. Aber ihre Wurzeln reichen viel weiter zurück: Die Pflege wurde früher fast ausschließlich von Frauen im häuslichen Rahmen geleistet. Im Gegensatz zu den meisten in diesem Buch beschriebenen Bereichen war die Krankenpflege schon immer von Frauen dominiert, denn der Grundgedanke der Pflege beruht auf absolut geschlechtsspezifischen Vorstellungen über Frauen und die Art der Arbeit, die für sie angeblich am besten geeignet sei. Diese enge Verbindung zwischen der häuslichen Arbeit von Frauen und der Krankenpflege beeinflusste auch das im 19. Jahrhundert neu entstehende Berufsbild. Die amerikanische Krankenpflege wurde durch den Bürgerkrieg in einer Weise geprägt, die sie von der Krankenpflege in anderen Teilen der Welt unterschied. Obwohl amerikanische Krankenschwestern Ideen und Methoden aus dem Ausland übernahmen, bauten sie ein Berufsbild auf, das spezifisch auf die außergewöhnlichen Belastungen abgestimmt war, die das Leben in den Vereinigten Staaten im 19. und frühen 20. Jahrhundert mit sich brachte.

Die Arbeit der Kranken- und Verletztenpflege, die wir heute typischerweise mit Krankenpflege in Verbindung bringen, wurde ursprünglich von Frauen für ihre eigenen Familien und Gemeinschaften geleistet. Wie bei den Hebammen und Ärztinnen früherer Epochen war die medizinische Versorgung der eigenen Familienmitglieder eine Aufgabe, die fast jede Frau übernehmen konnte.[164] Obwohl die Krankenpflege zu den häuslichen Pflichten von Ehefrauen und Töchtern gehörte, war sie keine ungelernte Arbeit. Viele bildeten sich in medizinischen Fragen weiter, indem sie Vorträge besuchten oder Handbücher und Broschüren lasen.[165] Ebenso

← Krankenschwestern verlassen das Henry Street Settlement. Das Haus wurde 1839 von Lillian Wald gegründet, um die armen Bewohner der Lower East Side in New York medizinisch zu versorgen.

wichtig war die Erfahrung und Weisheit, die über Generationen von Frauen weitergegeben wurde. Frauen wurden für ihre medizinische Versorgung und ihr Fachwissen nicht bezahlt, und das sollte auch bis weit in das 19. Jahrhundert so bleiben. Auch leisteten Frauen diese Pflege nicht in einem institutionellen Rahmen. Tatsächlich war das Krankenhaus kein zentraler Ort für medizinische Versorgung, wie wir ihn heute kennen.

Die meisten Menschen wurden zuhause von weiblichen Familienmitgliedern, Nachbarinnen oder, wenn die Erkrankten es sich leisten konnten, von Ärzten medizinisch versorgt. Mit ihrer Kompetenz und ihrem Wissen konkurrierten die Frauen oft mit den männlichen Ärzten, und viele Frauen fürchteten aus ihrem angestammten Zuständigkeitsbereich verdrängt zu werden.[166]

Amerikanische Krankenhäuser wurden im frühen 19. Jahrhundert gelegentlich von der öffentlichen Hand, meist aber von Freiwilligen- und Reformorganisationen unterhalten, und ihre Pflegeleistungen waren eher auf chronische und armutsbedingte Erkrankungen ausgerichtet als auf akute Krankheiten oder Verletzungen. Die Krankenpflegerinnen in diesen Krankenhäusern waren oft selbst Patientinnen, die mehr oder minder arbeitsfähig waren. Zu ihren Aufgaben zählten eher häusliche Arbeiten wie Putzen und Wäschewaschen, weniger die medizinische Versorgung.[167] In der Mitte des 19. Jahrhunderts, als Industrialisierung und Urbanisierung die amerikanische Wirtschaft tiefgreifend veränderten, gelang es Frauen schließlich, ihre Erfahrung in der Pflege in bezahlte Beschäftigungen umzuwandeln, indem sie in ihren Gemeinden Pflegedienste anboten.[168] Wie die heilkundigen »Großmütter« im kaiserlichen China (siehe Seiten 22–23) waren die meisten dieser Frauen schon älter, und viele waren durch den Tod ihrer Ehemänner gezwungen, ihren Lebensunterhalt außerhalb des eigenen Hausstands zu verdienen.[169] Viele dieser Frauen kümmerten sich in den Häusern von Gemeindemitgliedern um die Kranken. Nur wenige waren in einem Krankenhaus beschäftigt, jener Institution, die wir heute als Domäne der Krankenpflege betrachten.

KRANKENPFLEGE IM BÜRGERKRIEG

Die Krankenpflege in den Vereinigten Staaten wurde nicht nur durch strenge Geschlechterrollen für Frauen geprägt, sondern zunächst auch durch die Sklaverei und später durch den Bürgerkrieg. Viele Menschen, die versklavt und nach Amerika gebracht wurden, verfügten über umfangreiches Heilwissen aus ihrer eigenen Kultur, das versklavte Frauen oft für die Pflege anderer versklavter Menschen und für die Familien ihrer Weißen Besitzer und Besitzerinnen nutzten.[170] Versklavte Frauen, die als Hebammen ausgebildet waren, waren zusätzlich wertvoll für Sklavenhalter und Sklavenhalterinnen, die deren Dienste an andere Familien vermieten konnten.[171] Das kulturelle Bild der fürsorglichen Arbeit unter versklavten Frauen im amerikanischen Süden wurde von der Figur der »Mammy« dominiert, der Amme, die sich um die Kinder des Sklavenhalters und der Sklavenhalterin kümmerte und den Haushalt führte.[172] Im Norden, vor allem während des Bürgerkriegs, arbeiteten Schwarze Frauen in Lazaretten und als Krankenschwestern und Hebammen in den freien Städten.[173]

Mit dem englischen Begriff »nurse« bezeichnete man früher nicht nur Personen, die sich um Kranke und Verletzte kümmerten, sondern auch Frauen, die Ammen und Säuglingspflegerinnen waren. Diese Frauen arbeiteten, versklavt oder als Kinderfrau angestellt, bei Familien, stillten und pflegten die Kinder und zogen sie bis ins Jugendalter auf. In einer Ausgabe der New York Times von 1861 waren auf einer Seite mit Kleinanzeigen etwa 40 Inserate für »nurses« zu finden, und nur in zwei Fällen wurde eine Krankenschwester für die Pflege einer »gebrechlichen Dame« gesucht.[174] Die Mehrzahl der Anzeigen verlangte nach einer Bewerberin, die »ein Baby von seiner Geburt an pflegen« und einen Säugling füttern kann, sowie nach einer Vielzahl anderer häuslicher Aufgaben, meist Nähen. Die Anzeigen gaben an, dass die Pflegerinnen und/oder Näherinnen für private Familien arbeiten würden, und es war klar, dass von einigen zudem erwartet wurde, dass sie der Familie auch bei Aufenthalten im Landhaus außerhalb der Stadt zur Verfügung standen.[175]

Als der Amerikanische Bürgerkrieg (1861–1865) die bestehende medizinische Infrastruktur überforderte, brauchte man immer dringender ausgebildete Pflegekräfte. Um einen Beitrag zu den Kriegsanstrengungen zu leisten, boten zahllose

↑ Armeeschwestern im Spanisch-Amerikanischen Krieg in Chickamauga (Georgia) im Jahr 1898.

Frauen – ohne formale Ausbildung, aber mit jahrelanger Erfahrung in der häuslichen Pflege – den Krankenhäusern ihre Dienste an. Fast 20 000 Frauen unterschiedlicher Herkunft meldeten sich während des Krieges freiwillig zum Sanitätsdienst. Sie wurden schnell nach »Rasse« und »Klasse« sortiert und für Aufgaben eingeteilt, die nach Ansicht der leitenden Pflegerinnen und der Verwaltung zu ihrer sozialen Stellung passten: Weiße Frauen dienten als leitende Pflegerinnen und Krankenschwestern, Schwarze Frauen wurden als Köchinnen und Wäscherinnen beschäftigt.[176]

Nach dem Bürgerkrieg bewirkten die Erfahrungen des Krieges und die Arbeit von Frauenorganisationen eine allmähliche Professionalisierung der Krankenpflege, was zum Teil von der Notwendigkeit getrieben war, die Töchter der vom Krieg zerrissenen Familien für einen Beruf auszubilden.[177] Unter Nutzung des organisatorischen Fachwissens, das die Frauen im Sanitätsdienst erworben hatten, begannen die Krankenpflegeschulen in den frühen 1870er-Jahren mit der Ausbildung von Frauen, die schließlich die ersten »diplomierten« Krankenschwestern in der Geschichte der Vereinigten Staaten wurden.

DAS NIGHTINGALE-MODELL UND DIE KRANKENPFLEGE IN DEN USA

Die frühe professionelle Krankenpflege in den Vereinigten Staaten war stark von Florence Nightingale (12. Mai 1820–13. August 1910) beeinflusst, deren 1859 erschienenes Buch *Notes on Nursing: What it is, and what it is not* (Bemerkungen zur Krankenpflege) erstmals 1860 in einer amerikanischen Ausgabe erschien.[178] Nightingale hatte sich durch ihre innovativen Praktiken im Krimkrieg große Anerkennung erworben, sie wusste aber auch, dass »jede Frau eine Krankenschwester ist«, da von Frauen in ihrer Zeit erwartet wurde, dass sie irgendwann in ihrem Leben »die Verantwortung für die persönliche Gesundheit von jemandem übernehmen«. In ihrer Herangehensweise an die Krankenpflege legte Nightingale den Schwerpunkt auf die Schaffung einer Umgebung, die die Heilung förderte. Sie hatte beobachtet, dass die Symptome vieler Patienten und Patientinnen darauf zurückzuführen waren, dass deren Behandlung und Genesung unter schlechten Umgebungsbedingungen stattfanden. Frische Luft, richtige Temperaturkontrolle, eine strenge Zeitplanung für Pflege und Behandlung sowie Sauberkeit des Krankenzimmers oder der Station waren für die Gesundung oft wichtiger als Medikamente oder Operationen.[179]

Auch wenn einige von Nightingales medizinischen Ansätzen in die professionelle Krankenpflege übernommen wurden, standen manche weibliche Führungskräfte in der Medizin des 19. Jahrhunderts ihrer geschlechtsspezifischen Philosophie der Krankenpflege durchaus kritisch gegenüber. Nightingales Ansicht nach waren die Qualitäten einer guten Krankenschwester dem vorbildlichen Frausein selbst inhärent; die Frau, die stattdessen Ärztin werden wollte, gab die spezifische Tugend auf, die Frauen zur Pflege der Kranken berief. Wie die Historikerin Patricia D'Antonio schreibt:

»Pflegewissen unterschied sich von medizinischem Wissen: Es war ›alltägliches sanitäres Wissen‹ über frische Luft, Wärme, richtige Belüftung, kräftigende Ernährung, vorbildliche Hygiene und ruhige Umgebung, das alle Frauen [...] brauchten, um die Verantwortung zu übernehmen, zu lernen und auszuüben.«[180]

Nightingales Einfluss war weitreichend, aber nicht alle Ausbildungsinstitute folgten ihrem Modell. Bereits 1839 begannen Ärzte mit der Entwicklung von Lehrplänen für die Krankenpflege, die wissenschaftliche Kenntnisse über den Körper und medizinische Therapien in den Vordergrund stellten. In Philadelphia entwickelte ein Arzt ein Ausbildungsprogramm für Krankenschwestern, um eine von den Hebammen getrennte Belegschaft auszubilden, denn Erstere waren nur den Frauen verantwortlich, denen sie bei der Geburt halfen. Die neuen Krankenschwestern sollten dazu beitragen, die wissenschaftliche Autorität des Arztes zu untermauern.[181] Als sich die Ärzte immer mehr den wissenschaftlichen Prinzipien der Beobachtung und Objektivität verschrieben, erkannten sie den Bedarf an ausgebildeten Mitarbeiterinnen, die ihnen helfen sollten, diese neuen Daten über die Patienten zu sammeln und zu verarbeiten sowie neue innovative Behandlungsmethoden zu entwickeln.[182] Diese neue, höhere Rolle der Krankenschwester innerhalb der Qualifikationshierarchie, gewissermaßen als Stütze des Arztes, änderte auch die Sicht auf die Frauen, die bereits als Pflegekräfte zu Hause oder in Krankenhäusern arbeiteten: Sie galten nun als viel zu unqualifiziert für die Aufgaben der wissenschaftlichen Medizin.[183]

RASSENINTEGRATION IM PFLEGEBERUF

Nicht nur im Bürgerkrieg gab es eine Rassen- und Klassentrennung im Sanitätsdienst, sondern auch in der späteren professionellen Krankenpflege. Das Bild von Nightingale als »Dame mit der Lampe« war zutiefst geschlechtsspezifisch und vorrangig »Weiß«. Doch trotz der Rassenschranken innerhalb des Berufsfeldes und der Gesellschaft nach dem Bürgerkrieg leisteten Schwarze Frauen in der professionellen Krankenpflege hervorragende Arbeit. Mary Eliza Mahoney (7. Mai 1845–4. Januar 1926), eine Schwarze Frau, die am New England Hospital for Women and Children ausgebildet wurde, war die erste afroamerikanische Frau, die 1879 in den Vereinigten Staaten einen offiziellen Abschluss als Krankenschwester erlangte. Ihre formale Qualifikation kennzeichnet ein wichtiges Ereignis in der Geschichte der Krankenpflege: Das Ende der Rassentrennung in der Ausbildung war fast erreicht.

Mahoney wurde 1845 in Boston (Massachusetts) geboren. Sie lebte zwar im freien Norden, wuchs aber in einer zutiefst segregierten Umgebung auf, in der die Gesetze für flüchtige Sklaven und Sklavinnen in Kraft waren und Schwarze Familien regelmäßig mit Diskriminierung bei der Arbeits- und Wohnungssuche sowie mit rassistischer Gewalt konfrontiert waren.[184] Wie Weiße Frauen arbeiteten auch Schwarze Frauen als Krankenschwestern in Privathaushalten, aber ihre Rolle war durch rassendiskriminierende Arbeitshierarchien definiert: Für Schwarze Frauen war es schwieriger, pflegerische Tätigkeiten von anderen häuslichen Arbeiten zu trennen. Die neue Autorität, die Weiße Frauen durch ihren Kontakt zu Ärzten und durch ihre formale Ausbildung erwarben, war für schwarze Frauen weitgehend unerreichbar.[185] Als Mahoney 1865 ihre Arbeit als Krankenpflegerin in Privathaushalten aufnahm, war auch sie diesen rassistischen Strukturen ausgesetzt, die ihr berufliches Fortkommen einschränkten.

Etwa zur gleichen Zeit gründeten engagierte Frauen das New England Hospital for Women and Children in Boston mit dem Ziel, Ärztinnen und Krankenschwestern auszubilden und die medizinische Versorgung von Frauen durch Frauen zu gewährleisten.[186] Im Gegensatz zu anderen segregierten öffentlichen und freiwilligen Krankenhäusern jener Zeit nahm dieses Krankenhaus Patientinnen aus allen Schichten auf. Im Jahr 1878, sechs Jahre nachdem das Krankenhaus in Mahoneys Heimatstadt Roxbury umgezogen war, wurde sie in das 16-monatige Ausbildungsprogramm für Krankenschwestern aufgenommen – nachdem sie dort einige Zeit als Koch-, Putz- und Waschkraft gearbeitet hatte.[187]

Als Mahoney ihre Ausbildung begann, war das Programm bereits mehr als ein Jahrzehnt alt und sehr fordernd. Die Schülerinnen arbeiteten 16 Stunden am Tag, beaufsichtigten ihre eigenen Stationen und besuchten Vorlesungen zu den Themen Krankenernährung, Techniken der chirurgischen Krankenpflege und Pflege in privaten Familien. Die Schülerinnen durchliefen alle Abteilungen des Krankenhauses und sammelten in jeder klinische Erfahrung.[188] Mahoney schloss ihre Ausbildung 1879 ab. Das Krankenhaus nahm auch nach ihr Schwarze Krankenschwesterschülerinnen an, genau genommen wurden dort über die nächsten 20 Jahre fünf weitere Schwarze Krankenschwestern ausgebildet.[189]

Nachdem Mahoney über eine formale Qualifikation verfügte, kehrte sie zur Krankenpflege in Privathäusern zurück. Aufzeichnungen über Mahoneys Erfolg als private Krankenschwester sind erhalten geblieben, weil sie sich in ein von der Boston Medical Library geführtes Krankenpflegeverzeichnis eintrug, das ihre Referenzen für potenzielle Arbeitgeber aufbewahrte. Frühere Arbeitgeber empfahlen sie als »exzellente Krankenschwester«.[190] Aber selbst mit Qualifikation und besten Referenzen waren Mahoney und andere Schwarze Frauen, die in den Häusern von Weißen arbeiteten, immer noch mit Diskriminierung und Demütigung konfrontiert. In Privathaushalten durften Schwarze Angestellte – im Gegensatz zu Weißen Krankenpflegerinnen – nie im selben Raum, im Speisezimmer, mit ihren Weißen Arbeitgebern essen. Mahoney musste in der Küche essen, aber sie setzte durch, dass sie ihre Mahlzeiten nicht zusammen mit den Dienstboten einnahm.[191] Diese Anekdote aus Mahoneys Tätigkeit als ausgebildete, angesehene Krankenschwester verdeutlicht die vielen Konflikte und Widersprüche in der Krankenpflege des 19. Jahrhunderts.

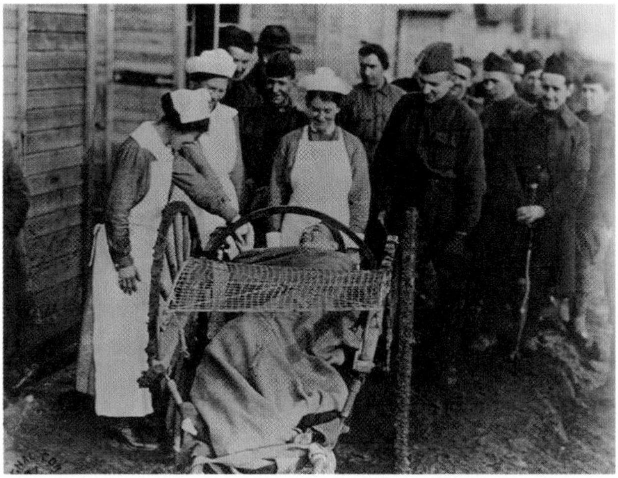

←

Krankenschwestern verabschieden einen genesenden Patienten. Erster Weltkrieg.

→

LILIAN WALD

Lilian Wald, eine herausragende Persönlichkeit in der Geschichte des öffentlichen Gesundheitswesens in Amerika, gründete 1895 in New York City den Henry Street Visiting Nurse Service, um die in Armut lebenden Menschen der Lower East Side zu versorgen.

←

MARY MAHONEY

Mary Eliza Mahoney war 1879 die erste afroamerikanische Frau, die in den Vereinigten Staaten einen Abschluss als Krankenschwester erwarb und anschließend erfolgreich als private Krankenschwester tätig war. Ihr Erfolg ebnete Schwarzen Frauen den Weg zur qualifizierten Krankenschwesterausbildung.

Das neue Bild der qualifizierten Krankenschwester, die weit mehr ist als eine Hausangestellte, setzte sich durch, wenngleich viele Mitglieder der medizinischen Gemeinschaft Zweifel hegten, ob es gut sei, Frauen mit medizinischem Wissen auszustatten. 1890 gab es im ganzen Land nicht einmal 500 ausgebildete Krankenschwestern, um die Jahrhundertwende waren es schätzungsweise 3500.[192] Zu Beginn des 20. Jahrhunderts befand sich die Krankenpflege noch in einem tiefgreifenden fachlichen, sozialen und wissenschaftlichen Wandel. Die Pflege in Krankenhäusern und Privathäusern professionalisierte sich, und die Ausbildung der Krankenschwestern wurde strenger und standardisierter. Die Krankenpflege, die ihren Ursprung in Freiwilligenvereinen und der karitativen Arbeit wohlhabenderer Frauen hatte, wurde auch zu einer wichtigen Kraft für Reformen im öffentlichen Gesundheitswesen.

Diese Veränderungen in der Krankenpflege waren Teil dessen, was Historiker die Progressive Ära nennen, eine Periode weitreichender sozialer und politischer Bewegungen und Reformen in den Vereinigten Staaten im späten 19. und frühen 20. Jahrhundert. Die Krankenpflege- und Gesundheitsreformen der Progressiven Ära wurden sehr oft von Frauen vorangetrieben.

1889 begann Lillian Wald (10. März 1867–1. September 1940), eine junge Frau deutschjüdischer Herkunft, eine Ausbildung an der New York Hospital Training School for Nurses. Wald stammte aus einer bürgerlichen Familie und wuchs in Rochester (New York) auf. Als Erklärung für ihre Berufswahl nannte sie die Erfahrung mit einer Krankenschwester, die ihre ältere Schwester bei der Entbindung unterstützt hatte. Die Historikerin Marjorie Feld zeigt aber, dass Wald für ihr Leben und ihre Arbeit größere Ambitionen hegte.[193] Nachdem sie die Krankenpflegeschule 1891 verlassen hatte, ging sie in das Juvenile Asylum in New York City, war aber bald von der Institution enttäuscht und besuchte eine Weile die Schule am Women's Medical College in Manhattan.[194]

Als Frau aus der Mittelschicht hatte Wald viele Verbindungen zu anderen wohlhabenden und reformfreudigen Frauen, auch in ihrem Beruf. 1893 zog sie zusammen mit ihrer Kollegin Mary Brewster, die auch die Krankenpflegeschule absolviert hatte, in die Lower East Side, einen Stadtteil von New York City, in dem viele Einwanderer lebten und in dem die Armut und Wohnraumknappheit um die Jahrhundertwende besonders schlimm war. 1895 gründeten Wald und Brewster den Henry Street Visiting Nurse Service, nachdem sie in einem Mietshaus gelebt und die Menschen im Viertel kennengelernt hatten, die sie nun unterstützen wollten. Diese Art von Pflegedienst, bei dem die Krankenschwestern direkt in den Gemeinden lebten und medizinische Versorgung boten, wurde »Settlement House« genannt. In ihren Memoiren schrieb Wald, ihre Krankenschwesterausbildung sei wertvoll für diese Hilfe für die Armen gewesen. Nachdem sie eine kranke Frau in der Lower

East Side besucht und die Lebensumstände der Familie gesehen hatte, freute sich Wald, »… dass ich eine Ausbildung in der Krankenpflege hatte, durch die ich eine organische Beziehung zu der Nachbarschaft fand, in der ich meine Bestimmung gefunden hatte«.[195]

Wald und Brewster engagierten nicht nur Krankenschwestern, sondern auch Anwälte, Gewerkschafter und andere Sozialreformer.[196] Die Krankenschwestern wurden von der Henry Street aus in die Gemeinde geschickt und berechneten flexible Gebühren, um sicherzustellen, dass jeder Zugang zu medizinischer Versorgung hatte. Wald beschreibt ihr System, das auch Bildungsangebote umfasste, als »öffentliche Gesundheitspflege«.[197] Wie zu Beginn des 19. Jahrhunderts gingen die meisten Menschen nicht in ein Krankenhaus, wenn sie krank waren. Wald kannte nicht nur die oft unerschwinglichen Kosten der Krankenhauspflege, sondern auch die soziale Belastung der Familien, die vor allem dann entstand, wenn Frauen ihr Zuhause krankheitsbedingt verlassen mussten.[198] In ihren Memoiren schrieb sie auch über Situationen, in denen sie und andere Krankenschwestern die Autorität der meist männlichen Ärzte aktiv untergraben mussten, um dafür zu sorgen, dass ihre Patienten und Patientinnen eine angemessene Pflege erhielten.[199]

Mahoney und Wald waren zwei ungewöhnliche Persönlichkeiten in der überwiegend Weißen, christlich geprägten Welt der Krankenpflege. Wald unterlief nicht nur die traditionellen Erwartungen ihrer bürgerlichen Erziehung, indem sie mit solchem Ehrgeiz außer Haus arbeitete, sie war auch lesbisch und lebte mit Freundinnen und Partnerinnen zusammen, statt zu heiraten und eine Familie zu gründen.[200] In der komplexen Geschichte der amerikanischen Krankenpflege spielen große Kräfte wie der Bürgerkrieg ebenso eine Rolle wie individuelle Persönlichkeiten. Von den Fürsorgetraditionen versklavter afrikanischer Frauen bis hin zu den ehrgeizigen Sozialreformprogrammen von Frauen aus der Mittelschicht – die vielfältigen Erfahrungen der Frauen, die im 19. Jahrhundert zu Krankenschwestern ausgebildet wurden, haben den Beruf, wie wir ihn heute kennen, tiefgreifend geprägt.

FIRST WOMAN'S MEDICAL COLLEGE BUILDING.

AS IT APPEARED AT THE FIRST COMMENCEMENT IN 1850, LOCATED AT 229 (OLD NUMBER) ARCH STREET, BELOW SEVENTH.

KAPITEL 10

Hausärztin und »Lady Doctor«

BERUFSZIEL ÄRZTIN

Die Ausübung der ärztlichen Tätigkeit ist erst seit relativ kurzer Zeit ein geregelter, standardisierter Beruf. Die formale Ausbildung an medizinischen Fakultäten und die damit verbundene Zulassung von Ärzten und Ärztinnen ist ein modernes Phänomen. Wie für die Krankenpflege war das 19. Jahrhundert für die gesamte Medizin eine prägende Zeit: Das Krankenhaus wurde zum zentralen Ort der Versorgung und die medizinische Praxis wurde stärker reguliert. Interessanterweise war jedoch nicht alles reguliert, beispielsweise gab es (noch) keine Zulassungsbeschränkung für Frauen zum Medizinstudium. Das bewirkte eine massive Berufsmigration von Frauen, da außergewöhnlich viele im 19. Jahrhundert eine medizinische Ausbildung anstrebten.[201] Frauen aus der ganzen Welt reisten in die Vereinigten Staaten, um an den zahlreichen dort eigens für Frauen eingerichteten medizinischen Instituten und Fakultäten zu studieren. Andere suchten in den Ländern Europas nach den besten Ausbildungsmöglichkeiten. In den Vereinigten Staaten schuf die Gründung privater Einrichtungen für die Ausbildung von Frauen mehr Möglichkeiten, sowohl für amerikanische Frauen, die eine medizinische Ausbildung anstrebten, als auch für Frauen aus anderen Ländern, die sich um Stipendien bemühten, um dort studieren zu können. In Europa sahen sich Frauen, die eine medizinische Ausbildung anstrebten, noch mit einer jahrhundertealten Tradition konfrontiert, die Frauen von staatlichen Universitäten ausschloss.

Im Deutschland des 19. Jahrhunderts war die ärztliche Tätigkeit bereits in großem Maße staatlich kontrolliert. Ärzte – und theoretisch auch Ärztinnen – durften in Deutschland nicht praktizieren, wenn sie nicht an einer der staatlichen Hochschulen ausgebildet worden waren, aber keine dieser Schulen ließ Frauen

← Am Woman's Medical College of Pennsylvania wurden einige der bekanntesten Ärztinnen des 19. und frühen 20. Jahrhunderts ausgebildet, darunter viele Immigrantinnen, die speziell zum Medizinstudium in die Vereinigten Staaten kamen.

zu. Daher konnten Frauen in Deutschland per Gesetz nicht den Titel einer Ärztin tragen. Dieses Dilemma erlebte Anna Fischer-Dückelmann, als sie sich für ein Medizinstudium entschied. Dückelmann stammte aus einer bürgerlichen Arztfamilie und legte in ihrer eigenen Praxis den Schwerpunkt auf die Gesundheit von Frauen und Kindern und die Anwendung von Naturheilmethoden wie Wasserkuren oder vegetarischen Diäten zur Förderung der Gesundheit.[202]

Wie an anderen Ländern der Welt setzten sich reformorientierte Frauen auch in Deutschland vermehrt für eine bessere Bildung für Frauen im Allgemeinen und für deren Zugang zur medizinischen Ausbildung im Besonderen ein. Die deutsche Grundschulbildung war durch die geschlechtsspezifischen Konzepte der unterschiedlichen Lebensrollen von Männern und Frauen geprägt. Jungen wurden nach dem Grundsatz der »Bildung« erzogen, die sie sowohl auf die Universität als auch auf das bürgerliche Leben vorbereiten sollte. Die Erziehung der Mädchen konzentrierte sich auf die »Bestimmung« und stellte die weibliche Pflicht gegenüber Haus und Familie in den Vordergrund. Zusätzliche Bildung galt als überflüssig und wurde manchmal sogar als schädlich für die zukünftige Fortpflanzungsfähigkeit eines Mädchens betrachtet.[203] Selbst wenn es Frauen erlaubt gewesen wäre, die Universitäten zu besuchen, hätte der strikt geschlechtsspezifische Lehrplan der deutschen Grundschulen bewirkt, dass Frauen auf die Bewältigung der Studieninhalte viel zu schlecht vorbereitet gewesen wären. Dückelmann ergänzte ihre eigene Schulausbildung, indem sie mit ihrem Mann Mathematik und Latein studierte.[204]

Im Jahr 1885, als sie auf die Dreißig zuging, verheiratet war und Kinder hatte, beschloss Dückelmann, die Grenzen, die ihr in Deutschland gesetzt waren, zu überwinden. Sie plante, eine Ausbildung an der Universität Zürich zu beginnen. Die dortige medizinische Fakultät war in den späten 1860er-Jahren für Frauen geöffnet worden, was einen Zustrom von Frauen aus anderen Ländern zur Folge hatte. Besonders für deutsche Frauen war Zürich eine ideale Wahl, da die Universität Unterricht in deutscher Sprache anbot.[205] Während ihres Hochschulstudiums und ihrer klinischen Zeit in Zürich kümmerte sich Dückelmann weiterhin um die Erziehung ihrer drei Kinder.[206] Sie verleugnete nicht, dass dies schwierig war, und schrieb, dass eine Person, die eine Familie zu versorgen habe, nicht Medizin studieren solle, »es sei denn, sie würde sich von einer bestimmten Aufgabe leiten lassen und hätte große Willenskraft«.[207] Dückelmann schloss ihr Studium der Geburtshilfe und Gynäkologie im Jahr 1896 ab und zog nach Dresden-Loschwitz, wo sie eine Klinik für Frauen und Kinder eröffnete, die bis 1914 bestand.[208]

Dückelmann verstand ihre familiären Pflichten als integralen Bestandteil ihres eigenen Frauseins, aber sie fand nicht, dass ihre Pflichten als Frau und als Ärztin sich gegenseitig ausschlossen. Sie vereinte diese beiden scheinbar gegensätzlichen Frauenrollen in der Figur der Hausärztin, die sie in ihrer populärmedizinischen Schrift *Die Frau als Hausärztin* präsentierte. Das Werk umfasste 1000 Seiten und enthielt fast 500 anatomische Abbildungen des Körpers. Ihr Bild von der Frau als

Hausärztin ging mit der Überzeugung einher, dass Patientinnen am besten von Ärztinnen behandelt werden sollten. Während ihrer Zeit an der medizinischen Fakultät hatte sie erlebt, dass Frauen, insbesondere arme Frauen, von männlichen Ärzten und Medizinstudenten besonders schlecht behandelt wurden. Um diesen Missständen entgegenzuwirken, versuchte sie, Frauen über ihren eigenen Körper aufzuklären, damit sie sich selbst und ihre Familien behandeln konnten und auch erkannten, wenn sie von männlichen Ärzten misshandelt wurden. Dückelmann schrieb im Lauf ihrer Karriere mehrere medizinische Texte, wobei *Die Frau als Hausärztin* ihr erfolgreichstes Werk war. Es wurde in mehrere Sprachen übersetzt und blieb bis 1981 im Druck.[209] Auch wenn Dückelmann keine umfassende institutionelle Reform des deutschen medizinischen Establishments in Gang setzte, war sie eine kritische Stimme, welche die Fehler der männlichen Ärzte beleuchtete und die Position der Ärztinnen und das häusliche medizinische Wissen der Frauen aufwertete.

MEDIZINISCHE AUSBILDUNG FÜR FRAUEN

Die vielleicht berühmteste Frau, die im 19. Jahrhundert als Ärztin praktizierte, war Elizabeth Blackwell (3. Februar 1821–31. Mai 1910). Blackwell wurde in England geboren und wanderte 1832 mit ihrer Familie in die Vereinigten Staaten aus. Als fortschrittliche Quäkerfamilie engagierten sich die Blackwells für soziale Belange, von der Abschaffung der Sklaverei bis zum Frauenwahlrecht.[210] Anhand der Geschichte von Blackwells Aufnahme am Geneva Medical College in New York erfährt man beispielhaft von den Demütigungen, mit denen sich Frauen, die eine medizinische Ausbildung anstrebten, damals konfrontiert sahen. Da die Fakultät nicht bereit war, die volle Verantwortung für die Ablehnung von Blackwells Bewerbung zu übernehmen, holte sie das Votum der Studentenschaft ein. Da die Studenten nicht ahnten, dass die Fakultät die Ablehnung bereits entschieden hatte, genehmigten sie die Bewerbung – sarkastischerweise mit viel Gelächter und Buhrufen.[211] Als Blackwell einige Wochen später zum Studium eintraf, blieb den Studenten das Lachen wohl im Halse stecken, allerdings nur bis kurz nach Blackwells Abschluss 1849, denn ab diesem Zeitpunkt schloss die medizinische Fakultät einfach alle Frauen vom Studium aus.[212]

Blackwell war die erste Frau in den Vereinigten Staaten, die einen Hochschulabschluss in Medizin erreichte, und ihr Fall ist umso bemerkenswerter, weil sie ihn nicht an einer reinen Frauen-Hochschule erwarb. Blackwells hart erkämpfter Erfolg in einer koedukativen Institution war das ursprüngliche Ziel der Reformer und Reformerinnen, die sich in der zweiten Hälfte des 19. Jahrhunderts für die medizinische Ausbildung von Frauen einsetzten. Zunächst ging es ihnen nicht darum, Frauenschulen zu gründen, da es ihr Ziel war, Frauen Zugang zu den männlich dominierten medizinischen Fakultäten zu verschaffen. Viele männliche Befürworter

→

ANNA FISCHER-DÜCKELMANN

Die Ärztin und Gesundheitspädagogin Anna Fischer-Dückelmann war eine deutsche Ärztin, die eine Philosophie der Hausmedizin entwickelte, bei der das Wohlergehen von Frauen und Kindern im Mittelpunkt stand.

←

ELIZABETH BLACKWELL

Elizabeth Blackwell, die vielleicht berühmteste Ärztin der Neuzeit, gründete die New York Infirmary for Women and Children und setzte sich zusammen mit ihrer Schwester Emily für die medizinische Ausbildung von Frauen ein.

der medizinischen Ausbildung von Frauen waren Kollegen Blackwells: Es waren Ärzte. Ihnen war klar, dass Koedukation bedeutete, dass Frauen genau die gleichen Zeugnisse wie Männer erhalten würden, was wiederum für den allgemeinen Ruf der Ärzte und Ärztinnen von großer Bedeutung war.[213] Aber Blackwells Ausbildung war ein Einzelfall, und die fortgesetzte Weigerung der medizinischen Fakultäten, Frauen zuzulassen, erzwang schließlich die Gründung von medizinischen Hochschulen für Frauen im ganzen Land. An diesen Bildungsstätten konnten sowohl Amerikanerinnen als auch Frauen aus anderen Ländern ihre Ambitionen, Ärztinnen zu werden, verwirklichen.

Im Jahr 1868 eröffneten Elizabeth Blackwell und ihre Schwester Emily ein medizinisches College für Frauen, das an die New Yorker Krankenstation für Frauen und Kinder angeschlossen war, die Elizabeth ein Jahrzehnt zuvor gegründet hatte. Eine Reihe von Frauen, die am College der Blackwells studierten oder klinische Erfahrungen sammelten, gründeten später ihre eigenen medizinischen Einrichtungen, etwa Marie Zakrzewska (6. September 1829–12. Mai 1902), die das New England Hospital for Women and Children gründete. Neue Einrichtungen für die medizinische Ausbildung von Frauen wurden auch von religiösen Gruppen ins Leben gerufen. Eine Gruppe von Quäkern und Quäkerinnen, die zu dieser Zeit nach Bildungsmöglichkeiten für eine Reihe von Frauen suchte, gründete 1850 das Woman's Medical College of Pennsylvania (WMCP) in Philadelphia.[214]

Am WMCP wurden einige der berühmtesten Ärztinnen ausgebildet, von denen viele eine weite Reise aus Ländern wie Indien, Japan, den Philippinen, Syrien und Russland hinter sich hatten.[215] Durch die Anfänge des WMCP als Quäker-Organisation war die Ausbildung von Frauen aus anderen Ländern seit der Anfangszeit ein wichtiger Teil der Bildungsmission. Viele Frauen aus kolonisierten Ländern, die eine medizinische Ausbildung anstrebten, wurden von Missionaren und Missionarinnen finanziert oder unterstützt. Insbesondere in Amerika wurden »medizinische Missionarinnen« an Frauenhochschulen wie dem WMCP ausgebildet. Ermäßige Studiengebühren wurden jenen angeboten, die sich verpflichteten, nach dem Studium die Missionsarbeit fortzusetzen und in ihren Heimatländern als Ärztinnen zu praktizieren.[216] Während diese Frauen in ihrem Bestreben, Ärztinnen zu werden, zweifellos Pionierinnen waren, gerieten ihre Ausbildung und ihre medizinische Praxis auch in den Sog des Kolonialismus und des amerikanischen Imperialismus, die viele Regionen der Welt beherrschten. Für reformistische religiöse Organisationen, die an kolonisierten Orten missionierten, war die Ausbildung der kolonisierten Menschen eine Möglichkeit, die Vorzüge der Religion und der Wissenschaft des Westens zu fördern, oft auf Kosten indigener medizinischer Traditionen.[217] Einige Frauen schwammen mit diesem Strom, andere widersetzten sich seinem Sog.

Protestantische Missionare und Missionarinnen halfen Anandibai Gopalrao Joshee (siehe Seite 121), die lange Reise von Indien nach Philadelphia zu unternehmen und dort Medizin zu studieren. Joshee wuchs in einer Brahmanenfamilie in der Nähe des heutigen Mumbai auf. Ihr Vater meldete sie entgegen den hinduistischen Gepflogenheiten schon als Kind in der Schule an und stellte einen Verwandten namens Gopalrao Joshee als Hauslehrer ein. Im Alter von zwölf Jahren wurde Anandibai mit Gopalrao verheiratet.[218]

Gopalrao unterstützte Joshee darin, ihre Ausbildung fortzusetzen, insbesondere in der Medizin. Innerhalb der hinduistischen Kultur hätte das aber eine soziale Stigmatisierung nach sich ziehen können. In ihren Briefen erinnerte sich Joshee daran, belästigt und ausgelacht worden zu sein, schon weil sie mit ihrem Mann auf der Straße ging. Gopalrao kannte einige amerikanische Missionare, die in der Gemeinde arbeiteten, und bat sie um Unterstützung, damit Joshee in Amerika Medizin studieren könne, aber es waren Joshees eigene Beziehungen zu Missionaren, die ihr letztendlich weiterhalfen. Eine Frau in New Jersey, Theodicia Carpenter, die von Joshees Bitte um Hilfe beim Medizinstudium in einer Missionszeitung las, schrieb Joshee und bot ihre Unterstützung an. Carpenter und Joshee führten fortan einen engen Briefwechsel, und als die 18-jährige Joshee 1883 Indien in Richtung Amerika verließ, betrachtete sie Carpenter als ihre »Tante«.[219]

Joshees Bestreben, Medizin zu studieren, hatte in ihrer Gemeinde für Aufsehen gesorgt. Vor ihrer Abreise hielt sie eine öffentliche Rede am Serampore College, in der sie erklärte, dass »es in Indien einen wachsenden Bedarf an Hindu-Ärztinnen gibt, und ich melde mich freiwillig, um mich dafür zu qualifizieren«.[220] Joshees Ehrgeiz fiel auch in Amerika auf und bewirkte, dass sie zu einer Art Berühmtheit wurde. Für viele Amerikaner war die gläubige Hindu die erste Inderin, die sie je gesehen hatten, und ganz sicher die erste, die sich zur Ärztin ausbilden ließ. Joshee war sich dessen bewusst und betätigte sich als eine Art Botschafterin für Hindufrauen, indem sie ihren Freundeskreis in der Mission und im Medizinstudium über ihre Religion und ihre Kultur unterrichtete. Sie war auch eine der ersten Inderinnen, die ihren Landsleuten die amerikanische Kultur beschrieb.[221]

Joshee trat im Herbst 1883 zusammen mit zahlreichen anderen Studentinnen aus dem Ausland in das Woman's Medical College of Pennsylvania ein. Anders als ihre Kommilitoninnen konvertierte Joshee jedoch nie zum Protestantismus. Auch ihr Interesse an den ayurvedischen Medizintraditionen gab sie nicht auf, und sie schrieb sogar ihre Doktorarbeit über geburtshilfliche Praktiken unter brahmanischen Hindus.[222] Während ihres Studiums erkrankte Joshee an Tuberkulose, von der sie sich nicht mehr richtig erholte. Obwohl sie über einen Großteil ihrer Ausbildungszeit krank gewesen war, schloss sie ihr Studium 1886 ab und war damit die erste Frau aus Indien, die einen medizinischen Abschluss erlangte. Ihr Studienabschluss war so etwas wie ein öffentliches Spektakel; sie erhielt sogar ein Glückwunsch-Telegramm von Königin Victoria.[223] Der Gouverneursminister von Kolhapur in Indien bat Joshee, als offizielle Ärztin, als »Lady Doctor of Kolhapur«, die Frauenabteilung des Albert-Edward-Krankenhauses zu leiten, und sie nahm an. Doch zurück in Indien verschlechterte sich ihr Gesundheitszustand so sehr, dass sie nicht mehr in der Lage war zu praktizieren. Joshee starb im Alter von nur 21 Jahren, nachdem sich ihr Berufswunsch, Ärztin zu werden, erfüllt hatte. Das Erreichen ihres größten Ziels, die medizinische Versorgung von Hindufrauen durch Hindufrauen in ihrer Heimat zu etablieren, blieb ihr verwehrt.[224]

MISSIONARISCHE MEDIZIN UND INDIGENE GEMEINSCHAFTEN

Amerikanische Missionare, die eine medizinische Ausbildung als einen möglichen Weg zu ihren Reformzielen betrachteten, engagierten sich auch für das, was sie als Notlage der indigenen Bevölkerung in Nordamerika ansahen. Indem sie sich an den Zielen der Progressiven Ära zur Assimilierung der indigenen Völker orientierten, förderten die Missionare die Ausbildung von »American Indians« zu Ärzten und Ärztinnen, damit sie die westliche Medizin zusammen mit den christlichen religiösen Lehren in ihre Gemeinschaften trugen. Die Omaha waren einer der indigenen Stämme, die solchen Assimilationsprogrammen unterworfen waren; und als Omaha-Ärztin und Reformerin musste Susan La Flesche Picotte (17. Juni 1865–18. September 1915) eine komplexe und angespannte Beziehung zwischen den Omaha und den missionarischen Reformern meistern.

La Flesche kam in einer Zeit zur Welt, die für das Volk der Omaha schwierig war. Zu Beginn des 19. Jahrhunderts hatte eine Pockenepidemie die Omaha befallen, etwa die Hälfte des Volks kam damals ums Leben. Aus Angst, ihr Volk könne untergehen, schlossen die Omaha einen Vertrag mit der Regierung der Vereinigten Staaten, in dem sie einen Teil ihres Landes als Gegenleistung für Regierungsprotektion abtraten.[225] Der Vertrag und sein anschließender Missbrauch durch die Bundesregierung steigerte in der Folge den Assimilationsdruck auf die Omaha: Ihr Land wurde beschlagnahmt, ihnen wurde die Lebensgrundlage entzogen. Susan La Flesches Vater gehörte 1855, zehn Jahre vor ihrer Geburt, einer Verhandlungsgruppe seines Volks an und unterzeichnete einen weiteren Vertrag, der den Omaha ein Reservat sichern sollte.[226] Er lud protestantische Missionare und Missionarinnen ein, eine Schule im Reservat zu errichten. So waren Missionare, Missionarinnen und andere Weiße Reformer und Reformerinnen, darunter die Anthropologin Alice Fletcher, maßgeblich an La Flesches Ausbildung beteiligt. Ihre frühe Bildung bestand aus einer Kombination von Hausunterricht und formaler Schulbildung am Elizabeth Institute for Young Ladies in New Jersey. Mit 17 Jahren kehrte La Flesche nach Hause zurück, um an einer Schule zu unterrichten, die von einer Quäker-Mission im Reservat gegründet worden war. Fletcher sicherte La Flesche und einigen ihrer Geschwister Plätze am Hampton Institute in Virginia als Teil eines experimentellen Bildungsprogramms für die indigene Bevölkerung, das La Flesche 1886 abschloss, nachdem sie konvertiert und Presbyterianerin geworden war.[227]

Während ihrer Zeit am Hampton Institute lernte La Flesche die Ärztin Martha Waldron kennen, eine Absolventin des Woman's Medical College of Pennsylvania (WMCP). Waldron half La Flesche dabei, über die Reformorganisation Connecticut Indian Association die nötige finanzielle Unterstützung für ihr Medizinstudium am WMCP zu bekommen. Wie die Historikerin Sarah Pripas-Kapit zeigt, machten La Flesches Ausbildung und ihre Kontakte zu Weißen Reformerinnen und Reformern sie zu einer idealen Kandidatin für die Fortsetzung ihrer Ausbildung und für die Arbeit als zukünftige »medizinische Missionarin« unter den Omaha. Weiße Reformer und Reformerinnen glaubten, dass indigene Fachkräfte, die in westlicher Kultur und Medizin ausgebildet waren, zu ihrem Volk zurückkehren können, um es in ähnlicher Weise zu »erheben«.[228] Diese paternalistische Kultur der Missionierung und Reformarbeit war typisch für die Einstellung der Progressiven Ära zur »indianischen Assimilation«.[229]

Nachdem La Flesche 1889 ihr Studium am WMCP als Jahrgangsbeste abgeschlossen und ein einjähriges Praktikum absolviert hatte, nahm sie eine Stelle als Ärztin der Omaha Agency Indian School an. Reformgruppen, die mit der Schule und dem Omaha-Reservat verbunden waren, betrachteten La Flesche als »medizinische Missionarin«, von der erwartet wurde, dass sie während der medizinischen Versorgung missionierte. Diese Mission beschränkte sich nicht auf christliche religiöse Lehren, sondern beinhaltete die Förderung Weißer, bürgerlicher Vorstellungen von Häuslichkeit und geschlechtlicher Arbeitsteilung. Diese Art von Reformarbeit war intim und beinhaltete, dass sie persönlich die Handlungen der Gemeindemitglieder anleitete, um die Reformziele einer verbesserten Hygiene und häuslichen Ordnung zu erreichen. Mit ihrer Tätigkeit versuchte La Flesche, »den Frauen in ihrer Haushaltsführung zu helfen, ihnen einige praktische Dinge über Kochen und Pflege und vor allem über Sauberkeit beizubringen«.[230]

Als sie sich in der Abstinenzbewegung für ein Alkoholverbot engagierte, begann ihr Optimismus über den Nutzen der Einführung Weißer Sitten und Gebräuche bei den Omaha zu schwinden.[231] Nachdem sie einige Jahre an der Omaha Agency Indian School gearbeitet hatte und sie zudem gesundheitliche Probleme bekam, zogen sie und ihr Mann Henry Picotte nach Nebraska. Sie praktizierte weiterhin in ihrer Gemeinde, aber gegen Ende des 19. Jahrhunderts erkannte sie, dass viele der Reformmaßnahmen, für die sie sich eingesetzt hatte, den Omaha eher schadeten. Die Reformbewegungen hatten Tipis als unhygienisch angesehen und die Omaha zum Bau von Holzhäusern ermutigt. Doch die Häuser waren bald derart überbelegt, dass die neuen Wohnverhältnisse sogar die Ausbreitung von Krankheiten begünstigten. Viele Menschen aus La Flesches Gemeinschaft waren dem Alkohol verfallen,

→

SUSAN LA FLESCHE PICOTTE

Die Ärztin und Reformerin Susan La Flesche Picotte gehörte dem Volk der Omaha an. Sie wurde in einer Tradition der fortschrittlichen »Missionsmedizin« erzogen, die oft in Konflikt mit den Bedürfnissen ihrer indigenen Gemeinschaft stand.

↓

DAS WOMAN'S MEDICAL COLLEGE OF PENNSYLVANIA

Jahrgangsfoto von Medizinstudentinnen aus *Scalpel,* dem Jahrbuch des Woman's Medical College of Pennsylvania, 1911.

und die korrupte Zuteilungspolitik der Omaha Agency hatte dazu geführt, dass sie das wenige Land, das ihnen geblieben war, auch verloren hatten.[232]

La Flesche starb am 18. September 1915 nach langer Krankheit und hinterließ als reformistische Ärztin ein kompliziertes Erbe. Selbst als ihr Glaube an die Bemühungen der Bundesregierung, die indigenen Völker zu assimilieren, durch korrupte Politik und den Niedergang der Omaha untergraben wurde, blieb sie für den Rest ihres Lebens mit religiösen Missionaren und Missionarinnen und auch mit den Frauen-Reformvereinen verbunden. Nachdem sich die Bundesregierung geweigert hatte, ein Krankenhaus zu finanzieren, das La Flesche einrichten wollte, sprangen presbyterianische Missionare und Missionarinnen ein, die Gelder bereitstellten.[233] Pripas-Kapit kommentiert:

> *»Während sie gegenüber Maßnahmen, die speziell zum ›Schutz‹ von Indianern erlassen wurden, misstrauisch und gegenüber dem OIA [Office of Indian Affairs] feindselig geworden war, hoffte sie, dass allgemeine öffentliche Gesundheits- und Mäßigungsmaßnahmen, die von fortschrittlichen Frauenorganisationen unterstützt wurden, Indianern und Weißen gleichermaßen helfen und sie beeinflussen würden.«*[234]

↑ Susan La Flesche Picotte (2. Reihe, mit Hut) in Decatur, Nebraska, um 1910.

Frauen, die im 19. Jahrhundert eine medizinische Ausbildung anstrebten, bewegten sich im Spannungsfeld zwischen der Professionalisierung der ärztlichen Tätigkeit und dem Kolonialismus. Von diesen Frauen wurden große Hingabe und erhebliche Opfer verlangt, aber es ging nicht um die Willensanstrengung allein. In einer Zeit, in der weltweites Reisen durch neue Technologien immer leichter wurde und sich die Missions- und Kolonialreform-Netzwerke mit ihren Ressourcen und Verbindungen über den gesamten Globus ausdehnten, waren Frauen mehr als je zuvor in der Lage, eine professionelle Ausbildung außerhalb ihrer Heimatländer zu absolvieren. Während sich viele Frauen reformistische Anliegen zu eigen machten, zumal diese meist auch ihre Bildungsziele unterstützten, widersetzten sich ebenso viele dem Paternalismus und der assimilatorischen Politik und blieben ihrem heimischen Engagement, der medizinischen Versorgung ihrer Gemeinden, treu. In ihrem Engagement zur Etablierung anerkannter Qualifikationsmöglichkeiten entwickelten Ärztinnen und Fürsprecherinnen eine Infrastruktur der medizinischen Ausbildung, die dem männlichen medizinischen Establishment ebenbürtig war und es nicht selten sogar übertraf. Die Geschichte der Ärztinnen ist also keine Randgeschichte der Medizin; sie ist integraler Bestandteil der Professionalisierung der ärztlichen Tätigkeit.

Anandibai Gopalrao Joshee

(31. März 1865 – 26. Februar 1887)

Anandibai Joshee, die Indiens erste promovierte Ärztin werden sollte, wurde am 31. März 1865 in Kalyan im heutigen Bundesstaat Maharashtra nahe der Großstadt Mumbai geboren. In ihrer Kindheit war es üblich, dass Hindufrauen keine Bildung erhielten, doch ihr Vater war anderer Ansicht und ermutigte sie, zur Schule zu gehen. Auch ihr Mann unterstützte sie in diese Hinsicht. Sie heirateten, als Joshee erst zwölf Jahre alt war, obwohl ihr Ehemann auch verstörende Seiten hatte: Joshee beschrieb Fälle von verbalem und körperlichem Missbrauch während der gemeinsamen Jahre in Indien.[235]

Mit 15 Jahren war sie fest entschlossen, Medizin zu studieren, eine Entscheidung, die wohl durch den Verlust eines Sohnes im Kleinkindalter und eine selbst durchlittene schwere Erkrankung herangereift war. Nach jahrelanger Planung und der wachsenden Unterstützung durch ihre Gemeinde brach Joshee am 7. April 1883 von Kalkutta aus in die Vereinigten Staaten auf. Noch im selben Jahr begann Joshee ihre Ausbildung am Woman's Medical College of Pennsylvania (WMCP, siehe Seite 113).

Am WMCP studierte Joshee Geburtshilfe und Gynäkologie in der Hoffnung, nach Indien zurückzukehren, um anderen indischen Frauen zu helfen. Nach drei Jahren schloss sie ihr Medizinstudium ab und nahm das Angebot des Gouverneursministers von Kolhapur in Indien an, als »Lady Doctor of Kolhapur« die Frauenstation im Albert Edward Hospital in Kolhapur zu leiten.

Während ihres Studiums war Joshee an Tuberkulose erkrankt, und als sie 1886 nach Indien zurückkehrte, verschlechterte sich ihr Gesundheitszustand zunehmend. Bevor sie ihre Stelle im Albert Edward Hospital antreten konnte, starb sie im Februar 1887 im Alter von nur 21 Jahren. Trotz ihres kurzen Lebens waren Joshees Leistungen beispiellos für eine indische Frau, und ihre Erfolge reichten aus, um eine Tür für andere indische Frauen zu öffnen, die ihrer Wegbereiterin schon bald folgten.

Teil IV

Das 20. Jahrhundert, vor dem Zweiten Weltkrieg

β AURIGÆ DEC 1889
5 10 15 20 25 30

KAPITEL 11

»Mächtige Hebel, die Welten bewegen!«

WEIBLICHE COMPUTER

1899 reiste die Astronomin des Pariser Observatoriums, Dorothea Klumpke (9. August 1861–5. Oktober 1942), nach London zum Internationalen Frauenkongress, einer Zusammenkunft von Frauenrechtsgruppen aus der ganzen Welt. Vom 26. Juni bis zum 7. Juli sprachen Frauen aus verschiedenen Berufen zu Themen, die von Frauenbildung über Politik bis hin zu Frauen in der Industrie reichten. Im Kleinen Saal der Westminster Town Hall hielt am 29. Juni die wissenschaftliche Sektion des Kongresses Hof, wobei Klumpke die Frauen in der Astronomie vertrat. In ihrer Rede *Women's Work in Astronomy* benannte Klumpke drei verschiedene historische Perioden, in denen Frauen in der Astronomie tätig waren: erstens in der Antike, zweitens in Aufklärung und Renaissance und drittens in Klumpkes Gegenwart, an der Wende zum 20. Jahrhundert. »Tag für Tag beugen sich Frauen über die Mikrometer, analysieren Fotografien des Himmel und messen die Sternpositionen, um einen Katalog zu erstellen, der ein Vermächtnis unseres Jahrhunderts sein soll«, sagte sie. »An einigen nationalen Observatorien haben Frauen Planeten, Kometen und Sternschnuppen beobachtet [...] Diese Mitarbeiterinnen bringen die Qualitäten mit, die erforderlich sind, um fundierte Ergebnisse zu erzielen – Konzentration und Enthusiasmus, mächtige Hebel, die Welten bewegen!«[236]

Was Klumpke in dieser dritten Periode der Frauen in der Astronomie beschreibt, ist die Ära der »lady computer«, der Rechnerinnen. Von 1880 bis etwa 1930 waren Hunderte von weiblichen Rechenkräften in Observatorien auf der ganzen Welt beschäftigt: »Paris, das Kap der Guten Hoffnung, Helsinki. Toulouse, Potsdam, Greenwich, Oxford«, zählt Klumpke auf. Eine so große Zahl von Frauen habe es in der Astronomie nie zuvor gegeben, und Klumpke zufolge »kommt ein neues Element zum Vorschein – die Gleichberechtigung«. Aus Klumpkes Sicht hatte diese neue Periode wohl tatsächlich so etwas wie Gleichberechtigung gebracht: Sie selbst war in der Rangordnung der professionellen Astronomie aufgestiegen, sie

← »Rechendamen« am Harvard College Observatory, 1890.

war Leiterin für das große internationale Himmelskartenprojekt am Pariser Observatorium, ihr waren fünf Rechenkräfte unterstellt. Doch die meisten Frauen, die als »menschliche Computer« in der Astronomie beschäftigt waren, hatten keine großen Aufstiegschancen.

Frauen, die komplexe Berechnungen für die wissenschaftliche Forschung durchführten, hatte es schon lange vorher gegeben, angefangen mit Maria Cunitz, die in ihrem Opus magnum *Urania Propitia* Keplers *Rudolfinische Tafeln* vereinfachte und korrigierte (siehe Seiten 37–38).[237] Als solche Rechenkräfte schließlich in organisierten Gruppen zusammenarbeiteten, konnten sie vor allem die modernen Projekte der »big science«, der sogenannten Großforschung, vorantreiben, sie waren ein unverzichtbarer Bestandteil solcher Forschungen.[238] Der von Klumpke erwähnte »Katalog, der ein Vermächtnis unseres Jahrhunderts sein soll«, war ein solches Projekt: der Astrografische Katalog (AC). Der AC wurde 1887 in Klumpkes Heimatsternwarte in Paris initiiert und bezog 20 Observatorien in aller Welt mit ein, um den gesamten Nachthimmel zu fotografieren, zu messen und zu katalogisieren. Ein so ehrgeiziges Projekt erforderte unzählige Arbeitsstunden, die zum großen Teil aus akribischen, sich wiederholenden und langwierigen Berechnungen bestanden. Für diese Berechnungen wurde eine enorme Anzahl von Rechnerinnen benötigt.

↑ Das Pariser Observatorium in Meudon, Hauts-de-Seine (Frankreich).

Eines der frühesten Beispiele für eine Zusammenarbeit mehrerer Rechenkräfte findet sich im 18. Jahrhundert, als sich Nicole-Reine Lepaute, Jérôme Lalande und Alexis-Claude Clairaut daranmachten, die Bahn des Halleyschen Kometen um die Sonne zu kartieren und seine Rückkehr vorherzusagen (siehe Seite 39).[239] Die Art und Weise, wie sie die Arbeit nach der Art der Berechnungen aufteilten, sollte später ein Modell für größere Gruppen darstellen: Clairaut arbeitete speziell an der Bahn des Kometen, Lepaute und Lalande bearbeiteten das Dreikörperproblem der Anziehungskraft von Saturn und Jupiter auf den Kometen, und Clairaut überprüfte ihre endgültigen Berechnungen auf Fehler. Am Ende wurden die einzelnen Teile zu ihrer endgültigen Berechnung des Datums des Kometenperihels zusammengestellt.[240]

Von den 1880er-Jahren bis ins frühe 20. Jahrhundert hinein – bis elektronische Computer und Rechengeräte sie ersetzten – wurden die »Rechnerinnen« in Observatorien auf der ganzen Welt zunehmend zu einer festen Einrichtung. Drei Hauptfaktoren speisten den Pool an weiblichen Arbeitskräften: Erstens gab es eine regelrechte Welle von Frauen, die Abschlüsse der neu gegründeten Frauen-Hochschulen vorweisen konnten. Zweitens hielten diskriminierende Einstellungspraktiken Frauen weiter von Positionen in der Wissenschaft und in Regierungsämtern fern, sodass die Arbeit als Rechnerin eine von sehr wenigen Beschäftigungsmöglichkeiten war. Und letztlich änderte sich die Struktur der Wissenschaft: Die Großforschung entstand, mit größeren Budgets und mehr Hilfspersonal, darunter auch Stellen, die von arbeitssuchenden Hochschulabsolventinnen besetzt werden konnten.[241] Die Tätigkeit als Rechnerin gab Frauen die Möglichkeit, eine sinnvolle Aufgabe zu erfüllen, bei der ihre hart errungene Hochschulausbildung zum Einsatz kam, aber die Arbeit war weder sonderlich prestigeträchtig noch waren die Bedingungen besonders angenehm.

RECHNERINNEN AM HARVARD-OBSERVATORIUM

Die Rechnerinnen nahmen in der Hierarchie der Observatorien eine niedrige Stellung ein. Die »Computer« wurden schlecht bezahlt und hatten geringe bis gar keine Aufstiegsmöglichkeiten. Männer hingegen waren häufig mit Beobachtungsaufgaben betraut und nahmen Führungspositionen ein. Die Anstellung von Frauen für diese Positionen hatte wenig mit einem fortschrittlichen Glauben an die Gleichberechtigung von Frauen zu tun, sondern eher damit, einen neuen Mitarbeiterpool zu nutzen, um große Mengen an Berechnungen bei relativ geringen Gehaltskosten durchzuführen. Solange Frauen auf diese Aufgaben beschränkt waren, würden sie die Positionen der Männer, die bereits in diesem Beruf tätig waren, nicht bedrohen. Genau das hatte auch Edward Charles Pickering, Direktor des Harvard-Observatoriums in den USA, im Sinn, als er Rechnerinnen für sein Observatorium engagierte. Im Jahresbericht des Harvard-Observatoriums von 1898 schrieb er: »Um die größte Effizienz zu erreichen, sollte ein fähiger Beobachter niemals gezwungen sein, Zeit für etwas aufzuwenden, was ebenso gut von einer Assistentin zu einem viel niedrigeren Gehalt erledigt werden könnte.«[242]

Harvard beschäftigte 1875 mit Anna Winlock die erste Rechnerin. Sechs Jahre später stellte Pickering zusätzlich seine Haushälterin Williamina P. Fleming ein. Das Personal wurde 1883 erneut aufgestockt, als Pickering das Henry Draper Memorial begann, ein groß angelegtes Projekt mit dem Ziel, die Sterne zu fotografieren und ihre spektrale Klassifizierung zu bestimmen. Finanziert von Anna Draper, Henry Drapers Witwe, stellten Fleming und Pickering zwischen 1885 und 1900 zwanzig Frauen ein, darunter die Nichte der Drapers, Antonia Maury, Annie Jump Cannon, Henrietta Swan Leavitt, Margaret Harwood und im 20. Jahrhundert viele mehr.

Abgeschieden in ihrem eigenen Raum waren die Frauen Tag für Tag damit beschäftigt, fotografische Glasplatten des Nachthimmels zu studieren und die Positionen der Sterne zu berechnen, ihre Entfernung zu messen und ihre Helligkeit zu bestimmen. Diese Arbeit war repetitiv, jede Stunde an jedem Tag gleich, aber sie erforderte auch Genauigkeit. Die Frauen mussten diszipliniert sein und bei jeder neuen Platte, die vor ihnen lag, aufs Neue auf jedes Detail achten. Trotz der Monotonie und des niedrigen Status ihrer Tätigkeit bot diese eine Nische, durch die viele der Frauen berufliches Neuland betreten konnten. Fleming, deren ursprüngliche Aufgaben das Kopieren und grundlegende Berechnungen umfassten, entdeckte zehn Novae, mehr als 300 veränderliche Sterne und 59 Nebel. Sie entwickelte das erste Klassifizierungssystem der Sternspektren des Observatoriums. Maury verbesserte Flemings Klassifikation und entwickelte eine eigene, umfangreichere. Cannon klassifizierte während ihrer jahrzehntelangen Tätigkeit schätzungsweise 350 000 Sterne, mehr als jede andere Person, und entdeckte 300 veränderliche Sterne und fünf Novae. Sie vereinigte die beiden vorherigen Klassifizierungssysteme zum Harvard-Klassifizierungsschema, das noch heute verwendet wird. Und Leavitt, Entdeckerin von über 1777 veränderlichen Sternen, war die erste Person, die die Beziehung zwischen der Variation der Helligkeit eines Sterns und seiner Periode der Variation erklärte, dem Schlüssel für die Messung der Entfernung durch den Raum.

Im Vergleich zu anderen Observatoriumsleitern unterstützte Pickering seine Rechnerinnen und deren Arbeit: Er veröffentlichte gemeinsam mit ihnen Arbeiten und würdigte ihre Leistungen öffentlich. Aber seine Fortschrittlichkeit hatte ihre Grenzen. Zwischen 1875, dem ersten Anstellungsjahr von Anna Winlock, bis 1906 verdienten Frauen nur 25 Cent pro Stunde. Das war besonders ärgerlich für Fleming, die eine alleinerziehende Mutter war. In einem Tagebucheintrag im März 1900 machte Fleming ihrer Frustration Luft, indem sie schrieb: »[Pickering] scheint zu denken, dass keine Arbeit zu schwer für mich ist, egal wie groß die Verantwortung oder wie lang die Stunden sind … Manchmal bin ich versucht, aufzugeben und ihn jemand anders suchen zu lassen oder einige der Männer meine Arbeit machen zu

↑

WILLIAMINA P. FLEMING

Williamina Fleming war eine der ersten Rechnerinnen in Harvard und wurde zur Kuratorin für astronomische Fotografien ernannt. Sie entdeckte zehn Novae, mehr als 300 veränderliche Sterne und 59 Nebel, darunter den Pferdekopfnebel.

↑

ANNIE JUMP CANNON & HENRIETTA SWAN LEAVITT

Annie Jump Cannon (links) entwickelte ein System zur Klassifizierung von Sternspektren und klassifizierte während ihrer Laufbahn schätzungsweise 350 000 Sterne.
Henrietta Swan Leavitt spezialisierte sich auf veränderliche Sterne und entwickelte die Perioden-Leuchtkraft-Beziehung, auch Leavitt-Gesetz genannt, die ein wesentliches Werkzeug für die Entfernungsmessung im Weltraum ist.

lassen, damit er sieht, was er für 1500 Dollar pro Jahr von mir bekommt, verglichen mit 2500 Dollar von einigen anderen [männlichen] Assistenten … Aber ich nehme an, eine Frau hat keinen Anspruch auf solche Annehmlichkeiten. Und das soll ein aufgeklärtes Zeitalter sein!«[243]

Trotz ihres Ärgers blieb Fleming bis zu ihrem Tod 1911 am Observatorium. In einem biografischen Profil von Fleming in *The New England Magazine*, das im folgenden Jahr veröffentlicht wurde, versucht der Autor die Rolle der Frauenarbeit in der Astronomie zu glorifizieren:

> *»Es scheint, dass gerade die besondere Fähigkeit für Sorgfalt, Geduld, Aufmerksamkeit im Detail und schnelles Verständnis, durch das die Intelligenz [der Frauen] in der Astronomie in den Vordergrund trat, nur ein größerer Ausdruck der Kraft war, die sie zu fähigen Hausfrauen machte. Denn die Frauen sind in der Welt der Wissenschaft, wo immer sie besonders erfolgreich waren, nicht als Konkurrentinnen der Männer dorthin gekommen, sondern sie haben die Arbeit der Männer ergänzt und erweitert, oft angeregt und geplant und damit ihre Mission als Helferinnen erfüllt.«*

Trotz all ihrer bahnbrechenden Arbeiten als Mitarbeiterinnen des Observatoriums wurden die weiblichen »Computer« noch immer durch ihr Verhältnis zu Männern definiert.

Der Alltag der Rechnerinnen umfasste nicht nur ständiges Rechnen, Messen und Katalogisieren, er definierte auch ihre untergeordnete Rolle im Verhältnis zu ihren männlichen Vorgesetzten – eine Rolle, die Maury schwer ertrug. Sie wünschte sich, mehr theoretische Arbeit zu übernehmen, während Pickering sie in der Frauenarbeit halten wollte. Darum verließ sie das Observatorium im Jahr 1892.[244] Anschließend verlangte sie in einem Brief an Pickering, für ihr Klassifizierungssystem als Autorin anerkannt zu werden, da bislang nur Fleming eine Anerkennung für ihr System erhalten hatte. »Ich habe die Theorie um den Preis vieler Überlegungen und aufwendiger Vergleiche ausgearbeitet«, schrieb sie, »ich sollte die volle Anerkennung für meine Theorie bekommen«.[245]

AUFSTIEG UND NIEDERGANG DER RECHENDAMEN AM GREENWICH-OBSERVATORIUM

Die Beschäftigung von Frauen zur Einsparung von Gehaltskosten bewährte sich am Harvard-Observatorium und wurde zum Vorbild für andere Sternwarten auf der ganzen Welt, die ähnliche Programme einführten. Wie Harvard schufen diese Observatorien neue Arbeitsplätze für Frauen in der Astronomie, aber sie übernahmen von Harvard auch die diskriminierende Hierarchie und Lohnpraxis. 1889 gründete das Royal Greenwich Observatory in Großbritannien unter der Leitung des Astronomen William Christie ein »Lady Computer Program«, als das Budget für Rechenpersonal um 40 Prozent erhöht wurde.[246]

Diese neuen Rechnerinnen waren die ersten Frauen, die jemals in Greenwich eingestellt wurden – ein weiterer Beleg dafür, wie wenig Möglichkeiten es für Frauen in der Astronomie um die Jahrhundertwende gab. Selbst Frauen, die ihren Abschluss an Frauen-Hochschulen machten und ein Universitätsexamen ablegten, fanden wenige bis gar keine Beschäftigungsmöglichkeiten. Typischerweise erhielten die Studentinnen der Frauen-Hochschulen in Großbritannien keine astronomiespezifische Ausbildung. Die Astronomie war dort in die Bereiche Mathematik und Physik integriert. Obwohl die Absolventinnen solide Rechenfähigkeiten erwarben, schränkte allein die Studienstruktur ihre Chancen ein, eine Position in der astronomischen Beobachtung zu erreichen.[247] Die professionelle Astronomie schätzte praktische Beobachtungserfahrungen, aber Frauen hatten – vor allem außerhalb der Universitäten – selten Zugang zu Teleskopen und anderen Instrumenten.

1890 wurden in Greenwich mit Edith Mary Rix, Harriet Furniss und Alice Everett die ersten drei Rechnerinnen eingestellt, 1891 kam Annie Scott Dill Russell hinzu. In der Personalstruktur von Greenwich galten diese Frauen als »überzählige Rechnerinnen«. Dies war die niedrigste Position am Observatorium und bot keinerlei Aufstiegsmöglichkeiten, denn das Observatorium war dem Civil Service unterstellt, der feste Anstellungsverhältnisse für Frauen verbot.[248] Zuvor war diese Position mit 13- bis 14-jährigen Jungen besetzt worden, von denen erwartet wurde, dass sie nach einigen Jahren in andere Berufe wechselten. Jede dieser Frauen hatte einen College-Abschluss, und sowohl Everett als auch Russell hatten die für ihre Schwierigkeit berüchtigte Tripos-Mathematikprüfung in Cambridge mit Auszeichnung bestanden. Dennoch hatten die Rechnerinnen die gleiche Funktion wie die Jungen und erhielten die gleiche Bezahlung von vier Pfund im Monat. Lediglich Everett erhielt sechs Pfund. Als Russell erfuhr, dass sie nur vier Pfund im Monat verdienen würde, konnte sie nicht fassen, dass ihre Ausbildung am Girton College und ihr Erfolg beim Tripos in Cambridge ihr so wenig eingebracht hatten. Sie schrieb an Herbert Hall Turner, Chief Assistant des Observatoriums, der Betrag sei »so gering, dass ich kaum davon leben könnte, … dass ich den mathematischen Tripos in Cambridge bestanden habe, spielt keine Rolle?«[249] Das tat es nicht. Furniss verließ die Sternwarte nach nur einem Jahr, Rix folgte im nächsten Jahr. Obwohl Greenwich versuchte, sie zu ersetzen, fanden sie niemanden, der bereit war, eine so niedrige Bezahlung und einen so niedrigen Rang zu akzeptieren, und nach nur zwei Jahren des Programms blieben nur Everett und Russell übrig.[250]

Everett und Russell hatten dieselben Arbeitszeiten wie alle Beschäftigten des Observatoriums: 9 bis 13 Uhr an jedem Wochentag, 14 bis 16.30 Uhr an drei Nachmittagen in der Woche sowie zwei bis drei Stunden in drei Nächten pro Woche.[251] Ihre Tage waren ausgefüllt, da sie zwischen den Abteilungen pendelten und an der

Datenaufzeichnung, astrophysikalischen Forschungen, Meteorologie, Meridiandurchgängen und Sonnenfotografie arbeiteten. Im Gegensatz zu den Harvard-Mitarbeiterinnen arbeiteten Everett und Russell nicht von den Männern getrennt und nutzten teilweise auch die Beobachtungsinstrumente. Im Jahr 1892 begann Everett mit der Arbeit am internationalen Astrografischen Katalog (AC). Sie entwickelte fotografische Platten, vermaß sie für das Projekt und war die erste Person, die eine Reihe von AC-Messungen in Greenwich durchführte. Neben anderen Aufgaben war Russell unter Walter Maunder, dem Ersten Assistenten für fotografische und spektroskopische Beobachtungen, für die tägliche Vermessung von Sonnenfleckenfotos verantwortlich.

1891 bewarben sich Everett und Russell mit Unterstützung von Maunder um eine Fellowship an der Royal Astronomical Society (RAS). Aber abgesehen von einigen wenigen Auserwählten waren Frauen immer noch von der RAS ausgeschlossen. Im Januar 1892 lehnte die RAS ihre Wahl offiziell ab. Zum Trost erlaubte die RAS den Frauen, an ihren Sitzungen teilzunehmen, aber Everett suchte nach

↑ Edward Pickering, Leiter des Harvard College Observatory, mit den Rechnerinnen (1911).
Obere Reihe (von links nach rechts): Margaret Harwoody, Mollie O'Reilly, Edward Pickering, Edith Gill, Annie Jump Cannon, Evelyn Leland, Florence Cushman, Marion Whyte.
Untere Reihe (von rechts nach links): Grace Brooks, Arville Walker, Johanna Mackie, Alta Carpenter (vor Pickering), Mabel Gill, Ida Woods.

anderen Möglichkeiten. Sie bewarb sich zunächst für das Sternenfotografie-Programm am Dunsink-Observatorium in Dublin, das jedoch einen zehn Jahre jüngeren, unerfahreneren Mann bevorzugte. Ihre Bewerbung am Astrophysikalischen Observatorium in Potsdam wurde angenommen, und 1895 war sie die erste angestellte Astronomin in Deutschland. Im gleichen Jahr heiratete Russel Maunders und musste kündigen, weil verheiratete Frauen nicht im öffentlichen Dienst beschäftigt sein durften – ein Verbot, das bis 1946 bestehen blieb. Da nach dem Weggang von Everett und Russell keine anderen Frauen bereit waren, ihre Positionen zu besetzen, endete das kurzlebige »Lady Computer Program« in Greenwich.

AUSTRALIENS RECHENDAMEN UND DER ASTRONOMISCHE KATALOG

Neben Greenwich wurden vier Sternwarten in den australischen Städten Perth, Melbourne, Sydney und Adelaide eingeladen, sich dem AC anzuschließen, und wie Greenwich stellten auch sie Rechnerinnen ein. Zusammen deckten die vier Observatorien 18 Prozent des Himmels für die gesamte AC ab, also brauchten sie alle Arbeitskräfte, die sie bekommen konnten. Von 1891 bis 1963 beschäftigten die vier Observatorien 61 Frauen, die als »astrografische Assistentin«, »Sternenvermesserin«, »Angestellte«, »Junior-Rechnerin« oder »astrografische Rechnerin« bezeichnet wurden.[252] Über die Personen und ihre Geschichten ist wenig bekannt, da sie größtenteils namenlos blieben. In den lokalen Medienberichten über das AC wurden die Computerfrauen meist nur als »Mädchen« oder »Damen« bezeichnet, und nur in drei wissenschaftlichen Abhandlungen, die aus den australischen Beiträgen zum AC resultierten, wurden einzelne Frauen erwähnt.[253] In den Jahresberichten der vier Observatorien wurden sie einfach als »Vermesserinnen« bezeichnet.[254] Die Rechnerin war zu einer anonymen Arbeitskraft geworden, die durch niedrige Bezahlung und fehlende Aufstiegsmöglichkeiten zu einer Unterschicht gehörte.

Mary Emma Greayer ist eine der wenigen, über die mehr bekannt ist. Sie wurde 1890 am Observatorium von Adelaide angestellt und arbeitete an nächtlichen Beobachtungen und der Reduktion von Hunderten von Sternen. Sie war die Hauptbeobachterin der einzelnen Zenitsterne, und zwischen 1894 und 1898 beobachtete sie persönlich mehr als ein Drittel der Positionssterne für die Melbourne-Zone im AC.[255] 1893 wurde Greayer eine der ersten Frauen, die der Astronomical Society of South Australia beitrat, aber wie viele andere Frauen verließ sie das Observatorium, als sie 1898 heiratete. Eine andere, Charlotte Emily Fforde Peel, arbeitete von 1898 bis 1918 am Observatorium von Melbourne, wo sie Sterne vermaß, Sternkoordinaten reduzierte und Fehler anderer Mitarbeiter überprüfte.[256] 1900 wurde Peele in ein festes Arbeitsverhältnis übernommen und war damit die erste Frau, die in Australien dauerhaft in der Astronomie beschäftigt war.

Damit die Rechenfrauen ihre männlichen Kollegen nicht von der Arbeit ablenkten, verbrachten sie den Großteil ihrer Arbeitszeit getrennt voneinander. Typische Arbeitszeiten für weibliche Beschäftigte in australischen Observatorien waren werktags von 9 bis 17 Uhr und samstags von 9 bis 12 Uhr, Ausnahmen gab es für Mitarbeiterinnen wie Greayer, die nachts beobachteten. Für mehr als 40 Wochenarbeitsstunden erhielten sie 40 Pfund pro Jahr, fast die Hälfte dessen, was den Männern gezahlt wurde. Dieses Lohngefälle wurde 1902 sogar durch den Commonwealth Government Act legalisiert, der vorschrieb, dass Frauen nicht mehr als 54 Prozent des Gehalts eines Mannes erhalten sollten. Im Jahr 1913 setzten sich vier Rechenfrauen am Perth Observatory, Prudence Williams, Minnie Harvey, Ethel Allen und Ida Tothill, für eine höhere Bezahlung ein. Überraschenderweise wurde ihren Forderungen nach Gehaltserhöhung sowie einer einjährigen Verlängerung ihrer ursprünglichen Dreijahresverträge stattgegeben.[257]

Als Dorothea Klumpke auf dem Internationalen Frauenkongress über die Arbeit von Frauen in der Astronomie sprach, hatte sie in einem Punkt recht: Frauen waren zwar in Sternwarten auf der ganzen Welt fleißig am Werk und ihre Arbeit und ihr Enthusiasmus waren die »mächtigen Hebel, die Welten bewegen«. Aber wahre Gleichberechtigung – gleicher Lohn, gleicher Rang, gleicher Respekt – war noch längst nicht erreicht. Die Arbeit der Rechenfrauen war mühsam, scheinbar endlos, und trotz ihrer Komplexität wurde sie von männlichen Berufsastronomen oft als Routinearbeit abgewertet, die ihre eigene Zeit nicht wert war.

Dennoch war dies die Arbeit, auf der die frühen Großforschungsprojekte in der Astronomie basierten. Sie war die Kraft, die die Zahnräder am Drehen und die Teleskope am Schwenken hielt. Vor dem Harvard-Programm weckten veränderliche Sterne nicht viel Interesse in der astronomischen Gemeinschaft, aber der Einsatz der Trockenplatten-Fotografie und die Arbeit von Rechnerinnen leiteten einen Wandel ein. Bis 1959 hatten Frauen mehr als 75 Prozent der bis dahin bekannten 14 708 veränderlichen Sterne entdeckt.[258] Dieser spezielle Bereich der Astronomie wurde als Frauenarbeit definiert, einfach weil es Frauen waren, die ihn betrieben. Und trotz dieser eklatanten Marginalisierung leisteten sie in diesen untergeordneten »Rechendamen«-Positionen innovative und außergewöhnliche Arbeit.

KAPITEL 12

Der Haushalt als Labor

ALLTAGSWISSENSCHAFT

Um 1900 erreichte die Begeisterung für den sozialen und wirtschaftlichen Nutzen von Wissenschaft und Technik einen Höhepunkt. Überall auf der Welt, vor allem aber in den Vereinigten Staaten, zeichnete sich die »Progressive Ära« durch die bereitwillige Akzeptanz wissenschaftlicher und technologischer Prinzipien aus – das galt gewissermaßen von der Produktions- bis zur Missionsarbeit. Doch obwohl die Progressiven versprachen, die Gesellschaft könne sich durch Innovation und wissenschaftliches Denken verbessern, blieben wissenschaftliche und technische Berufe den Frauen immer noch weitgehend verwehrt. Um dennoch teilhaben zu können, schufen Frauen sich Raum in der ihnen zugewiesenen häuslichen Sphäre: Sie integrierten die Wissenschaft in die Art und Weise, wie sie ihre Häuser putzten, ihre Kinder erzogen und Essen zubereiteten.

Einige Frauen gingen noch einen Schritt weiter und betrieben Wissenschaft in ihren eigenen häuslichen Experimentierstuben und Laboren. Indem sie wissenschaftliche Ideen und Praktiken in ihren Alltag integrierten, nahmen sie an der Wissenschaft teil und schufen damit für sich und andere einen Platz am Rande des Wissenschaftsbetriebs. Wenn wir den wissenschaftlich geführten Haushalt und das Heimlabor als Orte betrachten, an denen Wissen geschaffen und geschätzt wurde, können wir weit besser verstehen, wie Frauen am Rande des Wissenschaftsbetriebs dennoch voll an der Innovations- und Reformwelle teilhaben konnten.

INGENIEURWESEN FÜR DEN HAUSHALT

1913 veröffentlichte die US-Ausgabe der Frauenzeitschrift *Good Housekeeping* einen Artikel von Harriet Gillespie aus New Jersey, die behauptete, ein ganzes Jahr ohne

← Die Familie Gilbreth im Jahr 1923. Von links nach rechts: Frank Gilbreth, Frank B. Jr., William Moller, Frederick Moller, Daniel Bunker, John Moller, Robert Moller, Jane Moller, Lillian Moller, Martha Bunker, Ernestine Moller und Anne Moller Gilbreth.

Dienstboten gelebt zu haben, und andere dazu ermutigte, dasselbe zu tun.[259] In ihrer häuslichen »Experimentierstation« testete Gillespie sowohl neue Technologien zur Bewältigung der endlosen Hausarbeit als auch neue wissenschaftliche Methoden zur Reduzierung unnötiger Bewegungen. Gillespie plädierte enthusiastisch dafür, dass Frauen diese neuen Ansätze zur Standardisierung der Hausarbeit aufgreifen sollten, um auf Dienstboten verzichten und das Haushaltsbudget reduzieren zu können. Gillespie argumentierte im Hinblick auf die Mittelschicht, dass eine potenzielle junge Hausangestellte mittlerweile andere Berufe wählt: »Sie geht in den Laden, die Fabrik oder andere Industriezweige, wo sie ihre freien Sonntage, ihre regelmäßigen Arbeitszeiten, ihre Zeit zur Erholung und ihr Gefühl der Unabhängigkeit haben kann.«[260]

Gillespie beschrieb, wie sie ihre Hausarbeit selbst in die Hand nehmen konnte, indem sie neue Technologien einsetzte, etwa »pneumatische Reiniger für Böden, Wände und Möbel« und eine Waschmaschine, die trotz der anfänglich hohen Kosten »im ersten Jahr 80 Prozent der Anschaffungskosten wieder einbrachte«. Und falls die Leserin noch nicht überzeugt war, empfahl sie »jeder Frau, zu lesen, was diese Experten, Harrington Emerson, Frederick Taylor und Frank Gilbreth, zum Thema Effizienz zu sagen haben, und dann diese Prinzipien auf ihr Zuhause zu übertragen. Auf diese Weise kann jede Frau selbst den Nutzen der Haushaltstechnik schätzen lernen.«

Haushaltstechnik und Hauswirtschaftslehre sind Teil einer größeren Geschichte. Veränderungen sozialer und wirtschaftlicher Strukturen begannen um 1900, die neue Wissenschaft und Technologie direkt in die »separate Sphäre« des bürgerlichen Haushalts zu bringen. Das wissenschaftliche Management von Arbeit und Produktion revolutionierte die Industrie. Ingenieure wie Frederick Winslow Taylor, den Gillespie besonders hervorhebt, entwickelten wissenschaftliche Theorien der Effizienz und wandten sie unter anderem auf Bereiche wie die Produktion an, um die Wirtschaftsleistung zu steigern. Taylor glaubte, dass ineffiziente Arbeitspraktiken eingedämmt werden könnten, indem man die individuellen Gewohnheiten der einzelnen Arbeitskräfte eliminierte. Dies sollte dadurch erreicht werden, dass Manager die Planungstätigkeit übernahmen und die Aufgaben an die Arbeitskräfte delegierten. Außerdem sollte die Art und Weise, wie diese Aufgaben ausgeführt wurden, für alle Arbeiter standardisiert ablaufen. Diese strikte Trennung zwischen Management und Arbeitsausführung gepaart mit wissenschaftlich erprobten Methoden zur Umsetzung von Aufgaben sollte den Unternehmen mehr Effizienz und Profit bescheren.

Taylor und andere Befürworter des wissenschaftlichen Managements glaubten, es gäbe einen idealen Weg, jede beliebige Arbeitsaufgabe auszuführen. Um diesen idealen Weg zu finden, sei es notwendig, Arbeiter zu beobachten, die benötigte Zeit zur Erledigung von Aufgaben zu ermitteln und die Qualität der Arbeit zu beurteilen. Im nächsten Schritt müssten alle Arbeitskräfte angeleitet werden, die ermittelte ideale Methode anzuwenden. Taylors Ideen fanden zunächst wenig Beifall, weil die übliche Arbeitskultur die Geschicklichkeit und das individuelle Fachwissen der Arbeiter schätzte. Aber als die mit dem wissenschaftlichen Management verbundene Produktionssteigerung bekannter wurde, zeigten Unternehmen und ausländische Regierungen mehr Interesse. »Taylorismus« wurde jedoch auch außerhalb der Industrie populär, denn er wurde zudem Bestandteil von größeren

Indem sie wissenschaftliche Ideen und Praktiken in ihren Alltag integrierten, nahmen viele Frauen zu ihren eigenen Bedingungen an der Wissenschaft teil und schufen damit für sich und andere einen Platz am Rande des Wissenschaftsbetriebs.

sozialen und politischen Fortschrittsströmungen, die sich durch den Einsatz von Wissenschaft und Technologie im modernen Leben mehr Effizienz, Wohlstand und soziale Reformen versprachen.

Wie die Historikerin Elisa Miller gezeigt hat, war die Einführung von Wissenschaft und Technik in das Management der häuslichen Sphäre so etwas wie eine zweite Welle in der Geschichte der Hauswirtschaft. Eine frühere Vorstellung eines rationalen hauswirtschaftlichen Managements kam aus der religiösen Missionsreform, die die moralischen und spirituellen Vorteile eines gut geführten Heims und seine Rolle bei der Bewahrung traditioneller Familienstrukturen betonte. Mit der Einführung des wissenschaftlichen Managements in die sozialen und kulturellen Verhältnisse des späten 19. Jahrhunderts und im Kontext besserer Studienmöglichkeiten für Frauen wurde die Hauswirtschaft zu einer eigenständigen akademischen Disziplin, die den wissenschaftlichen und technischen Fortschritt einbezog.[261] Studierende der Haushaltswissenschaft lernten genauso intensiv Biologie und Chemie wie Kochen, um Innovationen in der Hygienetheorie bei der Haushaltsführung besser umsetzen zu können. Und, wie Gillespie andeutete, setzten sich viele der Manager und Ingenieure, die Unternehmen berieten, um deren Effizienz zu verbessern, auch für die Anwendung dieser Prinzipien im Haushalt ein. In ihrem fortschrittlichen Bestreben, die Gesellschaft auf allen Ebenen positiv zu verändern, waren Menschen wie Gillespie begeistert von den Möglichkeiten, die wissenschaftliche Methoden boten, um auch das Haushaltsmanagement und die grundlegenden Strukturen des häuslichen Lebens zu verbessern.

Als wissenschaftliches Management in der Industrie immer populärer wurde, setzten sich speziell Autorinnen vermehrt auch für die Anwendung dieser Prinzipien im häuslichen Bereich ein.[262] 1915 veröffentlichte Mary Pattison *Principles of Domestic Engineering*, einen Bericht über die Ergebnisse von Studien aus der »Heim-Experimentierstation«, die Gillespie in New Jersey leitete. Im Vorwort schrieb Pattison, das Ziel des Buches sei »dem zu begegnen, was allgemein als das ›Dienstbotenproblem‹ bekannt ist«. Wie Gillespies Artikel in *Good Housekeeping* plädierte *Principles* für den Einsatz neuer Haushaltstechnologien, die am Ende des

Frauen nutzen den »Freiraum« ihrer eigenen Häuser für wissenschaftliche Tätigkeiten, und manchmal gelang es ihnen damit, nach ihren eigenen Regeln in das von Männern dominierte wissenschaftliche Establishment vorzudringen.

Buchs aufgelistet waren. Pattison befasste sich mit den praktischen Aspekten des technisierten Heims, etwa der Erstellung eines Budgets und einem System zur Inventarisierung von Haushaltsgegenständen. Daneben legte sie die sozialreformerischen Ziele der Abschaffung von Dienstboten dar und sprach sich dagegen aus, Hausarbeit als niedere Tätigkeit zu betrachten. Obwohl Pattison und andere Befürworter der Haushaltstechnik die Abschaffung der Dienerschaft mit der Abschaffung der Sklaverei verglichen, glaubten viele auch, dass die Dienstboten nicht in der Lage seien, die wissenschaftlichen Prinzipien zu erlernen, die der Haushaltstechnik zugrunde lagen. Auch darum war es ihrer Ansicht nach besser, wenn die Hausfrauen die Dinge selbst in die Hand nahmen.[263]

Ähnliche Töne klingen auch in der Ausgabe von *Good Housekeeping* an, in der Gillespies Artikel erschien. Leserbriefe zum Thema der Einführung neuer Technologien im Haushalt machen deutlich, dass die Haushaltstechnik bei allem Anspruch auf Klassensolidarität vorerst nichts an den bestehenden Klassenstrukturen oder der Rassentrennung ändern würde. Ein Leserbrief enthielt Empfehlungen, wie man neue Technologien in den Haushalt einführen könne, wenn die eigenen Bediensteten »farbig« seien. »Die meisten Hausfrauen«, schrieb eine Leserin aus Alabama, »halten diese Klasse von Arbeitskräften für unfähig und dumm im Gebrauch von arbeitssparenden Haushaltsgeräten, und das triff auf einige von ihnen auch zu.«[264] Zwar konnten einige Frauen durch Haushaltstechnik und Hauswirtschaft etwas über Wissenschaft und ihre Anwendung im Haushalt lernen, aber bei weitem nicht alle. Für Frauen, die zu arm waren, um ein College zu besuchen oder auch nur Bücher über Haushaltstechnik zu kaufen, war die Hausarbeit weiterhin harte Arbeit. Und Immigrantinnen jeglicher Hautfarbe, die als Hausangestellte arbeiteten, hatten oft ohnehin keinen eigenen Haushalt zu führen, geschweige denn wissenschaftlich zu managen.

DAS GILBRETH-SYSTEM

Frank Gilbreth, ein weiterer Experte, den Gillespie angehenden Haushaltsmanagerinnen empfahl, veröffentlichte mit seiner Frau Lillian (24. Mai 1878–2. Januar 1972) einige der wichtigsten Studien auf dem neuen Gebiet des wissenschaftlichen Managements im frühen 20. Jahrhundert. Lillian, geborene Moller, stammte aus einer großen, wohlhabenden Familie in Oakland (Kalifornien). Ihr Vater besaß ein erfolgreiches Geschäft, und ihre Eltern beschäftigten mehrere Hausangestellte.[265] Sie studierte an der University of California, Berkeley, wo sie den Master in Literatur erwarb. Als ihre Familie später nach Providence, Rhode Island, umzog, schrieb sie sich für das Doktorandenprogramm in angewandter Psychologie ein und erhielt 1915 ihren Doktortitel. Ihre Pläne, Universitätsdekanin zu werden, änderten sich nach ihrer Heirat mit dem Bauunternehmer Frank Gilbreth im Jahr 1904: Das Paar plante eine große Familie und auch ein Unternehmen zu gründen.[266]

Gemeinsam begannen Lillian und Frank, Bücher über Methoden des effizienten Bauens zu schreiben, die Frank in seiner eigenen Baufirma entwickelt hatte. Die Gilbreths bauten auf Taylors »Stoppuhr«-Studien auf, bei denen eine Aufgabe in einzelne Arbeitsschritte zerlegt und die Zeit gemessen wurde, die für die Fertigstellung eines jeden Schritts benötigt wurde. Sie entwickelten ein System von »Bewegungsstudien«, bei dem sie mithilfe von Filmtechnik die Bewegungen der Arbeiter bei der Erledigung von Aufgaben verfolgten.[267] Ab 1912 entfernten sich die Gilbreths noch weiter von den Ansätzen Taylors, der die wissenschaftliche Managementbewegung ausgelöst hatte. Vor allem Lillian nutzte ihre Ausbildung, um sich mit den psychologischen Dimensionen des Managements auseinanderzusetzen.[268]

↑

LILLIAN MOLLER GILBRETH

Die Psychologin und Wirtschaftsingenieurin Lillian Moller Gilbreth entwickelte zusammen mit ihrem Mann Frank Gilbreth neue Methoden des Zeit- und Bewegungsmanagements für die Industrie. Nach seinem Tod begann Lillian eine neue Karriere als Industriedesignerin und leistete Pionierarbeit mit effizientem Küchendesign und arbeitssparenden Methoden zur Haushaltsführung.

Ihr neues »Gilbreth-System« beinhaltete Bewegungsuntersuchungen, um unnötige Bewegungen zu eliminieren, anstatt die Arbeiter einfach zu ermahnen, Aufgaben schneller auszuführen, aber es berücksichtigte auch die Unzufriedenheit der Arbeiter, die aus der standardisierten und entpersonalisierten Arbeitswelt des Taylorismus resultierte.[269]

1924, nach mehr als einem Jahrzehnt erfolgreicher Geschäftspartnerschaft und zahlreichen gemeinsamen Büchern, Vorträgen, Kursen und Artikeln, endete die Ehe der Gilbreths in einer Tragödie. Frank starb im Alter von 55 Jahren an einem Herzinfarkt und ließ Lillian und ihre elf Kinder mit einem unsicheren Einkommen zurück. Lillian musste bald feststellen, dass das gemeinsam aufgebaute Beratungsunternehmen ohne einen Mann als öffentliches Gesicht nicht überleben konnte. Kunden lehnten es ab, ihre Verträge zu verlängern, oder kündigten sie ganz, und neue Kunden scheuten sich, eine Frau als Industrieberaterin zu engagieren.[270]

Der Historikerin Laurel Graham zufolge konnte Lillian Gilbreth ihre Situation verbessern, indem sie sich in den 1920er-Jahren als Industriedesignerin neu erfand. Lillian Gilbreth begann, für Versorgungsunternehmen, die auch Gasherde und Elektrogeräte verkauften, effiziente Küchen zu entwerfen.[271] Sie nutzte Erkenntnisse aus Bewegungsstudien, um Geräte, Schränke und Arbeitsflächen möglichst effizient anzuordnen, und ihre Klienten vermarkteten die Küchen mit Broschüren, in denen sie ihre Fachkompetenz darstellte und beschrieb, wie die neuen Designs die Arbeit in der Küche einfacher und angenehmer machen würden.[272] Obwohl sie sich erst spät in ihrem Berufsleben auf das Design konzentrierte, gehörten diese Projekte zu Lillians profitabelsten Aufträgen. Die große kommerzielle Reichweite der Musterküchenentwürfe sorgte dafür, dass sie eine wichtige Figur in der Geschichte des wissenschaftlichen Haushaltsmanagements wurde. Wie Graham anmerkt, war Lillians Image als berühmte Hausfrau und Küchendesignerin eher ein Produkt der Vermarktung der Küchen als ein Spiegelbild ihres tatsächlichen Lebens. Auf werbeträchtigen Fotos wurde sie oft mit ihren vielen Kindern gezeigt. Tatsächlich war sie oft viel zu beschäftigt, um die Hausarbeit selbst zu erledigen. Um Zeit für ihren Beruf zu haben, beschäftigte sie Hausangestellte, und ein Teil der Hausarbeit wurde von den Kindern erledigt. Auf Werbefotos wurde sie jedoch so dargestellt, als ob sie all diese Arbeit selbst erledigte – und genau das sollten die Verbraucher mit dem Kauf von Geräten und der Übernahme ihrer Methoden anstreben.

Haushaltstechnik, Haushaltswissenschaft und andere Programme zum Haushaltsmanagement boten Frauen die Möglichkeit, am Wissenschaftsgeschehen teilzuhaben, obwohl gesellschaftliche Normen sie auf den häuslichen Bereich beschränken wollten. Diese Bereiche sind ein Beispiel dafür, wie die Begeisterung für den wissenschaftlichen und technischen Fortschritt alle Aspekte des Lebens um 1900 durchdrang. Sie zeigen auch, auf wie vielfältige Weise Frauen die von der

Wissenschaft bereitgestellten Hilfsmittel für sich entdeckten und damit ihr eigenes Leben verbesserten. Aber es gab auch Frauen, die durchaus eine Art von wissenschaftlicher Arbeit außerhalb der für sie unerreichbaren Laboratorien und Forschungseinrichtungen durchführten. Frauen nutzen den »Freiraum« ihrer eigenen Häuser für wissenschaftliche Tätigkeiten, und manchmal gelang es ihnen damit, nach ihren eigenen Regeln in das von Männern dominierte wissenschaftliche Establishment vorzudringen. Während Hauswirtschaftsingenieure das häusliche Leben mit wissenschaftlichen Prinzipien umgestalteten, gestalteten Frauen wie Abbie Lathrop die Wissenschaft in ihren eigenen vier Wänden um, in Lathrops Fall in ihrer Scheune.

ABBIE LATHROPS HEIMLABOR

Abbie Lathrop wurde 1868 in Illinois geboren. Nach einer spärlichen Ausbildung und einer kurzen Karriere als Lehrerin, die sie krankheitsbedingt beenden musste, zog sie nach Massachusetts und wurde Geflügelzüchterin. Lathrop scheiterte mit der Hühnerzucht, hatte aber spektakulären Erfolg mit Mäusen und Ratten, die sie als Heim- und Ausstellungstiere mit einem bestimmten Aussehen oder Verhalten züchtete und vorführte. Nachdem sie die ersten Mäuse an Forschungseinrichtungen verkauft hatte, die auf der Suche nach Labortieren waren, wuchs Lathrops

↑ Eine Frau in ihrer Küche in Texas im Jahr 1939. Mit dem Design effizienter Küchen hielten Wissenschaft und Technologie im 20. Jahrhundert Einzug in den Haushalt.

Mauszucht schnell zu einem vollwertigen Forschungsbetrieb.[273] Mäuse waren aufgrund ihrer kurzen Lebensdauer beliebte Kandidaten für die Laborforschung, und die Labore konnten bei den Zuchtbetrieben Mäuse mit spezifischen genetischen Merkmalen bestellen, die es den Forschenden erleichterten, gewisse Variablen in ihren Experimenten zu kontrollieren.[274]

Die Entwicklung von Lathrops Mauszucht zu einem wissenschaftlichen Unternehmen begann 1908, als sie bemerkte, dass einige ihrer Mäuse Hautläsionen entwickelt hatten. Da sie gute Verbindungen zu wissenschaftlichen und medizinischen Forschern hatte, die Mäuse von ihr kauften, bat sie diese um Hilfe, um die Ursache zu finden. Einer von ihnen war Leo Loeb, ein Pathologe an der Universität von Pennsylvania. Er konnte bestätigen, dass es sich bei den Läsionen um Krebs handelte. Dieser Vorfall war der Auslöser für ein langjähriges gemeinsames Forschungsprojekt, bei dem Loeb und Lathrop als Co-Autoren eine Reihe von Arbeiten über die Tumore verfassten, die Lathrop bei ihren Mäusen entdeckt hatte.[275]

Die Versuchsreihen, die Lathrop und Loeb entwarfen, führte Lathrop in ihrem Haus durch. Dadurch wurde ihr Zuchtbetrieb zu einem Labor.[276] Lathrops ungewöhnlicher Einstieg in den wissenschaftlichen Beruf – als Frau und auch als Person mit sehr geringer formaler Ausbildung – sorgte für öffentliches Aufsehen. Der *Brooklyn Eagle* berichtete 1909 über sie und stellte fest, dass »sie eine der wenigen Frauen ist, die eine instinktive Vorliebe für diese kleinen Kreaturen haben«.[277] Auch die *Los Angeles Times* berichtete über Lathrop, dass sie sich vor Ratten und Mäusen fürchtete, aber ihre Angst überwand, »als sie herausfand, dass man mit ihnen Geld verdienen konnte«.[278]

Für Weiße Frauen der Ober- und Mittelschicht waren die Möglichkeiten, sich in der Progressiven Ära wissenschaftlich zu betätigen, begrenzt, aber keineswegs inexistent. Frauen wie Harriet Gillespie und Mary Pattison entwickelten ganze Systeme wissenschaftlich orientierter Hausarbeit. Sie automatisierten die mühsame Arbeit der Wäsche und bauten dabei auf neue Theorien der Hygiene und neue Technologien. Mit ihrer Arbeit reagierten sie auf Veränderungen der wirtschaftlichen Bedingungen, denn immer mehr Hausangestellte zogen es vor, für bessere Löhne in Fabriken zu arbeiten. Lillian Gilbreth, die ihre Karriere als Beraterin in der Industrie begann, nutzte die gesellschaftlichen Erwartungen an Haushaltsführung und Mutterschaft, um sich beruflich zu etablieren. Und Abbie Lathrop leistete auf ihrem Bauernhof in Neuengland bedeutende Beiträge zur Krebsforschung, obwohl sie nie studiert hatte. Diese Beispiele zeigen, wie Frauen sich schon immer einen Raum geschaffen haben, um außerhalb des etablierten Wissenschaftsbetriebs Wissenschaft zu betreiben, und wie sie die geschlechtsspezifischen sozialen und kulturellen Vorstellungen über den »Platz« von Frauen in der Gesellschaft nutzten, um eigene Wege zu gehen.

BIRTH CONT
REVIEW
Public
BIRTH CO
REVI
Public
Health

KAPITEL 13

Geburtenkontrolle und Eugenik-Bewegung

NEUE RADIKALE FRAUEN

Zu Beginn des 20. Jahrhunderts setzte vor allem in Europa und den Vereinigten Staaten die erste Welle der Frauenbewegung ein. Mit kämpferischem Engagement traten Frauen, die mit ihrem Los in einer streng patriarchalischen und zunehmend industrialisierten Gesellschaft unzufrieden waren, für das Wahlrecht, Reformen der Arbeitswelt und Selbstbestimmung in Bezug auf die Fortpflanzung ein. Einigen waren die vorsichtigen bürgerlichen Reformbemühungen durch religiöse und freiwillige Organisation zu konservativ, und der von den »Progressiven« versprochene Fortschritt war mit rückwärtsgewandten bürgerlichen Werten beladen. Die neuen radikalen Frauenaktivistinnen drängten auf umfassende Veränderungen und stießen dabei oft auf heftigen Widerstand.

Familienplanung und Empfängnisverhütung gehörten zu den Themen, die besonders radikal vertreten wurden. Ärztinnen und Aktivistinnen führten den Kampf für Geburtenkontrolle in Großbritannien und den Vereinigten Staaten an, und viele von ihnen begeisterten sich für den Einsatz der Wissenschaft zur Lösung sozialer Probleme. Ein Zweig der Bewegung ging jedoch schließlich in der Eugenik-Bewegung auf, einem Zweig der Genetik, der durch kontrollierte »Züchtung« das Erbgut des Menschen »verbessern« wollte. Die Geschichte der Bewegung für Geburtenkontrolle zeigt, wie komplex die Rolle war, die die Wissenschaft im sozialen und politischen Leben des frühen 20. Jahrhunderts spielte.

DAS BIRTH CONTROL MOVEMENT

Lange vor den Briten und Amerikanern eröffnete die Niederländerin Aletta Jacobs (9. Februar 1854–10. August 1929) die weltweit erste Klinik für Geburtenkontrolle. Sie war die erste Frau in den Niederlanden, die eine Universität besuchte

← Kitty Marion, Suffragette und Aktivistin für Geburtenkontrolle, beim Verkauf der *Birth Control Review* in New York City im Jahr 1915.

und einen medizinischen Abschluss erwarb. Jacobs war Ärztin, Frauenrechtlerin, Verfechterin der Geburtenkontrolle und Friedensaktivistin. Ihre Klinik eröffnete sie gegen den Widerstand des medizinischen Establishments. Mit der Arbeit in der Klinik verband sie ihren Einsatz für die Gesundheitsfürsorge mit dem für die Rechte von Frauen in der Arbeitswelt, denn sie sah aus erster Hand, welchen Tribut lange Arbeitstage unter gesundheitsschädlichen Bedingungen forderten. Über die Medizin hinaus war Jacobs Mitbegründerin der niederländischen Vereinigung für Frauenwahlrecht (Vereeniging voor Vrouwenkiesrecht) und half bei der Gründung der Women's International League for Peace and Freedom.

Die niederländischen Befürworterinnen der Geburtenkontrolle setzten sich, wie die in Großbritannien und den USA, aus verschiedenen Gründen für Verhütungsmittel ein. Jacobs schloss sich der World League for Sexual Reform (WLSR) an, einer internationalen Gruppe, die für progressive Sexualreformen eintrat. Laut der Historikerin Henny Brandhorst war die holländische Sektion der WLSR klein, aber ihre Mitglieder glaubten an eine Sexualreform aus sozialen, wirtschaftlichen und manchmal auch eugenischen Gründen. Die Debatten über den eugenischen Nutzen der Geburtenkontrolle im frühen 20. Jahrhundert wurden in Großbritannien und den Vereinigten Staaten viel sichtbarer, weil dort Befürworter und Reformer mit Kampagnen für Verhütungsmittel und Familienplanung an die Öffentlichkeit traten.

In Großbritannien war die berühmteste Verfechterin der Geburtenkontrolle Marie Stopes (15. Oktober 1880–2. Oktober 1958). Sie wurde als Marie Charlotte Carmichael im Jahr 1880 geboren und wuchs in Edinburgh bei ihren Eltern Henry Stopes, einem Bierbrauer und Amateurwissenschaftler, und Charlotte Carmichael Stopes, einer feministischen Aktivistin und Shakespeare-Gelehrten, auf. Wie ihr Vater interessierte sich Marie für die Wissenschaft und erwarb mehrere Abschlüsse, darunter einen Bachelor of Science mit doppelter Auszeichnung in Botanik und Paläobotanik am University College London. Im Jahr 1905, im Alter von 24 Jahren, wurde Stopes die jüngste Doktorin der Naturwissenschaften in Großbritannien. Nach einer hervorragenden Ausbildung an englischen und deutschen Universitäten nahm Stopes eine Stelle als Botanik-Dozentin an der Universität von Manchester an, begann eine bemerkenswerte Karriere als Wissenschaftlerin und erreichte als Botanikerin viel: Sie forschte zwei Jahre lang in Japan, verfasste zahlreiche wichtige Abhandlungen und wurde in die Linnean Society of London gewählt. Bekannter wurde sie aber durch ihren Einfluss auf das Birth Control Movement in Großbritannien.[279]

1915 lernte Stopes, inzwischen eine angesehene Wissenschaftlerin und engagierte Frauenrechtlerin, die amerikanische Birth-Control-Aktivistin Margaret Sanger kennen (siehe Seite 153). Sanger war nach Großbritannien geflohen, um einer Anklage wegen Verletzung der Comstock Laws zu entgehen, einer Reihe von Bundesgesetzen, die die Verbreitung von »obszönen« Schriften verboten. Dazu gehörten auch Informationen über Verhütungsmittel. Stopes hatte an einem Forschungsprojekt gearbeitet, um herauszufinden, ob es einen messbaren Zyklus der sexuellen Erregung bei Frauen gab, indem sie detaillierte Aufzeichnungen über ihre eigenen Gefühle machte. Das Projekt gipfelte in der Veröffentlichung von *Married Love: A New Contribution to the Solution of Sex Difficulties* (Verheiratete Liebe: Ein neuer Beitrag zur Lösung von Sexualschwierigkeiten) 1918, im gleichen Jahr folgte *Wise Parenthood: A Book for Married People* (Kluge Elternschaft: Ein Buch für Verheiratete).[280] Mit beiden Büchern erwarb sich Stopes einen Ruf als vertrauenswürdige Beraterin in Fragen von Sex, Ehe und Familie. Als sich Stopes' Interessen von der Botanik auf Sexualität und Familienleben verlagerten, wandte sie ihre Aufmerksamkeit der Frage nach Verhütungsmitteln und den sozialen und politischen Dimensionen der Geburtenkontrolle zu.

DIE EUGENIK-BEWEGUNG

In Großbritannien gab es viele, die Stopes' Interesse an den sozialen Dimensionen der Fortpflanzung teilten: feministische Aktivistinnen und Suffragetten, Mitglieder der Regierung und des Klerus, Wissenschaftler, Wissenschaftlerinnen, Ärzte und Ärztinnen sowie eine neue Gruppe wissenschaftlicher und reformorientierter Aktivisten und Aktivistinnen, die Eugeniker genannt wurden. Um 1900 war die Meinung weitverbreitet, dass Europa unter einem rapiden Verfall der geistigen und körperlichen Konstitution der »Rasse«, also der Weißen Menschen, litt. Die Eugenik versprach einfache Lösungen für komplexe soziale Probleme. Ihre Befürworter aber

> Die Geschichte der Bewegung für Geburtenkontrolle zeigt, wie komplex die Rolle war, welche die Wissenschaft im sozialen und politischen Leben des frühen 20. Jahrhunderts spielte.

wurden von rassistischen Ängsten vor zunehmender Einwanderung, dem Glauben an die ausschweifende Sexualität der Armen und den schwächenden Auswirkungen von Industrialisierung und Modernisierung auf die Mittelschicht getrieben.

Die Eugenik-Bewegung ist schwierig zu beschreiben. Ihre Anhänger vertraten oft komplexe, manchmal widersprüchliche Überzeugungen, und die Eugenik beinhaltete eine Reihe populärer sozialer Überzeugungen, die als objektive, auf harten

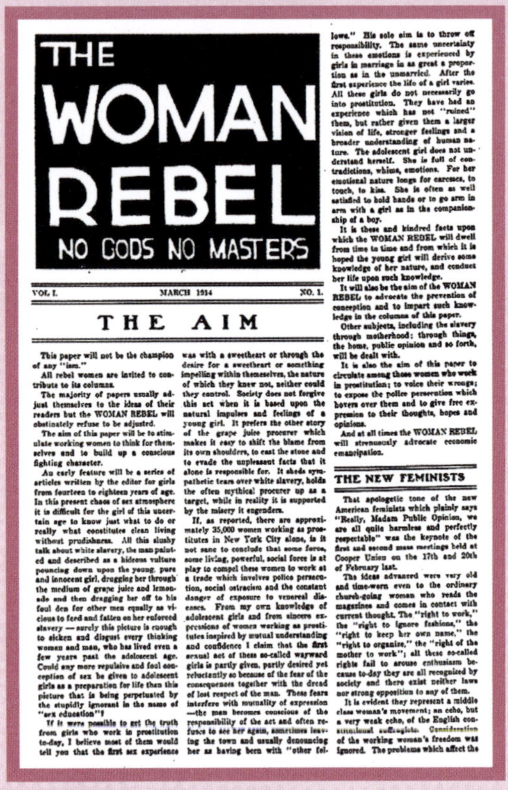

THE WOMAN REBEL

NO GODS NO MASTERS

VOL. I. MARCH 1914 NO. 1.

THE AIM

This paper will not be the champion of any "ism."

All rebel women are invited to contribute to its columns.

The majority of papers usually adjust themselves to the ideas of their readers but the WOMAN REBEL will obstinately refuse to be adjusted.

The aim of this paper will be to stimulate working women to think for themselves and to build up a conscious fighting character.

An early feature will be a series of articles written by the editor for girls from fourteen to eighteen years of age. In this present chaos of sex atmosphere it is difficult for the girl of this uncertain age to know just what to do or really what constitutes clean living without prudishness. All this slushy talk about white slavery, the man painted and described as a hideous vulture pouncing down upon the young, pure and innocent girl, drugging her through the medium of grape juice and lemonade and then dragging her off to his foul den for other men equally as vicious to feed and fatten on her enforced slavery — surely this picture is enough to sicken and disgust every thinking woman and man, who has lived even a few years past the adolescent age. Could any more repulsive and foul conception of sex be given to adolescent girls as a preparation for life than this picture that is being perpetuated by the stupidly ignorant in the name of "sex education"?

If it were possible to get the truth from girls who work in prostitution to-day, I believe most of them would tell you that the first sex experience was with a sweetheart or through the desire for a sweetheart or something impelling within themeselves, the nature of which they knew not, neither could they control. Society does not forgive this act when it is based upon the natural impulses and feelings of a young girl. It prefers the other story of the grape juice procurer which makes it easy to shift the blame from its own shoulders, to cast the stone and to evade the unpleasant facts that it alone is responsible for. It sheds sympathetic tears over white slavery, holds the often mythical procurer up as a target, while in reality it is supported by the misery it engenders.

If, as reported, there are approximately 35,000 women working as prostitutes in New York City alone, is it not sane to conclude that some force, some living, powerful, social force is at play to compel these women to work at a trade which involves police persecution, social ostracism and the constant danger of exposure to venereal diseases. From my own knowledge of adolescent girls and from sincere expressions of women working as prostitutes inspired by mutual understanding and confidence I claim that the first sexual act of these so-called wayward girls is partly given, partly desired yet reluctantly so because of the fear of the consequences together with the dread of lost respect of the man. These fears interfere with mutuality of expression —the man becomes conscious of the responsibility of the act and often refuses to see her again, sometimes leaving the town and usually denouncing her as having been with "other fellows." His sole aim is to throw off responsibility. The same uncertainty in these emotions is experienced by girls in marriage in as great a proportion as in the unmarried. After the first experience the life of a girl varies. All these girls do not necessarily go into prostitution. They have had an experience which has not "ruined" them, but rather given them a larger vision of life, stronger feelings and a broader understanding of human nature. The adolescent girl does not understand herself. She is full of contradictions, whims, emotions. For her emotional nature longs for caresses, to touch, to kiss. She is often as well satisfied to hold hands or to go arm in arm with a girl as in the companionship of a boy.

It is these and kindred facts upon which the WOMAN REBEL will dwell from time to time and from which it is hoped the young girl will derive some knowledge of her nature, and conduct her life upon such knowledge.

It will also be the aim of the WOMAN REBEL to advocate the prevention of conception and to impart such knowledge in the columns of this paper.

Other subjects, including the slavery through motherhood; through things, the home, public opinion and so forth, will be dealt with.

It is also the aim of this paper to circulate among those women who work in prostitution; to voice their wrongs; to expose the police persecution which hovers over them and to give free expression to their thoughts, hopes and opinions.

And at all times the WOMAN REBEL will strenuously advocate economic emancipation.

THE NEW FEMINISTS

That apologetic tone of the new American feminists which plainly says "Really, Madam Public Opinion, we are all quite harmless and perfectly respectable" was the keynote of the first and second mass meetings held at Cooper Union on the 17th and 20th of February last.

The ideas advanced were very old and time-worn even to the ordinary church-going woman who reads the magazines and comes in contact with current thought. The "right to work," the "right to ignore fashions," the "right to keep her own name," the "right to organize," the "right of the mother to work"; all these so-called rights fail to arouse enthusiasm because to-day they are all recognized by society and there exist neither laws nor strong opposition to any of them.

It is evident they represent a middle class woman's movement; an echo, but a very weak echo, of the English constitutional suffragists. Consideration of the working woman's freedom was ignored. The problems which affect the

←

THE WOMEN REBEL

Die erste Ausgabe von Margaret Sangers Zeitschrift *The Woman Rebel*, die sich für Geburtenkontrolle einsetzte.

↓

MARGARET SANGER

Margaret Sanger hinter einem Schreibtisch, umgeben von zwölf anderen Frauen. New York, um 1924.

Fakten der Genetik basierende Wissenschaft angepriesen wurde.[281] Der Begriff »Eugenik« wurde 1883 von dem britischen Statistiker Francis Galton geprägt. Ihre Hauptprämisse lautet, dass »gute« und »schlechte« Eigenschaften des Menschen vererbt werden, ebenso wie Gregor Mendel beobachtete, dass die Eigenschaften von Pflanzen in vorhersehbarer Weise von einer Generation zur nächsten vererbt werden. Der Historikerin Wendy Kline zufolge bot die Eugenik eine scheinbar objektive Möglichkeit, einer vermeintlich »beunruhigenden Verschlechterung der Rasse« entgegenzuwirken, indem man kontrollierte, wie ausgewählte »gute« oder »schlechte« Eigenschaften vererbt wurden oder nicht. Das bedeutete für die Anhängerinnen und Anhänger der Eugenik, dass man Menschen, die von diesen angeborenen, genetisch »schlechten« Eigenschaften betroffen waren, einfach an der Fortpflanzung hindern musste, um die »schlechten« Eigenschaften einer Bevölkerung innerhalb weniger Generationen zu eliminieren.[282]

Heute ist der Begriff Eugenik untrennbar mit den Verbrechen des Nazi-Regimes verbunden: dem Völkermord an den Juden und den zahllosen Morden an Behinderten und ethnischen Minderheiten. Im frühen 20. Jahrhundert, vor dem Zweiten Weltkrieg, war die Eugenik jedoch durchaus eine populäre Idee, die durch modernste Wissenschaft gestützt zu sein schien. Viele Eugeniker und Eugenikerinnen sahen darin eine Möglichkeit, das Problem der zunehmenden Zahl nichtweißer Einwanderer und Einwanderinnen sowie »Schwachsinniger« zu lösen – ein Begriff, der von Menschen mit Behinderungen bis hin zu »losen Weibspersonen« die unterschiedlichsten Personen treffen konnte. Diese Anwendung der Wissenschaft wird meist als »negative Eugenik« bezeichnet. Sie zielte darauf ab, Menschen mit unerwünschten Erbanlagen davon abzuhalten, Kinder zu bekommen, oder sie zur Sterilisation zu zwingen. Bei der »positiven Eugenik« ging es darum, Menschen mit erwünschten Erbanlagen, zu ermutigen, mehr und gesündere Kinder zu bekommen, um so eine demografische Verschiebung zugunsten der Weißen Mittelschicht in Gang zu setzen. In den Vereinigten Staaten war Eugenik populär und gesellschaftlich so akzeptiert, dass »Fitter Family«-Wettbewerbe üblich waren, bei denen Weiße Familien in einer karnevalsähnlichen Atmosphäre nach ihren wünschenswerten Eigenschaften bewertet wurden. Von solchen Werbeveranstaltungen für die Eugenik, wie den beliebten öffentlichen Programmen zur Sicherstellung der »Rassenreinheit«, ließen sich die Nazi-Eugeniker und Eugenikerinnen bei der Ausarbeitung ihrer eigenen Eugenik-Programme inspirieren.

In Großbritannien, mehr noch als in Amerika, war die Klasse, die soziale Zugehörigkeit, das wichtigste Kriterium, auf das die Reformerinnen und Reformer mit ihren eugenischen Theorien abzielten. Die einflussreiche britische Geburtshelferin und Eugenikerin Mary Scharlieb (18. Juni 1845–21. November 1930) konzipierte nach dieser Leitlinie eugenische Maßnahmen. Scharlieb begann ihre Ausbildung in Indien, wo sie eine Weile mit ihrem Mann lebte, und führte sie an der School of Medicine for Women in London fort. Nach weiteren Studien in Wien und Indien erhielt sie 1887 den Doktortitel. Die Historikerin Greta Jones zeigt, dass Scharlieb und andere bürgerliche Reformer und Reformerinnen, die sich für Eugenik interessierten, mit deren Mitteln die Degeneration der Mittelschicht beheben wollten, die sich ihren Vermutungen nach in der sinkenden Geburtenrate zeigte. Als Hauptsymptom der Degeneration sahen sie die unmoralische, libidinöse Überproduktion unter den Armen, die ihrer Meinung nach wiederum an der hohen Geburtenrate der Unterschicht ablesbar war.[283]

Wie viele andere Frauen, die sich in der Eugenik-Bewegung engagierten, sah auch Scharlieb in der Eugenik eine Möglichkeit zur Befreiung der Frauen. Während dieser Zeit nahm der Staat eine positive eugenische Position ein, indem er »wünschenswerte« Familien der Mittelschicht ermutigte, mehr Kinder zu bekommen und die sinkende Geburtenrate aufzuhalten. Doch diese pronatalistische Politik verlieh Frauen als essenziellen Beschützerinnen der »Rasse« eine Wertschätzung, die sie letztlich von den gesellschaftlichen Freiheiten, für die Suffragetten und andere so sehr kämpften, ablenken konnte. Die Befürworter des Pronatalismus hofften aber, dass durch die Hervorhebung des eugenischen Imperativs der Mutterschaft gleichberechtigtere Ehen entstehen würden, in denen Frauen für ihre Rollen geschätzt und von einem Teil der körperlich anstrengenden Hausarbeit entlastet würden.[284] Scharlieb war gegen Geburtenkontrolle, weil sie befürchtete, dass die Geburtenrate der Mittelklasse noch weiter sinken könnten.

↑ Eine Portiokappe der Marke »Prorace« aus England, um 1915–1925.

Wie andere Themen, bei denen die Unschärfe der eugenischen Ideologie zu Widersprüchen und Konflikten innerhalb der eugenischen Bewegung führte, war auch der Einsatz von Geburtenkontrolle als eugenisches Mittel stets umstritten. So wurden die Zeitgenossinnen Stopes und Scharlieb miteinander verglichen, und es fiel auf, dass beide unterschiedliche Standpunkte in Bezug auf die Verhütung vertraten. Nachdem Scharliebs Ansichten in der Zeitschrift *Nature* in einer Buchbesprechung veröffentlicht worden waren, schrieb Stopes an die Zeitschrift, Scharliebs Ansichten seien religiös motiviert und widerlegten nicht die Sicherheit und Wirksamkeit der Verhütungsmethoden, wie des Diaphragmas, für die Stopes aus medizinischen und wissenschaftlichen Gründen eintrat.[285]

GEBURTENKONTROLLE UND EUGENIK IN DEN USA

In den USA ist Margaret Sanger (14. September 1879–6. September 1966) eine der berühmtesten historischen Persönlichkeiten des 20. Jahrhunderts, und als solche ist sie praktisch in jeder Liste bedeutender Wissenschaftlerinnen zu finden. Im Gegensatz zu Stopes war sie jedoch selbst keine Wissenschaftlerin. Sanger wurde als Margaret Louise Higgins 1879 in Corning (New York) geboren. Sie besuchte das Claverack College und das Hudson River Institute, bevor sie 1900 eine Ausbildung zur Krankenschwester am White Plains Hospital begann. Zwei Jahre später heiratete sie den Architekten William Sanger. Ihre drei Kinder kamen innerhalb des ersten Jahrzehnts des 20. Jahrhunderts zur Welt. Erst 1911 begann Sangers radikaler politischer Wandel, nachdem die Familie aus den grünen Vororten Westchesters nach New York City gezogen war. Sanger lernte die Boheme der Stadt kennen, freundete sich mit Aktivistinnen und Aktivisten an, die sich für Sozialismus und Arbeiterrechte engagierten, und nahm 1912 sogar an einem Streik der Textilarbeiter in Massachusetts teil.[286] Während dieser frühen Jahre in der Stadt arbeitete Sanger als Gemeindeschwester und wurde von keiner Geringeren als der anarchistischen Aktivistin Emma Goldman in die Prinzipien des Sozialismus eingeführt. Diese Jahre waren für Sanger prägend, denn sie erkannte, dass die Schwangerschaftsverhütung gerade für die Menschen der Arbeiterklasse befreiend sein konnte.[287]

Als sie 1914 mit der Herausgabe ihrer Zeitschrift *The Woman Rebel* begann, war Sanger bereits mit verschiedenen Gesetzen gegen »Obszönität« in Konflikt geraten, etwa durch eine Kolumne über sexuelle Gesundheit und Hygiene für die Zeitung *New York Call*. Für Sanger waren es vor allem die Comstock Laws von 1873, die ihrer Karriere in die Quere kamen. Sanger verstand diese Gesetze als Bedrohung speziell für arbeitende Frauen, die, wie sie sagte, »schon immer den Inkompetenten ausgeliefert waren«, da es Ärzten verboten war, über Verhütungsmöglichkeiten zu informieren.[288] Als Sozialistin war ihr Engagement für Geburtenkontrolle auch ein Engagement für die Befreiung der Arbeiterklasse. Über *The Woman Rebel* schrieb sie: »Das Ziel dieses Blattes wird es sein, arbeitende Frauen zum eigenständigen Denken und zum Aufbau einer bewussten, kämpferischen Persönlichkeit anzuregen.«[289] In ihrer Zeitschrift prägte Sanger den Begriff »Birth Control«, und wegen dieser Zeitschrift wurde sie 1914 wegen Verletzung der Obszönitätsgesetze angeklagt. Sie floh nach Großbritannien, wo sie während ihres Aufenthalts in London auf Stopes traf. Nach ihrer Rückkehr in die Vereinigten Staaten wurde Sangers Anklage unter dem Druck der Öffentlichkeit fallen gelassen, nachdem ihre Tochter unerwartet gestorben war und ihr eine Welle des Mitgefühls entgegenschlug.[290]

1916 eröffnete Sanger die erste Klinik für Geburtenkontrolle in den Vereinigten Staaten nach dem Vorbild von Aletta Jacobs Klinik (siehe Seite 147), die Sanger während ihrer Zeit in Europa besucht hatte.[291] Die Klinik in Brooklyn (New York) verteilte Informationen über Schwangerschaftsverhütung, aber keine Verhütungsmittel, da es keinen Arzt und keine Ärztin gab, die den Patientinnen die Diaphragmen anpassen konnten. Sanger glaubte, sie könne die Comstock-Gesetze umgehen, indem sie die Informationen persönlich verteilte, statt den Postweg zu benutzen, was durch das Gesetz ausdrücklich verboten war. Aber die Klinik wurde nur eine Woche nach ihrer Eröffnung von der Polizei gestürmt und geschlossen, Sanger und ihre Mitarbeiterinnen wurden verhaftet.[292] Sanger legte Berufung ein und erzielte einen Teilsieg. Das Gericht entschied, dass die Klinik aus medizinischen Gründen hätte betrieben werden können, wenn es in der Belegschaft eine Ärztin oder einen Arzt gegeben hätte. Durch dieses Urteil wusste Sanger in ihren späteren Kliniken Razzien zu vermeiden.[293]

1917 begann Sanger mit der Herausgabe einer neuen Zeitschrift, der *Birth Control Review*. Zu dieser Zeit war die Reichweite von Sangers radikalem sozialistischem Ansatz der Geburtenkontrolle noch relativ gering, und sie suchte nach neuen Zielgruppen für ihre Botschaft. Wie die Historikerin Cathy Hajo betont, wurde Geburtenkontrolle als extrem radikal angesehen, weitaus radikaler als die zeitgleiche Bewegung für Eugenik, und Sangers Ideen stießen in der Mitte der Gesellschaft auf erheblichen Widerstand. Für Nicht-Wissenschaftler wie Sanger bot die Verknüpfung der Geburtenkontrolle mit der wissenschaftlichen Autorität der Eugenik, die von berühmten Akademikern, Staatsmännern und Persönlichkeiten des öffentlichen Lebens befürwortet wurde, eine Möglichkeit, ihrer als Randgruppe betrachteten Bewegung mehr Prestige zu verleihen.[294]

Geburtenkontrolle und Eugenik passten in den Vereinigten Staaten aber alles andere als nahtlos zusammen, und viele der Widersprüche, die sich innerhalb der britischen Frauenbewegung gezeigt hatten, traten auch in Amerika auf. Als Methode der negativen Eugenik war die Geburtenkontrolle die Antithese zur positiven Eugenik des Pronatalismus, der die Mittelschicht dazu ermutigte, mehr Kinder zu bekommen. Sanger und viele andere Befürworter und Befürworterinnen der Geburtenkontrolle waren sich darüber im Klaren, dass der soziale und ökonomische Status einer Person, den die eugenische Bewegung als Ergebnis unveränderlicher genetischer Fehler ansah, tatsächlich verändert werden konnte – in

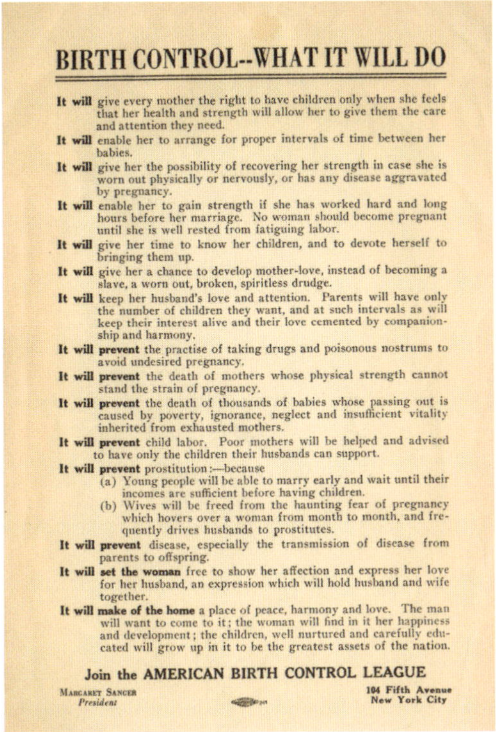

BIRTH CONTROL--WHAT IT WILL DO

It will give every mother the right to have children only when she feels that her health and strength will allow her to give them the care and attention they need.

It will enable her to arrange for proper intervals of time between her babies.

It will give her the possibility of recovering her strength in case she is worn out physically or nervously, or has any disease aggravated by pregnancy.

It will enable her to gain strength if she has worked hard and long hours before her marriage. No woman should become pregnant until she is well rested from fatiguing labor.

It will give her time to know her children, and to devote herself to bringing them up.

It will give her a chance to develop mother-love, instead of becoming a slave, a worn out, broken, spiritless drudge.

It will keep her husband's love and attention. Parents will have only the number of children they want, and at such intervals as will keep their interest alive and their love cemented by companionship and harmony.

It will prevent the practise of taking drugs and poisonous nostrums to avoid undesired pregnancy.

It will prevent the death of mothers whose physical strength cannot stand the strain of pregnancy.

It will prevent the death of thousands of babies whose passing out is caused by poverty, ignorance, neglect and insufficient vitality inherited from exhausted mothers.

It will prevent child labor. Poor mothers will be helped and advised to have only the children their husbands can support.

It will prevent prostitution:—because

(a) Young people will be able to marry early and wait until their incomes are sufficient before having children.

(b) Wives will be freed from the haunting fear of pregnancy which hovers over a woman from month to month, and frequently drives husbands to prostitutes.

It will prevent disease, especially the transmission of disease from parents to offspring.

It will set the woman free to show her affection and express her love for her husband, an expression which will hold husband and wife together.

It will make of the home a place of peace, harmony and love. The man will want to come to it; the woman will find in it her happiness and development; the children, well nurtured and carefully educated will grow up in it to be the greatest assets of the nation.

Join the AMERICAN BIRTH CONTROL LEAGUE

MARGARET SANGER
President

104 Fifth Avenue
New York City

←

AMERICAN BIRTH CONTROL LEAGUE

Flyer der American Birth Control League, die 1921 von Margaret Sanger gegründet wurde.

↓

MARIE STOPES

Die britische Botanikerin Marie Stopes war neben ihrer erfolgreichen Wissenschaftskarriere auch eine engagierte Verfechterin der Geburtenkontrolle. Stopes war, wie viele Wissenschaftler und öffentliche Persönlichkeiten ihrer Zeit, eine Eugenikerin.

manchen Fällen einfach durch Schwangershaftsverhütung.[295] Hajo weist darauf hin, dass diese Verfechterinnen der Geburtenkontrolle zwar ähnliche Ansichten hinsichtlich der Überlegenheit der Weißen vertraten wie die eugenische Bewegung, aber ihre Haltung eher das Ergebnis ihrer sozialen und wirtschaftlichen Position war als ein Bekenntnis zum eugenischen Gedankengut.

Trotz der Widersprüche und Meinungsverschiedenheiten zwischen den beiden Bewegungen waren Geburtenkontrolle und Eugenik miteinander verflochten, und Sanger gehörte zu denen, die eugenische Rhetorik zur Förderung der Geburtenkontrolle einsetzten – wenn auch nicht konsequent während ihrer ganzen Laufbahn. Ihre frühe Arbeit konzentrierte sich darauf, wie Geburtenkontrolle Armut durch die Einschränkung der Kinderzahl eindämmen kann. Sie erkannte jedoch an, dass gerade die Lebensumgebung von Menschen erheblichen Einfluss auf seine »fitness« hatte. Unklar ist, ob Sanger an die radikale Erb-Eugenik glaubte, die besagte, dass Menschen aus als »minderwertig« angesehenen ethnischen Gruppen an der Fortpflanzung gehindert werden sollten. Solche Unklarheiten erschweren es, die Position der Befürworterinnen und Befürworter der Geburtenkontrolle in dieser Zeit zu bewerten.[296] Sanger benutzte jedoch die Sprache und die Argumente der negativen Eugenik, vor allem wenn sie bei Ärzten, Ärztinnen, Wissenschaftlern und Wissenschaftlerinnen, die der eugenischen Ideologie anhingen, Unterstützung für ihre Bewegung suchte. Damals näherten viele Befürworterinnen und Befürworter

↑ Spermizide Pessare der Marke »Prorace« aus England.

der Geburtenkontrolle ihre »radikalen« Thesen an die gesellschaftlich akzeptierte Eugenik an, da diese als wissenschaftlich fundiert galt.[297]

Sanger setzte sich fast ihr ganzes Erwachsenenleben lang unermüdlich für Geburtenkontrolle ein. In den 1920er-Jahren gründete sie das Birth Control Research Bureau und eine juristische Interessensgruppe, um neue Gesetze zur Geburtenkontrolle durchzusetzen. Im Jahr 1937 errang die Bewegung einen wichtigen Sieg in einem Prozess, in dem es um ein Päckchen japanischer Pessare ging: Ein New Yorker Gericht entschied, dass Ärzte und Ärztinnen Patientinnen aus medizinischen Gründen mit Verhütungsmitteln versorgen dürfen. Damit wurden Kliniken für Geburtenkontrolle effektiv legalisiert, sofern sie von Ärzten oder Ärztinnen beaufsichtigt wurden.[298] Als die gesellschaftliche Akzeptanz der Geburtenkontrolle zunahm, wurde Sangers radikales Auftreten und ihr Mangel an medizinischem Fachwissen als Belastung für die Bewegung angesehen. Sie wurde 1928 aus der American Birth Control League gedrängt, und 1942 wählte die Liga einen neuen Namen, auch für ihr landesweites Kliniknetzwerk: Planned Parenthood. Heute kennt man Sanger vor allem als Unterstützerin von Gregory Pincus, dessen Forschungen über hormonelle Verhütungsmittel zur Entwicklung der ersten Antibabypille führten, die 1960 von der Food and Drug Administration zugelassen wurde. Doch dies war nur der Höhepunkt ihres lebenslangen Kampfes für die selbstbestimmte Fortpflanzung. Als Sanger 1966 starb, hatte sie gesehen, dass die von ihr mit aufgebaute Bewegung Früchte trug. Sie und Stopes lebten in einer Zeit, die auch durch ihr großes Engagement zu einer entscheidenden Zeit in der Geschichte der Frauenrechte wurde.

Frauen wie Sanger und Stopes führten ein außergewöhnliches Leben, und die Tragweite ihrer Arbeit ist es wert, dass man sich an sie erinnert. Es wäre aber falsch, sie als Heldinnen der selbstbestimmten Fortpflanzung auf ein Podest zu heben oder sie als Schurkinnen der Eugenik-Bewegung zu verurteilen. Dadurch würde die wichtigere Frage, wie die Wissenschaft die sozialen und kulturellen Normen ihrer Zeit formt und von diesen geformt wird, in den Hintergrund treten. Im frühen 20. Jahrhundert galt die Eugenik als hochmoderne Wissenschaft mit positiven Anwendungsmöglichkeiten. Sie war weit weniger umstritten als die Ideen der reproduktiven Freiheit und der Familienplanung, die vom Birth Control Movement vertreten wurden. Die allgemeine Akzeptanz der Eugenik in Großbritannien und Amerika bestärkte auch die nationalsozialistischen Eugenik-Programme der Zwischenkriegszeit. Die Fragen, ob eine Befürworterin der Geburtenkontrolle zugleich Eugenikerin war oder nicht oder ob Verhütung unmoralisch oder eugenisch ist, haben weitaus weniger Bedeutung als das Verständnis des komplexen sozialen und kulturellen Kontextes der Geschichte der Geburtenkontrolle und der Frauen, die Pionierarbeit für deren Anwendung leisteten.

KAPITEL 14

Archäologinnen und Anthropologinnen lassen die Vergangenheit menschlich werden

GESCHICHTE NEU ERZÄHLT

1928 wurde in Mexiko-Stadt das aztekische Neujahrsfest gefeiert – zum ersten Mal seit der Auslöschung der aztekischen Hochkultur durch die spanischen Eroberer im Jahr 1519. Begangen wird das Fest zur Sommersonnenwende. Die Azteken glaubten, dass dann der Sonnengott zur Erde herabkäme und eine Zeit starker Regenfälle mitbrächte, um die Ernte zu nähren. Anfang 1928 setzte sich die mexikanisch-amerikanische Archäologin und Anthropologin Zelia Nuttall engagiert dafür ein, das Fest wiederzubeleben. Sie schrieb, dass die genauen Vorhersagen für das Sonnenjahr, die von den Azteken erstellt wurden, »eine Ehre für dieses Volk sind und ein intellektueller Beitrag zur Gesamtheit des menschlichen Wissens, das weltweite Anerkennung für seine Originalität und Bedeutung verdient«.[299]

Für Nuttall, die sich der Erforschung und Wiederbelebung der Kultur im Alten Mexiko widmete, war die Wiedereinführung des Festes der Höhepunkt ihrer Karriere. Nach Jahrhunderten abwertender Erzählungen über die »Wilden«, die von den europäischen Kolonisatoren erfunden worden waren, konnte das heutige Mexiko stolz auf seine Kultur sein. Der Eintritt von Frauen in die Archäologie und Anthropologie zu Beginn des 20. Jahrhunderts bewirkte einen Wandel in der Betrachtung der Kulturen der Vergangenheit und ihrer heutigen Nachkommen. Frauen wie Nuttall nutzten die Werkzeuge ihrer Wissenschaft, um die falschen Erzählungen der Kolonisierung, die lange Zeit die indigene Bevölkerung des amerikanischen Kontinents entmenschlicht hatten, zu korrigieren.

Nuttall wurde in San Francisco als Tochter eines irischen Vaters geboren, fühlte sich aber mehr zum Erbe ihrer mexikanischen Mutter und deren Heimat als zu

← Der *Codex Zouche-Nuttall* ist ein präkolumbianisches Dokument der mixtekischen Piktografie, das zwischen 1200 und 1521 entstand. Zelia Nuttall barg den Codex und veröffentlichte ihn mit einer Einleitung, die den Inhalt interpretiert und den historischen Kontext beschreibt.

ihren euro-amerikanischen Wurzeln hingezogen. Die Archäologie bot ihr Mittel und Einblicke, um beides zu erforschen. Die Archäologie war im späten 19. und frühen 20. Jahrhundert in vielerlei Hinsicht ein euro-amerikanisches koloniales und imperiales Unterfangen. Das Vorrecht der westlichen Länder auf die Aus- und Verwertung der Ruinen untergegangener Kulturen, ihrer Artefakte und Denkmäler war für diese Nationen zu einer Möglichkeit geworden, ihre imperiale Macht rund um den Globus zu erweitern.[300] Dieses Sammeln von Ruinen und Altertümern gab den euro-amerikanischen Archäologen die Möglichkeit, nicht nur die materielle

> Frauen wie Nuttall nutzten die Werkzeuge ihrer Wissenschaft, um die falschen Erzählungen der Kolonisierung, die lange Zeit die indigene Bevölkerung des amerikanischen Kontinents entmenschlicht hatten, zu korrigieren.

Geschichte dieser Stätten zu kontrollieren, sondern auch die Geschichten über ihre Menschen und das Wissen über ihre kulturelle Vergangenheit. So konnten sie ein Bild der indigenen Bevölkerung präsentieren, das ihren Zwecken diente und die imperiale Herrschaft weiter rechtfertigte.

Auf diese Weise, so meinte Nuttall, sei die Welt dazu gekommen, in den Alten Mexikanern wenig mehr als »blutrünstige Wilde, die nichts mit der zivilisierten Menschheit gemein haben«, zu sehen. In einem Artikel von 1897 mit dem Titel *Ancient Mexican Superstitions* (Altmexikanischer Aberglaube) behauptete Nuttall, dass Geschichten über aztekische Menschenopfer »einen solchen Einfluss auf die Vorstellungskraft genommen haben, dass sie alles andere Wissen über die alte Zivilisation Mexikos auslöschen«. Für diese Unwahrheit machte sie die »spanischen Schreiber« verantwortlich, deren Berichte über spirituelle Rituale der Azteken »grob übertrieben waren, manche sagen absichtlich, um in den Augen der zivilisierten Welt die grausame Ausrottung der einheimischen Zivilisation zu rechtfertigen«.[301] Ihr Anliegen wurde es, diese Sichtweise zu ändern, indem sie die archäologischen Aufzeichnungen des Alten Mexiko korrigierte.

Als Nuttall sich der Archäologie und Anthropologie zuwandte, waren diese Bereiche, wie die meisten Wissenschaften, von Weißen Männern dominiert. Dennoch waren Frauen auf vielfältige Weise an Ausgrabungen und Feldforschung beteiligt. Weiße Frauen waren als Ehefrauen von Wissenschaftlern, als Sekretärinnen oder Assistentinnen oder in Museen als Forscherinnen und Katalogisiererinnen beteiligt, während indigene Frauen oft Informantinnen oder Gesprächspartnerinnen für Anthropologen und Ethnografen waren – und in seltenen Fällen auch für Anthropologinnen und Ethnografinnen. Selbst Frauen, die eigenständig Ausgrabungen und Forschungen leiteten, besaßen meist keine universitäre Ausbildung oder gar eine Promotion, und die meisten wurden von männlichen Archäologen oder wohlhabenden Mäzenen und Mäzeninnen unterstützt. Diese Frauen ohne formale Titel oder Abschlüsse wurden grundsätzlich als »Amateurinnen« betrachtet und sind in der Geschichte der Archäologie und Anthropologie gewissermaßen durch die Maschen gerutscht. Dennoch sind rund 200 Frauen namentlich bekannt, die sich zwischen 1865 und 1940 mit Archäologie des amerikanischen Kontinents beschäftigten. Eine von ihnen war Nuttall.[302]

Nuttall veröffentlichte ihren ersten Artikel, »The Terracotta Heads of Teotihuacan« (Die Terrakotta-Köpfe von Teotihuacan), 1886 im *American Journal of Archaeology and the History of Fine Arts*. Zwei Jahre zuvor hatte sie mit ihrer Mutter, ihrem Bruder und ihrer Tochter Nadine, von deren Vater Alphonse Pinart sie sich kurz zuvor getrennt hatte, die historische Stätte von Teotihuacán, nordöstlich von Mexiko-Stadt besucht und dort einige kleine Terrakottaköpfe gesammelt. Sie begann eine vergleichende Studie ihrer Sammlung mit anderen undatierten Köpfen, deren kulturelle Bedeutung nicht vollständig geklärt war. Nuttall konnte die Herkunft der Artefakte auf die Zeit der spanischen Eroberung datieren und schrieb ihre Entstehung den Azteken zu, für die sie Darstellungen der Toten waren. Diese Studie erregte schnell die Aufmerksamkeit von Frederic W. Putnam, dem Direktor des Peabody Museums in Massachusetts. Putnam lobte Nuttall im Jahresbericht des Museums von 1886 und schrieb

> *»[Sie] ist vertraut mit der Nahuatl-Sprache … [und besitzt] ein außergewöhnliches Talent für Linguistik und Archäologie. Frau Nuttall ist nicht nur zu allen frühen einheimischen und spanischen Schriften über Mexiko und sein Volk gründlich informiert, sondern hat die Studie mit einer ebenso bemerkenswerten wie außergewöhnlichen Vorbereitung betrieben.«*[303]

Im gleichen Jahr ernannte Putnam Nuttall zur ehrenamtlichen Sonderassistentin für mexikanische Archäologie am Peabody Museum.

Durch ihre lediglich ehrenamtliche Stellung am Peabody Museum und ihre »Amateurinnen«-Karriere hatte Nuttall, anders als bei einer Festanstellung, eine größere Freiheit, ihren Interessen nachzugehen. Da sie finanziell unabhängig war und zusätzlich von der Zeitungserbin Phoebe Hearst unterstützt wurde, konnte Nuttall in den nächsten 13 Jahren im Ausland arbeiten. Sie forschte, sammelte Artefakte und Manuskripte und besuchte Bibliotheken und Sammlungen auf der ganzen Welt, von Marokko bis Russland. Ihr Hauptinteresse galt aber letztlich dem Thema ihrer ersten Arbeit – Mexiko. In mehr als einem Dutzend Publikationen, die sie im Lauf ihrer Karriere veröffentlichte, analysierte sie alte mexikanische Kalendersysteme und astronomische Methoden. Sie untersuchte Volksglauben und Rituale, und sie rettete, interpretierte und veröffentlichte aztekische Kodizes, die in staubigen europäischen Sammlungen in Vergessenheit geraten waren.

BRÜCKEN ZWISCHEN VERGANGENHEIT UND GEGENWART

Nuttall bewegte sich oft auf umstrittenem Terrain, denn die mexikanische Archäologie war im frühen 20. Jahrhundert tief mit der Politik des Landes verstrickt. Politiker und Intellektuelle waren einerseits der Meinung, dass die Geschichte der indigenen Reiche Mexiko ein unvergleichliches nationales Ansehen verlieh, andererseits wollten sie die Vergangenheit in den Regalen der Museen belassen, wo sie aus der Ferne bewundert werden konnte. Sie bestritten die Verbindung zwischen den heutigen Mexikanern und den angeblich »wilden« Azteken der Vergangenheit, denn sie befürchteten, dass die Welt das moderne Mexiko aufgrund einer solchen Identifizierung für rückständig und unzivilisiert halten könnte.[304] Die Frage nach der Beziehung der modernen Mexikaner zu ihren aztekischen Vorfahren war der Kern der mexikanischen Archäologie und folglich auch von Nuttalls Karriere.

Nuttall nahm in dieser kontroversen Frage einen eindeutigen Standpunkt ein und erklärte, dass »die aztekische Rasse von Tausenden von Individuen repräsentiert wird, die mit feinem Körperbau und Intelligenz ausgestattet sind und mit mehr oder weniger großer Reinheit die Sprache Montezumas sprechen«.[305] Ihrer Meinung nach verhinderte die übliche Darstellung der Urbevölkerung als »Wilde«, dass die modernen Mexikaner stolz auf ihr aztekisches Erbe sein konnten. Sie hoffte, dass ihre Bemühungen, die reiche Geschichte von Mexikos Vergangenheit zu sammeln und weiterzugeben, »zu einer wachsenden Anerkennung der Bande universeller Brüderlichkeit führt, die die gegenwärtigen Bewohner dieses großartigen, alten Kontinents mit ihren nicht unwürdigen Vorgängern vereint ...«.[306]

Als Mexiko-Stadt 1928 das alte aztekische Neujahrsfest wieder einführte, sah Nuttall dies als einen Sieg – sowohl für ihre wissenschaftliche Arbeit als auch für Mexiko. Begeistert von den Feierlichkeiten beschrieb sie in einem Brief ihr Staunen darüber, was die Archäologie einer Kultur bieten konnte: »Es ist seltsam, dass die Archäologie so lebendige Nachkommen hervorbringt! Du kannst dir vorstellen, wie glücklich es mich gemacht hat, aus dem Grab der Vergangenheit einen Keim herausgeholt zu haben, der so vital und lebendig ist, dass er jedes Jahr Kinder zum Tanzen und Singen und zum Beobachten der Sonne bringen wird.«[307] Nuttall starb fünf Jahre später in der Casa Alvarado. Das Haus beherbergt heute das nationale Tonarchiv, die Sammlung des musikalischen Erbes Mexikos.

Nuttall unterschied sich von anderen Archäologen weniger durch ihre mexikanische Abstammung als durch ihr Beharren auf einer Archäologie für die Mexikaner. Während ihrer gesamten Karriere setzte sie sich für die Wiederherstellung alter Rituale ein, unterstützte die berufliche Entwicklung mexikanischer Archäologen und stellte in den Vordergrund, was den Mexikanern wichtig war. Für Nuttall war die Archäologie ein Fenster in die Vergangenheit des Landes, das sie über alles liebte, aber auch ein Weg, sich an der Politik der mexikanischen Gegenwart und an der Bewahrung seiner Kultur für die Zukunft zu beteiligen.

SPUREN AMERIKANISCH-INDIANISCHEN LEBENS

Während Nuttall ihre Karriere ausklingen ließ und ihre Errungenschaften in Mexiko feierte, begann Bertha Parker (30. August 1907–8. Oktober 1978), auch bekannt unter ihrem Seneca-Namen Yewas, gerade ihre archäologische Karriere in den Vereinigten Staaten. Parker wurde 1907 an einer archäologischen Stätte in Silverheels in New York geboren, wo ihr Vater Arthur Caswell Parker und seine Frau Beulah Tahamont an einer seiner Ausgrabungen arbeiteten. Arthur war ein vielversprechender Archäologe und Anthropologe der amerikanisch-indianischen Kultur, seine Vorfahren stammten aus Europa und vom Volk der Seneca. Beulah war die Tochter des Häuptlings der Abenaki, die zu den First Nations, zum Volk der Ost-Algonquian in Kanada gehören.

Arthur und später Bertha waren an einem Wandel in der Archäologie und Anthropologie beteiligt. Unter dem Einfluss des berühmten Anthropologen Franz Boas trat die Anthropologie des frühen 20. Jahrhunderts in ihre »Bergungsära« ein. Anthropologen, Anthropologinnen und Institutionen starteten Expeditionen zu Gemeinschaften, die Boas und sein Kreis als bedroht ansahen, entweder weil sie kurz vor der Auslöschung oder kurz vor der vollständigen Assimilation durch die angloamerikanische Kultur standen. Damals setzte die amerikanische Politik auf Assimilation und wollte die indigene Bevölkerung durch erzwungene Umerziehung, Umsiedlung und oft auch Sterilisation »zivilisieren«. Die Anthropologen und Anthropologinnen wollten ihre Chance nicht verpassen, die »authentischen Indianer« zu erforschen, bevor sie verschwunden waren.[308] Diese Expeditionen zu den amerikanisch-indianischen Gemeinschaften führten oft zu einer kurzsichtigen Darstellung der indigenen Völker, welche die von frühen Siedlern geprägten Bilder vom unterlegenen primitiven und vom überlegenen euro-amerikanischen Menschen verstärkte.[309]

←

BERTHA PARKER

Bertha Parker war die erste professionelle amerikanisch-indianische Archäologin und die erste amerikanisch-indianische Frau, die als Ethnologin und Archäologin für ein großes Museum arbeitete.

↓

BERTHA PARKER MIT TOCHTER

Bertha Parker, ihre Tochter Billie und Johns H. Harrington beim Betrachten von spanischem Geschirr in der Casa de Adobe in Los Angeles, Kalifornien im Jahr 1929.

Die »American Indians« und die »First Nations« Kanadas dienten oft als namenlose Informationsquellen für Weiße Anthropologen und Anthropologinnen und konnten kaum beeinflussen, wie ihre Geschichten und ihre Kultur dargestellt und dann in wissenschaftlichen Schriften kodifiziert wurden. Zwar war der Eintritt von amerikanisch-indianischen Archäologen, Archäologinnen, Anthropologen und Anthropologinnen ein wichtiges Korrektiv während der Bergungsära und darüber hinaus, aber die Mehrzahl der Forscher und Forscherinnen blieb in kolonialen Modellen verhaftet. Arthur studierte das Volk und die Kultur der Irokesen und Seneca, aber obwohl er von den Seneca abstammte, zeigte auch er eine Geringschätzung für sie. Er mochte die traditionelle Kleidung nicht, entschied sich stattdessen für Anzug und Krawatte, und machte sich oft über den Aberglauben und die Geschichten der Stämme lustig. Und trotz der Proteste der Seneca führte er Ausgrabungen auf Stammesland durch.[310] Bertha jedoch wählte eine andere Herangehensweise.

Bertha trat nicht sofort in die Fußstapfen ihres Vaters. In ihren Teenagerjahren und frühen Zwanzigern lebte sie in Hollywood bei ihren Großeltern, den Tahamonts, die Schauspieler waren, zusammen mit ihrer Mutter, die zu diesem Zeitpunkt schon von Arthur geschieden war. In Kalifornien lernte sie den Schauspieler Joseph Pallan aus dem Volk der Yuman kennen. Sie heirateten, kurz nachdem Bertha schwanger wurde, aber die Ehe war nicht glücklich. Pallan war gewalttätig, und als Bertha die Scheidung anstrebte, entführte Pallan sie und ihre Tochter Wilma Mae und hielt sie in einem Bordell in Mexiko fest. Der Anthropologe Mark Raymond Harrington, ein Kollege von Arthur und ehemaliger Partner von Beulah, kam ihr zu Hilfe. Harrington war mit Berthas Tante Edeka, Arthurs Schwester, verheiratet. Von Mexiko brachte Harrington Bertha und Wilma Mae zu seiner archäologischen Stätte in der Wüste von Nevada, wo Bertha blieb und sich Harringtons Team anschloss.[311]

EIN NEUER PRÄZEDENZFALL

Bertha fing als Lagerköchin und Sekretärin an, stieg später zur Archäologieassistentin auf und wurde ein unverzichtbares Mitglied von Harringtons Team. Sie lernte alles vor Ort. Harrington förderte in seinem Team eine Atmosphäre der Zusammenarbeit und Gleichberechtigung, in der Frauen und Männer, »Native Americans« und Weiße gemeinsam arbeiteten und lernten. Abends bot Harrington Fortbildungen für das Team an und referierte über anthropologische und archäologische Theorien und Methoden.[312] Morgens kochte Bertha für das Camp und tauschte dann nachmittags Topf und Pfanne gegen Archäologenkelle und Stirnlampe ein, um auf eigene Faust zu forschen und zu graben. Harrington beschrieb Berthas archäologische Arbeit als eine Art Sehnsucht:

> *»Vermutlich wünscht sie sich, die Nachmittage wären länger, damit sie mehr Zeit zum Graben in der Ruine auf der Mesa aufwenden könnte. Wenn Sie ihre schwarzen Augen leuchten sehen wollen, sprechen Sie mit ihr über Archäologie, oder beobachten Sie, wie sie etwas Erlesenes freilegt.«*[313]

Bertha machte tatsächlich mehrere »erlesene« Funde, während sie in dem Team arbeitete. Der erste war eine Pueblo-Stätte, die sie 1929 Scorpion Hill nannte. Sie führte eine Solo-Ausgrabung der Stätte durch und veröffentlichte später die Details in einem Artikel von 1933 in *Masterkey*, der Zeitschrift des Southwest Museum of the American Indian, das Harringtons Expeditionen finanzierte. Später stellte sie Fotos und Artefakte der Ausgrabung im Southwest Museum aus.[314] Im folgenden Jahr zog Bertha die Aufmerksamkeit der internationalen archäologischen Gemeinschaft auf sich, als sie den Schädel eines ausgestorbenen Riesenfaultiers *(Nothrotherium shastense)* aus dem Pleistozän in der Gypsum Cave in Nevada fand. Bertha machte die Entdeckung bei einem ihrer üblichen Nachmittagsausflüge, die Harrington später im *Desert Magazine* beschrieb:

> *»Wie es ihre Gewohnheit war, legte sie nach Beendigung der Papierarbeit Stirnlampe und Staubmaske an und ging in die Höhle, um die Spalten zu durchsuchen [...] Dort entdeckte sie ein merkwürdiges Objekt, das wie ein Knochen aussah. Als sie es mühsam herauszog, stellte sie fest, dass es sich um den Schädel eines seltsamen Tieres handelte, das sie noch nie zuvor gesehen hatte.«*[315]

Besonders fasziniert waren das Team und die archäologische Gemeinschaft von den Artefakten – Garn aus Yuccafasern und Waffenfragmente –, die sie in einer Schicht unter dem Schädel des Faultiers fand.[316] Der Fund der von Menschen hergestellten Gegenstände in der Nähe der Überreste des Faultiers warf neue Fragen darüber auf, wann der Mensch in Nordamerika angekommen war, und um das Rätsel seiner Herkunft zu lösen, trat das California Institute of Technology unterstützend hinzu. Leider starb James Thurston, ein wesentliches Teammitglied und Berthas neuer Ehemann, an der Ausgrabungsstätte, und die Arbeiten wurde eingestellt.

Zwischen 1931 und 1941 war Bertha als Assistentin für Archäologie und Ethnologie am Southwest Museum in Los Angeles beschäftigt. Damit war sie die erste amerikanisch-indianische Frau, die als professionelle Ethnologin und Archäologin für ein großes Museum arbeitete.[317] Bertha unternahm eine Reihe von Reisen zu amerikanisch-indianischen Gemeinschaften, während derer sie Maidu-Medizinmänner, Paiute-Korbflechterinnen, Pomo-Bärenmaskentänzer sowie Geschichtenerzähler und Geschichtenerzählerinnen von den Stämmen der Maidu und Yurok interviewte und die Berichte darüber in *Masterkey* veröffentlichte. Anders als ihr

Vater respektierte Bertha die Regeln und Rituale der Stämme. Sie brach mit der Tradition der Anthropologie, indem sie Informantinnen beim Namen nannte, wenn es angebracht war, und sogar einige von ihnen als Co-Autorinnen der veröffentlichten Arbeiten nannte.[318] Sie gab den indigenen Informantinnen und Informanten Sichtbarkeit und ein gewisses Maß an Kontrolle darüber, wie ihre Geschichten der wissenschaftlichen Gemeinschaft präsentiert wurden, während andere Anthropologen und Anthropologinnen Wissen und Karrieren auf Geschichten aufbauten, deren Subjekte namenlos blieben.

Als ihre Tochter 1942 bei einem Jagdunfall starb, trat Bertha von ihrem Amt zurück, blieb aber im Kuratorium des Museums. Nach ihrer dritten Heirat beteiligte sie sich aktiver an der Bewegung für die Rechte der indigenen Völker in Kalifornien. Ihr Ehemann war der Schauspieler Espero Oscar de Corti, der für Filme das indianische Pseudonym Iron Eyes Cody verwendete. Corti unterstützte Berthas archäologische und anthropologische Arbeit und setzte sich selbst für die »American Indians« in Hollywood ein, doch hatte er auch einen Anteil daran, dass es so lange dauerte, bis Bertha für ihre Arbeit anerkannt wurde. Nach ihrem Tod stellte Corti sie in seiner Autobiografie *Iron Eyes Cody: My Life as a Hollywood Indian* (Mein Leben als Hollywood-Indianer) als trinkfreudige Partygängerin dar und behauptete, er sei an Berthas Entdeckungen in der Gypsum Cave und ihrer anthropologischen Arbeit in amerikanisch-indianischen Gemeinden beteiligt gewesen.[319] Selbst im Tod behielt er eine gewisse Kontrolle über ihre Geschichte: Die Inschrift ihrer Grabplatte lautet einfach: »Mrs. Iron Eyes Cody«.

Weder Nuttall noch Parker besaßen eine formale Ausbildung in Archäologie und Anthropologie, aber der Wert ihrer Entdeckungen lässt sich nicht leugnen. Noch wertvoller ist vielleicht die menschliche Perspektive, die sie ihren Themen in einem Wissenschaftsbereich entgegenbrachten, in dem rassistische Vorstellungen über die indigenen Völker Amerikas vorherrschten. In einer Zeit, in der die indigenen Völker Mexikos als Wilde galten, forderte Nuttall die Welt heraus, sie als viel mehr zu sehen. Parker gestand es ihren amerikanisch-indianischen Informanten und Informantinnen zu, namentlich genannt zu werden und behandelte sie als Co-Autorinnen und Co-Autoren auf Augenhöhe, anstatt sie in der Anonymität versinken zu lassen. Beide Wissenschaftlerinnen verstanden, dass ihre Erforschung der Vergangenheit reale Konsequenzen für all die Nachkommen hatte, die in der Gegenwart und in Zukunft auf den Ruinen alter Kulturen leben.

Zelia Nuttall

(6. September 1857 – 12. April 1933)

Die in San Francisco geborene Zelia Maria Magdalena Nuttall war eine Anthropologin und Archäologin, die sich auf aztekisch-mexikanische Kulturen und präkolumbianische Manuskripte spezialisierte. Nuttall war das zweite von sechs Kindern eines irischen Vaters, Robert Kennedy Nuttall, und einer mexikanisch-amerikanischen Mutter, Magdalena Parrott. Sie verbrachte viele ihrer prägenden Jahre auf Reisen in Europa und erhielt ihre erste formale Ausbildung am Bedford College im Vereinigten Königreich.

Im Jahr 1884 barg sie ihre ersten archäologische Funde an der historischen Stätte von Teotihuacán in Mexiko. Sie führte eine vergleichende Studie über aztekische Terrakottaköpfe durch und wurde nach ihrer Abhandlung über dieses Thema 1886 zur ehrenamtlichen Sonderassistentin für mexikanische Archäologie am Peabody Museum in Harvard ernannt, eine Position, die sie 47 Jahre lang innehatte. Im Jahr 1887 wurde sie zum Fellow der American Association for the Advancement of Science ernannt.

Zu ihren wichtigsten Funden gehören zwei präkolumbianische Manuskripte einer piktografischen Geschichte aus dem Alten Mexiko: der *Codex Zouche-Nuttall* (veröffentlicht 1902), den sie in einer Privatbibliothek in England entdeckte, und der *Codex Magliabechiano* (veröffentlicht 1903), der aus einer Bibliothek in Florenz geborgen wurde. Außerdem veröffentlichte sie *The Fundamental Principles of New and Old World Civilizations* (1901) (Die Grundprinzipien der Zivilisationen der Neuen und der Alten Welt) und *New Light on Drake: Documents Relating to His Voyage of Circumnavigation, 1577–1580* (1914) (Neues Licht auf Drake: Dokumente zu seiner Weltumsegelung). Im Jahr 1910 initiierte sie eine Ausgrabung auf der Isla de Sacrificios, wo sie die Ruinen einer Stätte für Menschenopfer fand.

Im Jahr 1902 zog sie nach Mexiko und kaufte ein Herrenhaus aus dem 16. Jahrhundert, das sie Casa Alvarado nannte. Bis zu ihrem Tod im Jahr 1933 lebte sie in Mexiko.

NOTICE
YOU MUST WEAR
YOUR BADGE IN
PLAIN SIGHT IN
THIS
HERE'S
YOUR ANSWER
THINK!
BUY BONDS

KAPITEL 15

Das Unwiderrufliche

NUKLEARER DURCHBRUCH

Am Nachmittag des 2. Dezember 1942 beobachtete Leona Woods (9. August 1919–10. November 1986), Doktorandin an der University of Chicago, mit geschultem Blick ihren Bortrifluorid-Neutronendetektor, während die mit Kadmium beschichteten Kontrollstäbe aus dem sechs Meter hohen Stapel mit atomarem Material entfernt wurden. Die Kadmium-Kontrollstäbe sollten die Neutronen absorbieren, bis Woods und ihre Kollegen bereit waren, sie auf das radioaktive Uran loszulassen. Einer nach dem anderen wurden die Stäbe entfernt. Sobald der Atomkern des radioaktiven Urans ein zusätzliches Neutron aufnimmt, spaltet sich der Kern in zwei Teile und setzt eine gewaltige Menge an elektromagnetischer Strahlung, radioaktiven Teilchen und noch mehr Neutronen frei. Diese Neutronen wiederum kollidieren, werden von einem anderen Urankern aufgenommen, spalten auch diesen und setzen mehr radioaktive Energie frei. Woods beobachtete, wie ihr Neutronendetektor das erste Auftreten von Kernspaltung im Meiler registrierte, während sie die Messwerte des Detektors ausrief. Enrico Fermi befahl, einen weiteren Kontrollstab zu entfernen; Woods rief weitere Messwerte aus. Das Muster – Spaltung, Energiefreisetzung, Spaltung, Energiefreisetzung – wiederholte sich, bis der Meiler kritisch wurde. So wurde unter den Fußballtribünen der University of Chicago, auf einem ehemaligen Squashplatz, die weltweit erste von Menschen gemachte, sich selbst erhaltende nukleare Kettenreaktion erzeugt.

Der Weg zum Durchbruch in Fermis Labor zeichnete sich schon einige Jahre früher ab, als im Januar und Februar 1939 zwei wichtige Arbeiten zur Kernphysik in Europa veröffentlicht wurden. Die erste, geschrieben von dem deutschen Chemiker Otto Hahn, lieferte den Beweis, was passieren könnte, wenn der Kern von Uran ein zusätzliches Neutron absorbiert. Die zweite, verfasst von der österreichischen Physikerin Lise Meitner (siehe Seite 248) und ihrem Neffen Otto Frisch, gab

← Mitarbeiter des Manhattan-Projekts am Standort Oak Ridge in Tennessee.

eine physikalische Erklärung für dieses Phänomen und nannte es »Kernspaltung«. Diese Papiere lieferten die grundlegenden Bausteine für eine Atombombe, und die Physiker in den Vereinigten Staaten wussten es. Wenige Monate nach Erscheinen der beiden Arbeiten schrieben die Physiker Albert Einstein und Leo Szilard einen Brief an den US-Präsidenten Roosevelt, in dem sie ihn warnten, dass Deutschland möglicherweise eine solche Bombe baute. Die Vereinigten Staaten waren entschlossen, schneller zu sein.

Das Manhattan-Projekt, eine groß angelegte, streng geheime Mobilisierung von Wissenschaftlern und Labors, die mit der Entwicklung der Waffe beauftragt waren, wurde nicht sofort begonnen. Roosevelt bildete zunächst das Advisory Committee on Uranium, eine Gruppe von militärischen und wissenschaftlichen Experten, die die Machbarkeit einer nuklearen Kettenreaktion feststellen und darüber berichten sollten. In seinem ersten Bericht vom 1. November 1939 riet das Komitee dem Präsidenten, die Forschung und Entwicklung von Uranoxid zu unterstützen und auch die Experimente von Fermi und Szilard mit dem Atommeiler (später Kernreaktor genannt) an der Columbia University zu finanzieren.[320] Am 7. Dezember 1941, mit dem japanische Angriff auf Pearl Harbor, war der Eintritt der Vereinigten Staaten in den Zweiten Weltkrieg besiegelt. Nun sahen die

> Woods war die einzige Frau, die an der ersten Kettenreaktion mitgearbeitet hat, aber Hunderte andere waren am Manhattan-Projekt beteiligt.

USA in der Zerstörungskraft der Bombe das Potenzial für einen entscheidenden und schnellen Sieg der Alliierten. Fermi verlegte seinen Betrieb im Februar 1942 von der Columbia Universität in das Metallurgische Laboratorium in Chicago, und am 13. August 1942 wurde das Manhattan-Projekt offiziell. Als Meitner, deren Forschung die Machbarkeit der Waffe bewiesen hatte, gebeten wurde, dem Manhattan-Projekt beizutreten, lehnte sie vehement ab und sagte bekanntlich: »Ich werde nichts mit einer Bombe zu tun haben!«

Als an der University of Chicago die erste nukleare Kettenreaktion stattfand, ging die Theorie in die Praxis über. 47 Personen waren im Labor anwesend, um das historische Ereignis mitzuerleben, und Leona Woods war die einzige Frau unter ihnen. Als Doktorandin der Molekularspektroskopie und eine der jüngsten Wissenschaftlerinnen im Team war es ihre Aufgabe, die Neutronenaktivität im Meiler mit dem von ihr selbst konstruierten Detektor zu überwachen. Bevor alle an diesem Abend das Labor verließen, reichte Fermi zur Feier des Tages eine Flasche Chianti herum. Das Team signierte die Flasche zur Erinnerung an ihre Leistung und ihre Hoffnungen auf eine neue Technologie, von der sie glaubten, sie könne den Krieg beenden. Während alle schweigend an ihrem Wein aus Pappbechern nippten, sprach Woods aus, was zweifelsohne vielen im Raum durch den Kopf ging: »Lasst uns hoffen, dass wir die Ersten sind, die es schaffen.«[321]

FRAUEN IM MANHATTAN-PROJECT

Woods war die einzige Frau, die an der ersten Kettenreaktion mitgearbeitet hat, aber Hunderte andere waren am Manhattan-Projekt beteiligt. Das Projekt hatte ein gewaltiges Ausmaß und verfügte über Standorte in den gesamten Vereinigten Staaten, die jeweils an verschiedenen Aspekten der Entwicklung und des Baus der Atombombe arbeiteten. J. Robert Oppenheimer unterstand »Site Y« in Los Alamos (New Mexico), wo die Bomben Fat Man und Little Boy hergestellt wurden. Über 1000 Meilen weiter östlich in Oak Ridge (Tennessee) befanden sich in »Site X« drei Urananreicherungsanlagen, die das spaltbare Isotop Uran U-235 vom nicht spaltbaren Uranmetall U-238 trennten. Im Nordwesten in Hanford (Washington) wandelte der erste Produktionsreaktor bestrahltes Uran in Plutonium um. Zusätzlich zu den drei Hauptstandorten waren Universitäten und Laboratorien im ganzen Land mit dem Projekt verbunden.

In der Tech Area von Los Alamos, dem bekanntesten aller Standorte, waren etwa 30 Prozent der Arbeitskräfte Frauen, insgesamt etwa 200 Personen im Jahr 1944. Sie arbeiteten in verschiedenen Bereichen der Bombenentwicklung, wobei schätzungsweise 24 Frauen in der Chemie und Metallurgie, 20 in der Bombentechnik, acht im Bereich Ordonnanz, vier in der Experimentalphysik und weitere vier in der Sprengstofftechnik tätig waren.[322] Los Alamos nutzte auch die Vorteile einer Belegschaft von Rechnerinnen, die das Verhalten der Implosion der Bomben berechneten, einschließlich der ein- und ausgehenden Schockwelle der Explosion.[323] Viele dieser Frauen waren mit Wissenschaftlern von Los Alamos verheiratet, die vor Ort lebten und arbeiteten. Los Alamos engagierte den ENIAC, den ersten elektronischen Universalcomputer, und seine Programmiererinnen in Philadelphia, um verschiedene Modelle zur Erzeugung einer thermonuklearen Explosion zu testen. Die theoretischen Physiker Stanley Frankel und Nicholas Metropolis schrieben ein Programm für ein solches mathematisches Modell. Mithilfe von etwa einer Million IBM-Lochkarten programmierten die Frauen das Modell von Frankel und Metropolis in den ENIAC ein und lieferten die Ergebnisse, die auf Fehler im Bombenentwurf hinwiesen.[324]

↑

CHIEN-SHIUNG WU

Die Experimentalphysikerin Chien-Shiung Wu arbeitete am Manhattan-Projekt der Columbia University mit und half Enrico Fermi, eine anhaltende Kettenreaktion in Plutoniumreaktoren zu erreichen.

In Hanford machten Frauen 1944, als die Belegschaft am größten war, etwa neun Prozent der 51 000 Mitarbeiter aus.[325] Leona Woods und ihr Ehemann John Marshall zogen auf das Gelände von Hanford, um die Produktion der Plutoniumreaktoren zu beaufsichtigen. Eine der wichtigsten Entwicklungen in Hanford wurde von Chien-Shiung Wu (31. Mai 1912–16. Februar 1997), einer Experimentalphysikerin an der Columbia University, durchgeführt. Die aus Shanghai eingewanderte Wu untersuchte die nuklearen Wechselwirkungen von Edelgasen, und als die Plutoniumreaktoren in Hanford keine Kettenreaktion aufrechterhalten konnten, wandte sich Fermi an Wu, um das Problem zu diagnostizieren. Nach der Überprüfung der Hanford-Daten stellte Wu fest, dass das Xenon-Isotop Xe-137 Neutronen absorbierte und so die Reaktion von selbst zum Erliegen brachte. Mithilfe von Wus Daten konnte Fermi das Xenon durch Hinzufügen von mehr atomarem Material kompensieren. Ihre Arbeit führte auch zur Entwicklung von kontrollierten Abschalt- und Wiederanlaufmechanismen für Kernreaktoren. Durch die Kontrolle des Flusses von Xenongas in und aus einem Reaktor konnten die Betreiber einen Reaktor bei Bedarf schnell abschalten.[326] Wu besuchte den Standort Hanford nicht einmal, um ihre Schlussfolgerungen zu ziehen, aber sie trug weiterhin zum Projekt an der Columbia mit einer Gruppe bei, die an der Trennung von U-235 von U-238 arbeitete.

Von allen Standorten des Manhattan-Projekts war Oak Ridge (Tennessee) der größte. Zu Spitzenzeiten lebten dort 70 000 Menschen. Die meisten Beschäftigten waren Frauen: Statistikerinnen, Chemikerinnen, Technikerinnen und Bedienerinnen von Schalttafeln für Urananreicherungsanlagen sowie Rechnerinnen und Sekretärinnen. Diese Frauen kamen aus den verschiedensten Bereichen, einige mit College-Abschluss oder wissenschaftlichem Fachwissen und andere mit einem High-School-Diplom oder einer Qualifikation für den öffentlichen Dienst. Ob mit oder ohne College-Ausbildung, in Oak Ridge mit drei Uranverarbeitungsanlagen und einem Plutonium-Pilotreaktor auf dem Gelände gab es genug zu tun.

An den drei großen Standorten fielen nicht nur wissenschaftliche oder technische Arbeiten an. Da diese großen Standorte Werkssiedlungen ähnelten, in denen Familien lebten und Kinder aufwuchsen, musste auch für die übergeordnete soziale und bürgerliche Infrastruktur gesorgt sein. An allen Standorten gab es Lehrkräfte, Krankenpflege- und Sanitätspersonal. Oak Ridge hatte sogar seine eigene Zeitung, das *Oak Ridge Journal*, mit einem Stab von Journalisten. Die Ehefrauen der männlichen Wissenschaftler wurden ermutigt, für die Kriegsanstrengungen in allen benötigten Funktionen zu arbeiten, was bedeutete, dass selbst Wissenschaftlerinnen nicht immer eine Stelle bekamen, die ihren Kenntnissen oder Fähigkeiten entsprach. Der Direktor des Manhattan-Projekts, General Leslie Groves, erklärte, wie die Anlagen mit Blick auf die Arbeit von Frauen organisiert wurden. »Das System wurde so entwickelt, dass es die Frauen unserer Leute ermutigte, am Projekt zu arbeiten, denn berufstätige Frauen erhielten vorrangig Haushaltshilfen«, schrieb er 1962 in seinen Memoiren *Now It Can Be Told* (Jetzt darf ich sprechen):

> *»Einige der Ehefrauen waren selbst Wissenschaftlerinnen, und sie waren natürlich sehr gefragt, aber da die Arbeitskräfte generell knapp waren, konnten wir alle, die wir bekommen konnten, gut gebrauchen, sei es als Sekretärin oder als technische Assistentin oder als Lehrerin in der öffentlichen Schule, die wir für die Kinder eingerichtet hatten.«*[327]

In Los Alamos wurden berufstätige Ehefrauen nicht befördert oder nach ihrer Berufserfahrung bezahlt, aber es wurde trotzdem erwartet, dass sie 48 Wochenstunden arbeiteten. eine berufstätige Ehefrau berichtete in *Standing By and Making Do: Women of Wartime Los Alamos:*

> *»Das Gehalt der berufstätigen Ehefrau wurde sehr willkürlich festgesetzt. Ihre berufliche Vorgeschichte spielte keine Rolle, und sie hatte eigentlich keine Verhandlungsmacht. Immerhin lebte sie in einer Art städtischer Gemeinschaft.«*[328]

Nur Familien mit einem männlichen »Haushaltsvorstand« durften in Oak Ridge wohnen. Unverheiratete Frauen oder verheiratete Frauen, deren Ehemänner anderswo arbeiteten, wurden nicht als Haushaltsvorstände betrachtet – sie mussten pendeln, was auch eine finanzielle Belastung bedeutete.[329] In diesen schnell aus dem Boden gestampften Behelfsstädten war das Leben hart. Wohnungs- und Wasserknappheit, Stromausfälle und Versorgungslücken waren an der Tagesordnung.

Ungeachtet der Entbehrungen waren viele Frauen, deren männliche Verwandte in Übersee kämpften, froh, auf jede erdenkliche Weise zu den Kriegsanstrengungen beizutragen. Angesichts der Berichte über den Völkermord der Nazis strebten sie das Ende des Krieges an, selbst wenn das für sie bedeutete, in der Waffenforschung und -entwicklung zu arbeiten. Die Arbeit war so geheim und stark abgeschottet, dass Frauen, die an den Schalttafeln der Urananreicherungsanlagen arbeiteten, keine Ahnung hatten, wofür ihre Arbeit eigentlich diente. Und wenn Männer aufgrund ihrer hohen Sicherheitsfreigabe das gesamte Projekt kannten, ließen sie ihre Ehefrauen im Unklaren. Den meisten Mitarbeitern und Mitarbeiterinnen des Manhattan-Projekts wurde die wahre Natur ihrer Arbeit bis zum 6. August 1945 vorenthalten. An diesem Tag wurde die erste Atombombe, die mit Uran bestückte Little Boy, auf Hiroshima abgeworfen. Drei Tage später folgte die Plutonium-Bombe Fat Man auf Nagasaki.

DIE TAGE DANACH

In den Tagen und Monaten nach den Bombenangriffen, besonders nachdem Berichte auftauchten, die das Ausmaß der Verwüstung in Japan und die anhaltenden Auswirkungen der Strahlung auf den menschlichen Körper offenbarten, gingen die Beschäftigten auf ganz unterschiedliche Weise mit der Realität ihres Beitrags um:

Einige empfanden puren Stolz, andere reines Entsetzen. Wieder andere kämpften mit gemischten Gefühlen aus Scham und Stolz, Schuldgefühlen und Freude darüber, dass der Krieg endlich mit einem Sieg der Alliierten geendet hatte. Der erste Atombombenabwurf mag das Ende des Krieges eingeläutet haben, aber er war auch der Beginn eines neuen Zeitalters und letztlich eines neuen Krieges. Die Geheimnisse des Atomkerns konnten nicht länger durch Sicherheitsmaßnahmen verborgen und in abgeschirmten Militärstädten versteckt werden. Der Kalte Krieg sollte Nationen auf der ganzen Welt für Jahrzehnte in nukleare Spannungen und Konflikte verwickeln. Was geschehen war, konnte nicht wieder rückgängig gemacht werden.

Die Verbreitung und Erprobung von Atomwaffen gingen in der Nachkriegszeit weiter, während Forscher noch immer die Auswirkungen der radioaktiven Strahlung auf den Planeten und die Menschen untersuchten. Kurz nach Kriegsende gingen die alliierten Großmächte – die Vereinigten Staaten, Großbritannien und die Sowjetunion – in ihrem Streben nach Kernenergie und -waffen getrennte Wege. Die Vereinigten Staaten waren allen anderen weit voraus und gründeten die Atomic Energy Commission (AEC), die die Infrastruktur des Manhattan-Projekts übernahm, um die nukleare Forschung und Entwicklung fortzusetzen. Bis 1948 hatten sowohl Großbritannien als auch die Sowjetunion ihre eigenen nuklearen Kettenreaktionen erreicht, und in den frühen 1950er-Jahren hatten beide eigene Wasserstoffbombenprojekte gestartet.

Zwischen 1952 und 1958 hatten die drei Länder 223 Kernwaffentests in der Atmosphäre, auf dem Boden und unter Wasser durchgeführt, wobei die Vereinigten Staaten allein mehr als 120 Tests im Pazifik und in Nevada durchführten.[330] Die langfristigen gesundheitlichen Folgen von Kernwaffentests waren noch weitgehend unbekannt, und alle Bedenken, die von Befürwortern der nuklearen Abrüstung und von Wissenschaftlern über die Auswirkungen von nuklearem Fallout auf den Menschen geäußert wurden, wurden von der AEC schnell abgetan und heruntergespielt.[331] Aber die Vereinigten Staaten und die AEC waren nicht lange in der Lage, die Informationen über nuklearen Fallout zu kontrollieren. Am 1. März 1954 zündete das US-Militär eine thermonukleare Waffe mit dem Codenamen Castle Bravo über dem Bikini-Atoll, einem US-Territorium 2300 Meilen südwestlich von Japan. Die radioaktive Wolke der Explosion breitete sich über das vorhergesagte Gebiet hinaus aus und trug ihren Fallout bis zu den bewohnten Marshallinseln. Ebenfalls betroffen war ein japanisches Fischereischiff, die Dai-go Fukuryū-maru. Alle 23 Besatzungsmitglieder litten in der Folgezeit an einem akuten Strahlensyndrom, ein Mann starb.

UNGEWISSE ZUKUNFT DER ATOMKRAFT

Das Ereignis war in ganz Japan zu spüren, denn selbst in Friedenszeiten hatte das Land wieder einmal mit den verheerenden Auswirkungen von Kernwaffen zu kämpfen. Da so viele Kernwaffen im Pazifischen Ozean, der auch ihr Land umgab, getestet wurden, begannen japanische Wissenschaftler ernsthaft zu untersuchen, wie radioaktives Material sich im Meer verbreiten könnte. Nach der Bombardierung des Bikini-Atolls begannen Katsuko Saruhashi (siehe Seite 181), eine japanische Geochemikerin am Meteorological Research Institute in Tokio (heute Japan Meteorological Agency), und ihre Kollegen mit der Untersuchung der nuklearen Kontamination des Ozeans. Saruhashi und ihr Team verfolgten die Zirkulation des radioaktiven Fallouts vom Bikini-Atoll und fanden heraus, dass Meeresströmungen das mit den radioaktiven Isotopen Cäsium-137 und Strontium-90 kontaminierte Wasser vom Waffentestgelände nach Nordwesten und damit Richtung Japan trieben. Da sich das kontaminierte Wasser durch die Meeresströmungen ausbreitete, war der nukleare Fallout aus den Waffentests im Pazifik nicht gleichmäßig verteilt. Der westliche Pazifik um Japan herum wies eine höhere Konzentration an radioaktiven Isotopen auf als der östliche Pazifik an der Küste Kaliforniens. Saruhashi und ihr Team veröffentlichten ihre Ergebnisse in einem Artikel mit dem Titel *Cesium 137 and Strontium 90 in Sea Water* im *Journal of Radiation Research* im Juni 1961. Die Ergebnisse gefielen der AEC in den Vereinigten Staaten nicht.

Die AEC beschloss 1962, Saruhashis Ergebnisse auf den Prüfstand zu stellen, und lud sie ein, an einer sechsmonatigen Analyse teilzunehmen, bei der ihre Methodik und Ergebnisse mit denen amerikanischer Wissenschaftler am Scripps Institute of Oceanography an der University of California San Diego verglichen

---

> Urheber des nuklearen Zeitalters, in dem wir heute leben, waren teilweise mächtige Weltpolitiker und Wissenschaftler, aber auch Frauen haben, manchmal im wahren Wortsinn, die Hebel der Atomforschung bedient.

---

wurden. Saruhashis Mentor und Mitarbeiter an ihrer ursprünglichen Studie, Yasuo Miyake, unterstützte ihre Forschung und ermutigte sie zur Teilnahme. Im Juni 1962 reiste Saruhashi nach Kalifornien, um die vergleichende Studie zu beginnen. Das Scripps-Team wurde von Theodore Folsom geleitet, der die Methodik des Instituts zur Untersuchung des Fallouts im Ozean einführte. Saruhashi war jedoch nicht auf Augenhöhe mit den anderen Wissenschaftlern am Scripps. Zunächst teilte Folsom Saruhashi mit, dass sie nicht jeden Tag zum Institut zu pendeln brauchte und ihr eine Art Holzschuppen zur Verfügung gestellt wurde, in dem sie ihre Forschungen durchführen konnte.[332] Sie erhielt Proben mit einer 20 Prozent geringeren Cäsiumkonzentration als Folsom, was ihre Analyse erschwerte.[333] Nach sechs Monaten zeigten die Analyseergebnisse nur eine zehnprozentige Diskrepanz zwischen den beiden Teams. Die Ergebnisse wurden im März 1963 im Artikel *A Comparison of Analytical Techniques Used for Determination of Fallout Cesium in Sea Water for Oceanographic Purpose* (Vergleich von Analysetechniken zur Bestimmung von Cäsium-Fallout in Meerwasser für ozeanographische Zwecke) veröffentlicht. Die Ergebnisse bestätigten Saruhashis ursprüngliche Studie, und die AEC war gezwungen, ihre Schlussfolgerungen über den nuklearen Fallout zu akzeptieren.

Die Studie von Saruhashi und Folsom über den durch Meereskontamination verursachten radioaktiven Niederschlag konnte nicht ignoriert werden. Nach weiterem radioaktivem Niederschlag in Japan, der aus einem sowjetischen Wasserstoffbombentest resultierte, mussten sich die Staats- und Regierungsoberhäupter der Welt mit den Umweltfolgen der Kernwaffentests auseinandersetzen. Im August 1963, fast zehn Jahre nach der Katastrophe auf dem Bikini-Atoll, trafen sich Vertreter der Vereinigten Staaten, der Sowjetunion und Großbritanniens in Moskau, um den *Vertrag über das Verbot von Kernwaffentests in der Atmosphäre, im Weltraum und unter Wasser* zu ratifizieren, der später von weiteren 123 Nationen unterzeichnet wurde. Auch wenn der Vertrag immer noch unterirdische Detonationen erlaubte, war er ein wichtiger Schritt für die Bewegung zur internationalen Nichtverbreitung von Atomwaffen.

Als Leona Woods 1942 die erste anhaltende nukleare Kettenreaktion erlebte, hatte sie wahrscheinlich keine Ahnung, dass sie Zeugin eines der bedeutendsten Momente der globalen Menschheitsgeschichte war. Urheber des nuklearen Zeitalters, in dem wir heute leben, waren mächtige Weltpolitiker und Wissenschaftler, aber auch Frauen haben, manchmal im wahren Wortsinn, die Hebel der Atomforschung bedient. Als Mitarbeiterinnen in Rechenzentren, Chemikerinnen oder technische Arbeiterinnen waren Frauen ebenso Teil des Manhattan-Projekts wie die Männer, deren Namen heute jeder kennt. Auch sie haben unsere heutige Zeit mit aufgebaut, in der die immense Kraft eines winzigen Atomkerns unser aller Leben bedrohen kann.

Katsuko Saruhashi

(22. März 1920 – 29. September 2007)

Die Geochemikerin Katsuko Saruhashi wurde am 22. März 1920 in Tokio geboren. Im Alter von 21 Jahren kündigte Saruhashi ihren Job in einer Versicherungsgesellschaft, um ein Chemiestudium am Imperial Women's College of Science in der Stadt aufzunehmen. Nach ihrem Abschluss im Jahr 1943 nahm sie eine Stelle am meteorologischen Forschungsinstitut an. Während sie dort beschäftigt war, promovierte sie an der Universität von Tokio in Chemie.

Als Mitglied des Geochemie-Labors am meteorologischen Forschungsinstitut untersuchte Saruhashi den Kohlendioxidgehalt im Meerwasser. Sie entwickelte die Saruhashi-Tabelle, eine Methode zur Messung von CO_2 anhand von pH-Wert, Temperatur und Chlorinität, die zu einem weltweiten Standard geworden ist. Sie entdeckte auch, dass der Pazifische Ozean mehr CO_2 freisetzt, als er absorbiert.

Mit ihrer Studie über die Folgen der nuklearen Verseuchung des Meerwassers nach dem Atomwaffentest der Vereinigten Staaten auf dem Bikini-Atoll betrat Saruhashi Neuland. Sie entdeckte, dass die Radioaktivität dem Verlauf der Meeresströmungen folgte. Im Fall der Bikini-Atoll-Atomtests breitete sich damit auch der Fallout weiter im Uhrzeigersinn aus, nordwestlich in Richtung Japan.

Die Atomic Energy Commission in den Vereinigten Staaten initiierte eine vergleichende Studie zwischen Saruhashis Methodik und amerikanischen Wissenschaftlern am Scripps Institute of Oceanography in San Diego. Die daraus resultierende Arbeit zeigte, dass Saruhashis Methoden und Schlussfolgerungen fundiert waren. Saruhashis Forschungen spielten eine wichtige Rolle bei der Begrenzung der Verbreitung von Atomwaffen auf der ganzen Welt, die 1963 in einem Abkommen vereinbart wurde.

Saruhashi wurde die erste Frau, die in den Wissenschaftsrat Japans gewählt wurde, die erste Frau, die mit dem Miyake-Preis für Geochemie ausgezeichnet wurde, und die erste Frau, die eine Auszeichnung der Gesellschaft für Meerwasserforschung in Japan erhielt. Im Jahr 1981 stiftete sie den Saruhashi-Preis, der jährlich an eine Wissenschaftlerin mit Vorbildcharakter verliehen wird. Saruhashi verstarb 2007 in Tokio an einer Lungenentzündung.

Teil V

Das 20. Jahrhundert, nach dem Zweiten Weltkrieg

EDWIN LEVICK
NEW YORK

KAPITEL 16

Die Notlage geflohener Wissenschaftlerinnen in Amerika

MOBILMACHUNG DER WISSENSCHAFTLICHEN GEMEINSCHAFT

Am 1. September 1939 marschierten deutsche Truppen in Polen ein und belagerten das polnische Heeresdurchgangslager auf der Halbinsel Westerplatte. Dies war der offizielle Beginn des Zweiten Weltkriegs. Doch bevor der offene Krieg ausbrach, kämpften jüdische Menschen in Deutschland bereits seit Jahren gegen antisemitische Unterdrückung. Seit den frühen 1930er-Jahren gewann die nationalsozialistische Partei zunehmend an Macht, was 1933 in der Ernennung Adolf Hitlers zum Reichskanzler gipfelte. Die nationalsozialistische Regierung erließ schnell weitreichende Gesetze zur Einschränkung der Bürgerrechte für Menschen jüdischen Glaubens, die schließlich zu den Konzentrations- und Vernichtungslagern des Holocaust führen sollten. Dies hatte auch verheerende Auswirkungen für jüdische Wissenschaftler und Wissenschaftlerinnen, besonders nachdem die nationalsozialistische Regierung 1933 das Gesetz zur Wiederherstellung des Berufsbeamtentums verabschiedete, das die Anstellung von Juden und Jüdinnen und anderen sogenannten »Nicht-Ariern« in staatlichen Einrichtungen, einschließlich deutscher Universitäten, verbot. Infolgedessen verloren viele Wissenschaftler und Wissenschaftlerinnen ihre Arbeit. Da ihre Freiheiten zunehmend beschnitten wurden, flohen immer mehr Juden und Jüdinnen ins Ausland. Für viele waren die Vereinigten Staaten die erste Wahl: jenseits des Atlantiks und damit weit weg vom Nazi-Regime.

Eine Zuflucht in den Vereinigten Staaten zu finden, war jedoch nicht so leicht. Der Immigration Act von 1924 begrenzte die Zahl der Einwanderer auf 150 000 pro Jahr und legte Quoten für verschiedene Länder fest. Größere Quoten waren für Großbritannien und andere westeuropäische Nationen reserviert, kleinere für süd- und osteuropäische Länder. Diese Regelung beschränkte die Zahl der Juden und

← Ein Schiff mit Einwanderern läuft in New York ein, um 1910.

Italiener, die einwandern konnten. Selbst als die Nazi-Gewalt in Europa eskalierte, erhöhten die Vereinigten Staaten ihre Quoten nicht. Die Bestimmung der Section 4-D des Immigration Act sah vor, dass Geistliche, Wissenschaftler und Wissenschaftlerinnen sowie andere Gelehrte ein quotenunabhängiges Visum beantragen konnten. Wissenschaftler und Wissenschaftlerinnen, die in ihrem Heimatland eine Professur innehatten und sich eine entsprechende Stelle in den USA sichern konnten, waren ebenso berechtigt wie diejenigen, die bereits Verwandte im Land hatten. Aber speziell für Wissenschaftlerinnen, die immer noch mit geschlechtsspezifischen Barrieren in ihren Berufen konfrontiert waren, war es schwieriger als für Männer, eine Stelle an einer amerikanischen Hochschule oder Universität zu finden.

Unmittelbar nach der Verabschiedung des Beamtengesetzes in Deutschland erhielten 12 000 Akademiker und Akademikerinnen Berufsverbot in Deutschland. Fast die Hälfte von ihnen beantragte Hilfe beim Institute of International Education in New York, das das Emergency Committee in Aid of Displaced German Scholars gründete, um die Vermittlung emigrierter Gelehrter an amerikanische Universitäten und Colleges zu unterstützen. Das Hilfskomitee versprach, die Universitäten finanziell nicht zu belasten. Es sicherte sich die finanzielle Unterstützung der Rockefeller-Stiftung und anderer gemeinnütziger Organisationen und war so in der Lage, jährliche Zuschüsse für die Gehälter der Emigranten und Emigrantinnen zu gewähren.[334] Anfänglich stellte das Emergency Committee 2000 Dollar pro Gehaltszuschuss zur Verfügung, der von der Rockefeller Foundation verdoppelt wurde, aber schließlich wurde der Betrag auf 1000 Dollar gesenkt, da immer mehr jüdische Gelehrte aus ihren Heimatländern vertrieben wurden. Das Komitee war nur in der Lage, etwa 330 Gelehrte zu finanzieren, doch nur vier von 80 Bewerberinnen bekamen Hilfe.[335]

DREI WISSENSCHAFTLERINNEN FLIEHEN NACH AMERIKA

Emmy Noether (23. März 1882–14. April 1935) war die erste Wissenschaftlerin, die Hilfe vom Notkomitee erhielt, nachdem sie zusammen mit fünf anderen jüdischen Kollegen von der Universität Göttingen entlassen worden war. Noether war seit 1915 an der Universität Göttingen, als sie von David Hilbert, einem der einflussreichsten Mathematiker des frühen 20. Jahrhunderts, eingeladen wurde, der Fakultät beizutreten. Als Noether an die Universität kam, widersetzten sich die männlichen Kollegen ihrer Berufung, sodass Hilbert gezwungen war, sie als unbezahlte Gastdozentin einzustellen. Dennoch hatte sie nennenswerten Einfluss auf Göttingen und auf das weite Feld der Mathematik und letztlich der Physik.

Bevor sie ihre Stelle an der Universität Göttingen antrat, hatte sich Noether bereits an der Universität Erlangen einen Namen gemacht, wo sie 1907 als erste Frau in Deutschland in Mathematik promoviert wurde. Noethers Spezialgebiet

←

MARION EDWARDS PARK

Marion Edwards Park war die dritte Präsidentin des Bryn Mawr College und frühes Mitglied des Emergency Committee of Displaced German Scholars.

↓

EMMY NOETHER

Emmy Noether entwickelte das Noether-Theorem und gilt als eine der bedeutendsten Mathematikerinnen des 20. Jahrhunderts.

war die abstrakte Algebra, die sich nicht mit reellen Zahlensystemen, sondern mit Strukturen wie Ringen, Gruppen und Feldern beschäftigt. Ihre frühe Arbeit konzentrierte sich auf einen Zweig der abstrakten Algebra, die sogenannte Invariantentheorie, die sich mit unveränderlichen Polynomfunktionen beschäftigt. In Göttingen wandte Noether algebraische Invarianten auf Einsteins Allgemeine Relativitätstheorie an. Sie bewies, dass es für jede Symmetrie in einem physikalischen System ein entsprechendes Erhaltungsgesetz gibt. Diese Entdeckung wurde später als Noether-Theorem bekannt. Ihr Theorem zeigt, dass Energie in einem System, das Zeitsymmetrie aufweist, weder erzeugt noch zerstört werden kann. Sie verknüpfte die scheinbar getrennten Konzepte der Zeitsymmetrie mit der Energie, der Translations- und Rotationssymmetrie mit dem Impuls, der Algebra und der Physik und eröffnete damit eine ganz neue Welt, die Mathematiker, Mathematikerinnen, Physiker und Physikerinnen noch immer erforschen.

Als Noether 1933, nach fast 20 Jahren an der Universität Göttingen, Berufsverbot erteilt wurde, reichten andere Mathematiker, darunter Hermann Weyl, eine Petition gegen ihre Entlassung ein. Der Kurator der Universität, J. T. Valentiner, wollte sie nicht unterstützen. Er gab an, sie sei Marxistin und stehe daher nicht hinter dem deutschen Staat.[336] Als liberal eingestellte, jüdische Frau hatte sie unter dem faschistischen Regime der Nazis keine Chance, ihre Position zu behalten.

Kollegen in den Vereinigten Staaten machten sich sofort an die Arbeit und versuchten, Noether eine Stelle an einer amerikanischen Universität zu verschaffen. In Princeton setzte Weyl sich für sie ein, und obwohl Princeton das Notkomitee unterstützte und Weyl und Einstein willkommen hieß, wollte die Universität keine Frau aufnehmen. Princeton war »eine Männeruniversität, die nichts Weibliches zulässt«, schrieb Noether später.[337] Dasselbe galt für viele andere führende Universitäten der Vereinigten Staaten. Weibliche Flüchtlinge wandten sich darum oft an kleinere Frauenuniversitäten wie das Bryn Mawr College in Pennsylvania. Solomon Lefschetz, ein Kollege Noethers aus Göttingen, der in Princeton tätig war, schrieb Bryn Mawr in ihrem Auftrag an. In Abstimmung mit dem Notkomitee und der Rockefeller Foundation erklärte sich das College bereit, Noether mit einem Gehalt von 4000 Dollar für das akademische Jahr 1933–1934 aufzunehmen, mit der Möglichkeit einer Verlängerung.[338] Noether nahm an. Am 7. November 1933 ging sie an Bord der *Bremen*, um ihre Stelle anzutreten.

Weniger als ein Jahr nach Noethers Amtszeit in Bryn Mawr richtete das College ein Stipendium in ihrem Namen ein. Noethers Studentinnen liebten sie, und sie selbst liebte ihre Studentinnen und das College, das sie aufgenommen hatte. Doch bevor Noether sich vollständig in ihr neues Leben und ihre Karriere in den Vereinigten Staaten einleben konnte, starb sie unerwartet am 14. April 1935 nach einer Operation zur Entfernung einer Eierstockzyste an einem Kreislaufkollaps.

Nach Noethers Tod brachten das Bryn-Mawr-Kollegium, ihre Studentinnen und die gesamte mathematische Gemeinschaft ihre Trauer und Wertschätzung zum Ausdruck. Albert Einstein schrieb einen Brief an die New York Times, in dem er »Fräulein Noether [als] das bedeutendste mathematische Genie, das seit dem Beginn der höheren Bildung von Frauen hervorgebracht wurde«, würdigte.[339] Ebenso berührend ist Hermann Weyls weniger bekannter Nachruf, der nicht nur Noethers mathematischen Scharfsinn, sondern auch ihren Charakter und ihren ausdauernden Geist würdigte: »Emmy Noether, ihr Mut, ihre Freimütigkeit, ihre Unbekümmertheit über ihr eigenes Schicksal, ihr widersprüchlicher Geist, waren inmitten all des Hasses und der Gemeinheit, der Verzweiflung und des Leids, die uns umgeben, ein moralischer Trost.«[340]

Noether war nur eine von mehreren geflohenen Wissenschaftlerinnen, die Bryn Mawr bis zum Ende des Krieges aufnahm. Das College hatte sich seit der Gründung des Komitees an dessen Bemühungen beteiligt, und Marion Edwards Park, von 1922 bis 1944 Präsidentin des Colleges, hatte dem Komitee eine Zeit lang angehört. Park förderte das Engagement von Bryn Mawr für vertriebene Wissenschaftler und insbesondere für Wissenschaftlerinnen, die an männerdominierten Institutionen nicht willkommen waren.[341] 1939 bot Bryn Mawr einer weiteren Mathematikerin, Hilda Geiringer (28. September 1893–22. März 1973), einen Rettungsanker, gerade als es schien, dass sie und ihre Tochter Magda in ein Konzentrationslager geschickt werden würden.

Als Geiringer in den Vereinigten Staaten ankam, hatte sie bereits sechs Jahre lang Zuflucht gesucht, nachdem sie 1933 von der Universität Berlin (heute Humboldt-Universität) entlassen worden war. Geiringer war die erste Dozentin an der Universität und die erste Frau in Deutschland, die sich für das Fach Angewandte Mathematik habilitierte. Zu dieser Zeit war die Universität Berlin ein Zentrum für das noch junge Gebiet der angewandten Mathematik und die Heimat des neu gegründeten Instituts für Angewandte Mathematik, das von Richard von Mises, einem führenden angewandten Mathematiker und Geiringers Mentor, geleitet wurde. Als Mitglied des Instituts war Geiringer eine führende Persönlichkeit in der angewandten Mathematik in Europa und leistete wichtige Beiträge in den Bereichen Statistik, Wahrscheinlichkeit und Plastizitätstheorie. Zusammen mit von Mises und anderen Mathematikern entwickelte Geiringer die Gleitlinientheorie der plastischen Verformung, eine Reihe von Vereinfachungstechniken zur Analyse der Bedingungen bei der Verformung von Metallen, die noch heute in einer Vielzahl von Bereichen – von der Sicherheitstechnik bis zur Plattentektonik in der Geologie – verwendet werden. Im Rahmen des Beamtengesetzes verloren sowohl Geiringer als auch von Mises ihre Stellen an der Universität.

Die Türkei wurde zu einem sicheren Zufluchtsort für etwa 190 jüdische Intellektuelle, die aus Nazi-Deutschland flohen, darunter Geiringer und ihre Tochter sowie von Mises.[342] 1933 führte die Türkei das Universitätsreformgesetz Nr. 2252 ein, das die höhere Bildung des Landes umgestalten sollte, um mit anderen führenden Nationen mithalten zu können. Der türkische Präsident Mustafa Kemal Atatürk hieß geflüchtete Intellektuelle willkommen, um das Bildungssystem der neuen Nation zu stärken. Am Tag nach der Verabschiedung des Reformgesetzes wurde die Universität Istanbul gegründet, an der Geiringer noch im gleichen Jahr als Professorin für Mathematik aufgenommen wurde.

In ihrer Zeit an der Universität von Istanbul gewann Geiringer einen Teil der intellektuellen Freiheit zurück, die sie in Berlin verloren hatte. Im Lauf ihres Fünfjahresvertrags setzte sie ihre Forschungen im Bereich Plastizität und Statistik fort, erschloss sich aber auch die Genetik, als sie begann, die Wahrscheinlichkeitsstatistik auf die Mendelschen Regeln anzuwenden. Sie veröffentlichte 18 Artikel auf Englisch sowie eine Reihe auf Türkisch, einer Sprache, die sie erst im Land gelernt hatte, und gab ein Rechen-Lehrbuch auf Türkisch heraus.[343] Als ihr Vertrag 1939 nicht verlängert wurde, weigerte sich von Mises, ohne sie an der Universität zu bleiben, obwohl sein Vertrag noch lief. Hinzu kam, dass Atatürk 1938 gestorben war und sie befürchteten, dass die von ihm geschaffene Willkommensatmosphäre für Flüchtlinge nicht lange über seinen Tod hinaus anhalten könnte.

Eine Rückkehr nach Deutschland kam nicht infrage, da sich die Bedingungen für Menschen jüdischen Glaubens in ihrer Abwesenheit nur verschlechtert hatten. 1938 hatten die Nazis eine Welle organisierter Gewalt gegen die jüdische Bevölkerung inszeniert: die Reichspogromnacht. In der Nacht vom 9. zum 10. November 1938 wurden jüdische Geschäfte, Häuser und Synagogen im ganzen Land verwüstet und zerstört. 30 000 jüdische Männer wurden verhaftet und in Gefängnisse und Konzentrationslager transportiert. Diese Eskalation der Nazi-Gewalt löste einen Massenexodus von Menschen jüdischen Glaubens aus. Von Mises konnte sich eine Stelle in Harvard sichern und so ein Visum erhalten. Geiringer fand keine Stelle in den Vereinigten Staaten, konnte also kein quotenunabhängiges Visum beantragen, und Quoten-Visa waren nicht verfügbar.

Geiringer fand eine Weile Zuflucht bei ihren Brüdern in London, doch als sie und Magda auf dem Weg in einen Urlaub am Mittelmeer waren, brach der Krieg aus und sie saßen in Lissabon (Portugal) fest: Ihre deutschen Pässe waren für die Einreise nach England nicht mehr gültig. Damit drohte Geiringer und Magda die Deportation in ein Konzentrationslager. In der Zwischenzeit war von Mises zusammen mit Albert Einstein und Oswald Veblen auf der Suche nach einer Stelle für Geiringer in den Vereinigten Staaten. Sie wurden auf Bryn Mawr und das Smith College, ein weiteres Frauen-College, aufmerksam. Sowohl Geiringer als auch von Mises waren verzweifelt. In seinem Tagebuch beschreibt von Mises sich selbst als »verstört«, »erschöpft und fast verzweifelt«, und Geiringer schlug sogar eine Heirat vor, um ein Visum zu erhalten.[344] Schließlich bekam sie mithilfe des Notkomitees eine Stelle am Bryn Mawr, und Geiringer und Magda konnten die Schiffspassage nach New York antreten.

←

HILDA GEIRINGER

Hilda Geiringer war die erste Dozentin an der Universität Berlin und die erste Frau, die sich in Deutschland für Angewandte Mathematik habilitierte. Sie leistete bedeutende Beiträge zur Gleitlinientheorie und zu den Mendelschen Vererbungsregeln.

→

TILLY EDINGER

Tilly Edinger begründete das Teilgebiet der Paläoneurologie, der Erforschung versteinerter Gehirne.

Sechs Jahre verbrachte Geiringer am Bryn Mawr, bevor sie am Wheaton College für Frauen eine Stelle als Leiterin des Fachbereichs Mathematik annahm. In all dieser Zeit hörte sie nie auf, sich um eine Stelle an einer Universität zu bemühen. Bryn Mawr und Wheaton boten hauptsächlich das Grundstudium an, sodass Geiringer wenig Möglichkeiten fand, außerhalb der Lehre Forschung zu betreiben. In einem Brief von 1953 an den Präsidenten des Wheaton College beschrieb Geiringer ihren Wunsch nach Forschung:

»Ich muss wissenschaftlich arbeiten ... Das ist vielleicht das tiefste Bedürfnis in meinem Leben.« Trotz Geiringers Qualifikationen konnte sie keine andere Universitätsstelle finden. Ein Professor der Tufts University schrieb ihr: »... es ist nicht nur ein Vorurteil gegen Frauen, aber doch zum Teil. Wir möchten nicht mehr Frauen beschäftigen, wenn wir Männer bekommen können.«[345]

Eine Frau, die es schaffte, ihre Position nach dem Beamtengesetz von 1933 in Deutschland zu behalten, war die Paläontologin Tilly Edinger (13. November 1897–27. Mai 1967). Anders als Noether und Geiringer arbeitete Edinger zum Zeitpunkt der Verabschiedung des Gesetzes an einer privaten Institution, was sie eine Weile schützte. Sie war nach Erlass des Beamtengesetzes noch fünf Jahre lang als Kuratorin für Wirbeltierfossilien am Senckenberg Naturmuseum in Frankfurt am Main tätig, musste aber als Jüdin jederzeit mit antisemitischer Gewalt rechnen. Sie versuchte, sich so unsichtbar wie möglich zu machen, indem sie durch die Seitentür des Museums eintrat und das Namensschild an ihrem Büro entfernte.[346] Edinger wurde außerdem durch Otosklerose, eine Erkrankung des Innenohrs, allmählich taub. Schließlich nahm sie nicht mehr an Besprechungen teil, denn um hören zu können, musste sie ganz vorn sitzen. Sie befürchtete, dadurch zu viel Aufmerksamkeit auf sich zu ziehen. Wegen ihrer Taubheit, einer Behinderung, die unter den nationalsozialistischen Idealen der genetischen Reinheit als inakzeptabel galt, wurde sie besonders genau untersucht. Unter dem Gesetz zur Verhütung erbkranken Nachwuchses von 1933 wurden Tausende von gehörlosen Juden zwangssterilisiert, und Hunderte wurden im Lauf des Krieges gezielt ermordet.[347]

Trotz der Risiken wollte Edinger Deutschland nicht verlassen. Sie liebte ihre Arbeit am Senckenberg Naturmuseum, wo sie ungehinderten Zugang zu Fossilien hatte, die sie untersuchen konnte. Edinger war inzwischen eine international anerkannte Paläontologin und hatte das Teilgebiet der Paläoneurologie, der Erforschung von Abdrücken fossiler Gehirne, begründet. Eine Freundin der Familie, Alice Hamilton, erinnerte sich später in ihrer Autobiografie *Exploring the Dangerous Trades*, dass Edinger fest entschlossen war, in Deutschland zu bleiben: »Solange sie mich in Ruhe lassen, werde ich bleiben. Schließlich ist Frankfurt meine Heimat, die Familie meiner Mutter ist seit 1560 hier, ich bin in diesem Haus geboren. Und ich verspreche Ihnen, die werden mich niemals in ein Konzentrationslager bringen.

Ich trage immer eine tödliche Dosis Veronal bei mir.«[348] Aber nach der Reichspogromnacht wusste Edinger, dass sie nicht in Frankfurt bleiben konnte. Als sie sich entschloss zu gehen, bemühten sich Paläontologen in den Vereinigten Staaten, eine Stelle für sie zu finden.

Edinger beantragte beim amerikanischen Konsulat die Einwanderung in die Vereinigten Staaten und bekam 1938 die Quotennummer 13814 zugewiesen, die jedoch erst im Sommer 1940 an der Reihe war. Mithilfe der Notgemeinschaft Deutscher Wissenschaftler im Ausland wurde Edinger vorübergehend in London in Sicherheit gebracht, wo sie als »feindliche Ausländerin« galt. Sie nahm nur zehn Mark, zwei Löffel, zwei Gabeln und zwei Messer mit.[349] Ein Jahr lang verdiente sie ihren Lebensunterhalt mit der Übersetzung medizinischer Texte vom Deutschen ins Englische, wobei sie zusätzlich von Familienmitgliedern in der Stadt unterstützt wurde. Sie wurde unruhig und versuchte, ein quotenunabhängiges Visum zu erhalten, aber da sie nicht an einer Bildungsinstitution lehrte, wurde ihr Antrag abgelehnt.[350] Glücklicherweise wurde ihre Quotennummer etwas früher aufgerufen, und sie kam am 11. Mai 1940 an Bord der *Britannic* in New York an.

Mit Unterstützung des Notkomitees konnte Edinger eine Stelle als wissenschaftliche Mitarbeiterin am Museum of Comparative Zoology in Harvard erhalten, die sie bis zu ihrem Ruhestand 1964 innehatte. 1943, als sie vom Tod ihrer Tante erfuhr schwand ihre Hoffnung, jemals nach Frankfurt zurückzukehren. In einem Brief an ihren Kollegen Sir Arthur Smith Woodward schrieb Edinger: »Meine letzte Verbindung zu irgendjemandem in Deutschland endete mit einem schrecklichen Schock im letzten Jahr, als mir mitgeteilt wurde …, dass die Schwester meines Vaters in Berlin, die Frau, die ich am meisten in der Welt liebte, Selbstmord begangen hat, als sie deportiert wurde – im Alter von 84½ Jahren!«[351] Zuvor war ihr Bruder Fritz in einem Konzentrationslager gestorben. Da sie keine Familie mehr in Deutschland hatte, beschloss Edinger, die Vereinigten Staaten zu ihrer Heimat zu machen, und wurde 1945 Staatsbürgerin.

Als echte Größen ihrer Fachgebiete wurden Noether, Geiringer und Edinger durch ihre Arbeit gerettet. Aber auf jede Frau, die in den Vereinigten Staaten und anderswo Zuflucht fand, kommen viele andere, die keine Zuflucht fanden. Eine von ihnen war Leonore Brecher, eine bahnbrechende rumänische Biologin, die 1942 in einem Vernichtungslager in Minsk starb, nachdem sie jahrelang versucht hatte zu entkommen. Diejenigen, die gerettet wurden, überlebten nicht allein; sie wurden durch die internationale Zusammenarbeit von Wissenschaftlern, Wissenschaftlerinnen, Aktivisten und Aktivistinnen unterstützt, die sich unermüdlich bemühten, einen Platz für ihre Kolleginnen zu schaffen. Diese Ära der Wissenschaftsgeschichte führt uns vor Augen, was verloren gehen kann, wenn Fluchtwege durch Angst und Diskriminierung verschlossen sind. Sie zeigt aber auch, was Zusammenarbeit und Gemeinschaft bewirken können.

KAPITEL 17

Die Hüterinnen der Natur begründen eine Bewegung

VOR CARSON

Die Veröffentlichung von Rachel Carsons *Silent Spring* (Der stumme Frühling) im Jahr 1962 wird oft als Beginn der Umweltbewegung in den Vereinigten Staaten bezeichnet. Rachel Carson (27. Mai 1907–14. April 1964) war eine Meeresbiologin und Naturschützerin, die in ihrem Buch *Der stumme Frühling* die verheerenden Auswirkungen von Pestiziden wie DDT auf verschiedene Arten und Ökosysteme dokumentierte und erzählerisch darstellte. Das Buch löste eine weitverbreitete öffentliche Besorgnis über den unkontrollierten Einsatz von Pestiziden aus und bewirkte, dass die US-Regierung weitreichende Umweltschutzmaßnahmen erließ. Der Anstoß für Gesetze zur Luft- und Wasserreinhaltung sowie die Gründung der Umweltschutzbehörde der Vereinigten Staaten werden Carsons Einfluss zugeschrieben. Doch die Geschichte der Frauen, die sich für Natur und Umwelt einsetzen, beginnt schon viel früher. Von Vogel- und Wildtierschutz bis hin zu Wasserrechten, Lebensmittelsicherheit und städtischer Abwasserentsorgung waren Frauen seit Beginn des 20. Jahrhunderts eine laute und erstaunlich wirkungsvolle Stimme in den Bereichen Naturschutz und Ökologie.

Als »Progressive Ära« bezeichnet man die großen politischen und gesellschaftlichen Umwälzungen im frühen 20. Jahrhundert (siehe Seite 137). Die progressiven Reformerinnen und Reformer nahmen sich einer Reihe von sozialen Missständen an, die durch die zunehmende Industrialisierung und die wachsende Verstädterung entstanden waren. Die Sorge um industriell hergestellte Lebensmittel, Wasserverschmutzung, Abfall, beengte Wohnverhältnisse und die allgemeine Sicherheit und Hygiene in den Städten beschäftigte viele. Vor allem Frauen aus der Mittelschicht waren beunruhigt über die Verschlechterung der Bedingungen in ihrer unmittelbaren Umgebung

← Rachel Carson in den Wäldern in der Nähe ihres Hauses. Die Veröffentlichung ihres Buchs *Silent Spring* im Jahr 1962 wird weithin als Beginn der modernen Umweltbewegung angesehen.

und suchten nach Wegen, die Missstände, die das Wohlergehen ihrer Kinder und Gemeinden bedrohten, zu bekämpfen. Regionale und nationale Regierungsämter, die die Auswirkungen der Industrie hätten regulieren können, standen ihnen noch immer nicht offen. Dennoch verfügten Ehefrauen, Mütter und Haushälterinnen über Fähigkeiten und Erfahrungen, die sie in den Dienst progressiver Reformen stellen konnten. So erklärte Adella Hunt Logan vom Tuskegee Women's Club im Jahr 1912:

> *»Gute Frauen versuchen immer, ihren Haushalt gut zu führen. Bauinspektoren, Sanitärinspektoren und Lebensmittelinspektoren verdanken ihre Positionen der Politik. Wer weiß besser als die Frauen, die in inspizierten Bezirken und in inspizierten Häusern leben, die Lebensmittel von inspizierten Märkten kaufen, wie gut diese Inspektoren ihre Aufgaben erfüllen?«*[352]

Logans Tuskegee Women's Club war nur eine von Hunderten von Frauenorganisationen im ganzen Land, die Umweltfragen in den Fokus stellten. Die amerikanische Mittelschicht, die noch in den viktorianischen Gesellschaftsnormen des 19. Jahrhunderts verhaftet war, verbannte die Frauen in die häusliche Sphäre, aber die Reformerinnen verkehrten dies in einen Vorteil. In einem Flugblatt von 1915 schrieb Susan Fitzgerald von der Woman Suffrage Party: »Uns wird immer wieder gesagt, dass der Platz für Frauen im HAUS ist.« Aber wenn das Heim als etwas Größeres, viel Größeres als die vier Wände ihres eigenen Hauses verstanden wurde, konnten sie ihre Reichweite und ihren Einfluss auf ihre Städte, ihre Staaten und schließlich ihr Land ausdehnen. »Frauen sind von Natur aus und durch ihre täglichen Tätigkeiten zur Haushaltsführung befähigt«, fuhr Fitzgerald fort, »darum sollten sie sich an der Haushaltsführung der Stadt beteiligen, selbst wenn das einen gelegentlichen Großputz bedeutet.«[353] Als Hausfrauen hatten sie die Aufgabe, sich auch um das Lebensumfeld zu kümmern. Als Mütter mussten sie das Umfeld zu einem lebenswerten Raum machen, in dem die nächste Generation gedieh. Ihre Autorität in solchen Fragen begründeten sie mit essentialistischen Ansichten über die angebliche Natur der Weiblichkeit, durch die sie besser geeignet waren als Männer, das »Haus der Natur« sauber und in gutem Zustand zu erhalten. In einer Ansprache vor dem Conservation Congress im Jahr 1909 erklärte Mrs. Overton Ellis von der General Federation of Women's Clubs dieses gemeinsame Grundprinzip der Frauenvereine mit den Worten: »Naturschutz in seinem materiellen und ethischen Sinn ist das Grundprinzip im Leben der Frau [...] Die höchste Funktion der Frau als Mutter der Menschheit gibt ihr einen besonderen Anspruch auf Schutz, weniger für sich selbst als für die ungeborenen Generationen.«[354]

Ellen Swallow Richards war zwar nicht selbst Mutter, verkörperte aber in vieler Hinsicht die Prinzipien der Weiblichkeit, die die Frauenvereine vertraten. Als

←

ELLEN SWALLOW RICHARDS

Ellen Swallow Richards war die erste Frau, die einen Studienplatz am Massachusetts Institute of Technology erhielt. Sie setzte sich führend für Gesetze zur Lebensmittelsicherheit und Wasserreinheit ein.

→

MARY CHURCH TERRELL

Mary Church Terrell, die erste Präsidentin der National Association of Colored Women, setzte sich für bessere Wohnverhältnisse für Afroamerikaner und Afroamerikanerinnen sowie für eine bessere städtische Sanitär- und Hygieneversorgung von »schwarzen« Stadtteilen ein.

erste weibliche Studentin am Massachusetts Institute of Technology (MIT) rief Richards in den 1870er-Jahren die Frauen dazu auf, ihr Wissen über das tägliche Leben – Kochen, Putzen und einfallsreiche Sparsamkeit – zu nutzen und es mit der Wissenschaft der Chemie zu verbinden, um die Herausforderungen des Lebens in einer Industriegesellschaft zu meistern. Richards arbeitete nach ihrem Studium als Dozentin am MIT und gründete ein reines Frauenlabor. Sie unterrichtete ihre Studentinnen in Ernährungswissenschaft, häuslicher Anwendung moderner Technologie und wissenschaftlicher Zubereitung von Lebensmitteln. Während Richards die Haushaltswissenschaft in die rein männlichen Hallen des MIT brachte, schlug die Haushaltswissenschaft in anderen Teilen des Landes mit dem ersten offiziellen Seminar über Chemie als angewandte Haushaltswissenschaft am Iowa State College im Jahr 1871 Wurzeln.[355] Das hauswirtschaftliche Wissen der Frauen wurde ernst genommen und gewann an Legitimität. Das wiederum verschaffte progressiven Reformerinnen um die Jahrhundertwende Autorität.

Gesunde Ernährung und Hygiene waren zwar Themen für den einzelnen Haushalt, sollten aber Richards zufolge nicht darauf beschränkt bleiben. Sie sah ein gesundes Zuhause als Basis für die Schaffung einer gesunden Gemeinschaft und Umwelt. 1892 machte sie Ernst Haeckels Konzept der Ökologie in den USA bekannt und initiierte damit ein Umdenken über die Beziehung zwischen Natur und gebauter Umwelt. Richards sah Ökologie nicht nur im biologischen Kontext, sondern betrachtete sie als komplexes Netzwerk von Wechselwirkungen zwischen Mensch und Natur sowie zwischen dem häuslichen, dem wirtschaftlichen und dem industriellen Bereich.[356] Wenn die Industrie das empfindliche System störte, hatte ihrer Meinung nach eine Gemeinschaft gebildeter Frauen die Macht, das System wieder ins Gleichgewicht zu bringen. »Es liegt an den Frauen, Reformen einzuleiten«, sagte sie 1879 vor einem Frauenverein in Poughkeepsie (New York). Weiter argumentierte sie: »Wir haben keine leichte Aufgabe vor uns. Solange wir uns mit Unwissenheit begnügen, werden wir in Unwissenheit verharren. Aber wenn wir Wissen fordern, weil wir den Wert des Wissens kennen, dann werden wir Erfolg haben.«

Richards begnügte sich nicht damit, Reden zu halten, sondern erprobte ihre Theorie der Ökologie und Haushaltswissenschaft in Massachusetts. Im Jahr 1890 eröffnete sie zusammen mit ihrer Freundin Mary Abel die New England Kitchen, eine kostengünstige, öffentliche Küche, die ernährungswissenschaftliche Methoden der Essenszubereitung für Arbeiter- und Einwandererfamilien in Boston einführte. In ihrem Frauenlabor am MIT führten sie und ihre Studenten eine umfangreiche Studie über die Lebensmittelversorgung des Staates durch und fanden heraus, dass industriell hergestellte Lebensmittel mit Chloriden, Mahagoni-Holzmehl und anderen gefährlichen Zusätzen belastet waren. Diese Ergebnisse führten zur Verabschiedung der ersten Gesetze zur Lebensmittelreinheit in den Vereinigten Staaten, mehr als 20 Jahre vor dem Food and Drug Act von 1906. 1886 begann Richards mit der bis dahin umfassendsten Untersuchung der Wasserqualität in den Vereinigten Staaten. Zwei Jahre lang arbeitete sie unermüdlich und analysierte 40 000 Wasserproben aus dem Trinkwasserversorgungsnetz sowie Abwässer von 83 Prozent der Haushalte.[357] Ein Ergebnis ihrer Studie war die erste Wasserverschmutzungskarte des Landes, die Spuren von Chlor aus dem in der Nahrung und der Industrie verwendeten Salz im Wasser sichtbar machte. Auf der Grundlage von Richards' Forschung eröffnete Massachusetts das neue State Water Laboratory, um die Wasserverschmutzung im Staat zu überwachen. Ausgehend von Ernährung, Hygiene und anderen grundlegenden hauswirtschaftlichen Belangen von Frauen baute Richards eine Bewegung auf, die dieses häusliche Umweltbewusstsein auf die Gemeinde, die Stadt und den Staat ausdehnte.

DIE BEWEGUNG WÄCHST

Richards war zwar einflussreich, aber ihre Reformansätze fanden nicht bei allen Frauen Anklang, vor allem nicht bei denen in den Einwanderergemeinden und in der Arbeiterklasse. Die sorgfältig wissenschaftlich zubereiteten Speisen waren für die Einwanderer und Einwanderinnen keine echte Alternative zu den Gerichten ihrer Heimatländer, die sie bevorzugten. Viele unterstellten Richards, sie wolle den Immigrantengemeinschaften amerikanische Werte aufdrängen.[358] Richards vertrat gelegentlich eine abschätzige Haltung gegenüber nichtwestlichen Menschen und behauptete in ihrem Buch *The Art of Right Living*, dass in anderen Ländern »einheimische Religionen« echten Reformen im Wege stünden.[359] Die Geringschätzung, die Richards gegenüber den Erfahrungen und Kulturen von Immigranten, Immigrantinnen und Nichtweißen Menschen empfand, war typisch für die Vereine Weißer Frauen der Progressiven Ära, denn trotz einer Welle sozialer Reformen war dies immer noch die Ära der Rassentrennung. Die General Federation of Women's Clubs (GFWC) weigerte sich zum Beispiel, Schwarze Frauen zu ihren Kongressen zuzulassen.[360] Afroamerikanerinnen gründeten ihre eigenen Vereine, beispielsweise Adella Hunt Logans Tuskegee Women's Club und die National Association of Colored Women (NACW), die von Mary Church Terrell geleitet wurde.

Vereine Schwarzer Frauen waren besser auf die Bedürfnisse der Arbeiterklasse abgestimmt, weil sie mehr mit den Gemeinschaften, die sie unterstützen wollten, gemeinsam hatten als Weiße Frauen wie Richards und die Frauen der GFWC.[361] Die schlechten Umweltbedingungen in städtischen Gebieten und ländlichen Gemeinden waren für die Schwarze Bevölkerung, die eine höhere Kindersterblichkeit und schlimmere Armut erlebten und gleichzeitig mit rassistischer Unterdrückung zu kämpfen hatten, noch belastender. Rebecca Cole, die zweite Schwarze Frau, die in den Vereinigten Staaten einen medizinischen Abschluss erhielt, argumentierte, dass Schwarze Menschen keine andere Wahl hatten, als in unhygienischen Verhältnissen zu leben, und zwar aufgrund diskriminierender

Wohnpraktiken und ausbeuterischer Vermieter und Vermieterinnen, die überhöhte Mieten für überfüllte und unsaubere Gebäude kassierten. In einem Artikel in *The Woman's Era* von 1896 zeigte Cole, wie diese Bedingungen die Gesundheit der Schwarzen Bevölkerung beeinträchtigten und gleichzeitig das Vorurteil untermauerten, Schwarze Menschen seien von Natur aus schwach und anfällig für Krankheiten. Sie bestand darauf, dass »wir diesen Menschen die Gesetze der Gesundheit beibringen müssen«.[362] Cole wie auch Richards sahen das Heim als Ausgangspunkt für viel größere Reformen.

Ähnlich wie Weiße Frauenvereine machten sich Mary Church Terrell und Mitglieder anderer Schwarzer Frauenvereine die Sprache der Haushaltsführung zunutze, konzentrierten sich aber auf die besonderen Bedingungen der Schwarzen Bevölkerung. Nur zwei Jahre nach Coles Artikel nahm Terrell in einer Broschüre mit dem Titel *The Progress of Colored Women* auch das Wohnen ins Visier und schrieb:

> *»In der Überzeugung, dass ein Volk nur durch das Heim wirklich gut und wahrhaftig groß werden kann, hat die National Association of Colored Women diesen heiligen Bereich betreten. Heime, mehr Heime, bessere Heime, reinere Heime – das predigen wir. [...] Der Tuskegee-Klub und viele andere im ganzen Land erteilen Lehrstunden, wie man am besten fegt, abstaubt, kocht, wäscht und bügelt.«*[363]

Die Rolle der Mutterschaft spielte in Terrells Aufruf, sich zu organisieren, eine wichtige Rolle, weil Schwarze Kinder die »zukünftigen Repräsentanten der Rasse« waren und »nichts der National Association mehr am Herzen liegt als die Kinder ...«.[364] Die NACW unterstützte »Aufräumtage« in Wohnvierteln und rief die Stadtverwaltung dazu auf, an diesen Tagen Müllabfuhr und Straßenreinigung vorbeizuschicken.[365]

AUSSERHALB DER STÄDTE

Die Ideologie der weiblichen Haushaltsführung umfasste auch Wälder, Wildtiere und Landschaften von nationaler Bedeutung. Mrs. Robert Burdette, Präsidentin der California Federation of Women's Clubs, erklärte, dass »die Erhaltung der Wälder dieses Staates eine Angelegenheit ist, derer sich die Frauen annehmen sollten«, denn Wälder würden die Gesundheit der Menschen in Kalifornien sicherstellen.[366] Im ganzen Land arbeiteten Frauengruppen daran, die Naturwunder und historischen Stätten des Landes »vor der völligen Zerstörung durch den Menschen« zu bewahren, schrieb sie. An der Ostküste der Vereinigten Staaten unternahm die Florida Federation of Women's Clubs (FFWC) den ersten Versuch, die ökologisch wichtigen tropischen Feuchtgebiete der Everglades zu retten.[367] Der 1895 gegründete FFWC kümmerte sich auf der einen Seite um städtische Hygiene und

↑

MARJORY STONEMAN DOUGLAS

Marjory Stoneman Douglas begann ihre Karriere als Journalistin und wurde mit ihrem 1947 erschienenen Buch *The Everglades: River of Grass* zur führenden Stimme bei der Rettung der Everglades in Florida.

öffentliche Gesundheit, auf der anderen um den Schutz von Wäldern und Vögeln. 1916 gelang es dem FFWC, den ersten Nationalpark in Florida, den Royal Palm State Park, zu gründen.

Nur ein Jahr vor der Gründung von Royal Palm zog Marjory Stoneman Douglas (7. April 1890–14. Mai 1998) nach Miami (Florida), wo sie sich dem FFWC anschloss. Als versierte Autorin und Reporterin nutzte Douglas ihre tägliche Kolumne beim *Miami Herald* als Plattform, um die sozialen und ökologischen Anliegen des FFWC bekannt zu machen. Douglas stammte ursprünglich aus Minneapolis (Minnesota), aber der Süden Floridas wurde zum Zentrum ihrer Aktivitäten und zum Schauplatz vieler ihrer belletristischen Werke und Sachbücher. Sie selbst sagte, dass sie mit ihrer Kolumne *The Galley* anfing, »über Floridas Geografie und Landschaft zu sprechen, sie zu untersuchen und zu erforschen«.[368]

1923 gab sie ihre Stellung als Redakteurin beim *Miami Herald* auf und veröffentlichte als freie Autorin leidenschaftlichere und offenere Verteidigungen der Natur und ihrer Erhaltung. Auch in ihren belletristischen Werken spielte die Natur stets eine Rolle. Vor allem schätzte sie die Everglades, in denen sie sowohl »den [wirtschaftlichen] Reichtum Südfloridas« als auch »den Sinn und die Bedeutung Südfloridas« sah.[369] Jahrzehntelang waren die Everglades eine gefährdete Naturlandschaft, bedroht durch intensive Landwirtschaft und die fortschreitende Bebauung mit Immobilien. 1929 trat die Tropic Everglades National Park Association an Douglas heran und bat, sie bei ihren Bemühungen zu unterstützen, die Everglades in einen Nationalpark zu verwandeln.

Douglas' Studie über die Everglades gipfelte 1947 in ihrem Buch *The Everglades: River of Grass* (Die Everglades: Fluss des Grases) mit dem berühmten Eröffnungssatz: »Die Everglades sind einmalig auf der Welt.«[370] Das Buch basierte auf fünf Jahren umfangreicher Forschung über die Ökologie der Everglades, die zu dieser Zeit noch weitgehend unbekannt war. Ihr Buch war einerseits eine wissenschaftliche Analyse des Ökosystems der Everglades, andererseits eine kunstvoll komponierte Hommage an die einzigartige Schönheit und Komplexität des tropischen Feuchtgebiets.

The Everglades: River of Grass war bereits im ersten Monat ausverkauft und wurde in der Art, wie es die Menschen zum Handeln aufrief, um die Natur zu schützen, mit Carsons *Der stumme Frühling* verglichen. Im Jahr der Veröffentlichung des Buches konnte Douglas die offizielle Einweihung des Everglades National Park durch Präsident Truman miterleben.[371] Douglas' Einsatz für die Everglades und den Süden Floridas hielt bis an ihr Lebensende an. 1969 gründete sie die Naturschutzorganisation Friends of the Everglades und engagierte sich häufig in der lokalen Politik, um gegen die Trockenlegung der Feuchtgebiete Floridas vorzugehen.

EINE NEUE ÄRA DER BEWEGUNG

Von der lokalen Ebene der Gemeinden über die regionale Ebene in Südflorida bis hin zur nationalen Ebene der Bundesgesetzgebung hatten Frauen maßgeblichen Anteil an der Umweltveränderung in den Vereinigten Staaten im frühen 20. Jahrhundert. Rachel Carsons Vorgängerinnen zeigten, was möglich war, wenn die Erfahrungen und das Wissen von Frauen ernst genommen wurden. Der Schwung der Progressiven Ära, die den Haushalt der Natur in den Mittelpunkt stellte, ließ jedoch irgendwann nach, und die Ideologie der getrennten Sphären wurde von der aufkommenden feministischen Bewegung abgelehnt. Außerdem begannen Männer, sich gegen die Angriffe der Reformerinnen und Reformer auf die Industrie zu wehren, indem sie die Naturschutzbemühungen als unwissenschaftlich darstellten. Der Psychologe und Pädagoge G. Stanley Hall behauptete, dass »die Sorge für die Natur ein weibliches Gefühl und keine solide Wissenschaft« sei, während andere den aufsteigenden Rauch der Fabriken mit Männlichkeit gleichsetzten und diejenigen, die sich dagegen wehrten, als weiblich und sentimental abtaten.[372] Die Autorität, die Frauen in Umweltfragen ausgeübt hatten, wurde durch einen entschieden männlicheren technischen und wirtschaftlichen Ansatz in den Hintergrund gedrängt, und viele Frauen waren gezwungen, von Führungspositionen in Umweltorganisationen zurückzutreten.[373]

Als Carson in den frühen 1960er-Jahren auf den Plan trat, war sie solchen Angriffen ausgesetzt. Ähnlich wie Douglas' *The Everglades: River of Grass* war Carsons *Der stumme Frühling* eher ein literarisches Naturbuch als ein wissenschaftlicher Text. Dass sie zu dieser Zeit keine institutionelle Bindung hatte, werteten ihre Gegner als weiteren Beleg dafür, dass sie nicht qualifiziert war, die Chemie- und Agrarindustrie anzuprangern. Mit dünn verschleierten frauenfeindlichen Stereotypen wurde Carson als hysterische oder emotionale Jungfer verspottet und meist nur als Amateurin angesehen. Trotz dieser Kritik hielten viele Wissenschaftler ihre Arbeit für fundiert, und es schien, dass die Regierung und die amerikanische Öffentlichkeit die gleiche Meinung vertraten. Carson starb 1964, aber sie hatte bereits neue Wege des Denkens über die Umwelt in Gang gesetzt. 1967 wurde der Environmental Defense Fund gegründet, der maßgeblich am Verbot von DDT beteiligt war. 1970 entstand unter der Nixon-Regierung die amerikanische Umweltschutzbehörde.

Seit Carson sind zahlreiche von Frauen geleitete Umweltbewegungen auf der ganzen Welt entstanden. Die Vorgeschichte von Frauen als »Haushälterinnen« der Natur zeigt aber, dass sich Frauen schon lange vor den Umweltbewegungen unserer Tage für die Umwelt einsetzen, nur auf ganz andere Weise. Die lange Tradition der Frauen, die für eine sichere und gesunde Umwelt eintreten, vom Haushalt bis hin zu den fragilen Naturlandschaften, ist bis heute ungebrochen.

Supreme Court of the United States

No. 1 ——— , *October Term, 19* 54

Oliver Brown, Mrs. Richard Lawton, Mrs. Sadie Emmanuel et al.,

Appellants,

vs.

Board of Education of Topeka, Shawnee County, Kansas, et al.

Appeal from *the United States District Court for the* ———————————

District of Kansas.

This cause *came on to be heard on the transcript of the record from the United States District Court for the* ———— *District of* Kansas, ———— *and was argued by counsel.*

On consideration whereof, *It is ordered and adjudged by this Court that the judgment of the said* District ——————— *Court in this cause be, and the same is hereby,* reversed with costs; and that this cause be, and the same is hereby, remanded to the said District Court to take such proceedings and enter such orders and decrees consistent with the opinions of this Court as are necessary and proper to admit to public schools on a racially nondiscriminatory basis with all deliberate speed the parties to this case.

Per Mr. Chief Justice Warren,

May 31, 1955.

KAPITEL 18

Die Zwickmühle in der Naturwissenschaft

WISSENSCHAFT UND RASSENTRENNUNG

Im Frühjahr 1976 gab die Direktorin des Northside Center for Child Development in New York, die Psychologin Mamie Phipps Clark, eine Führung und ein Interview in dem Zentrum, das sie 30 Jahre zuvor gegründet hatte. Ed Edwin, der sie interviewte, stellte Clark grundlegende Fragen über den Zweck des Zentrums, das psychiatrische Therapie und Sozialarbeit für Kinder anbietet. Nachdem Clark beschrieben hatte, wie sie als Schwarzes Mädchen in einer kleinen, von Rassentrennung geprägten Stadt in Arkansas aufwuchs, fragte Edwin: »Erinnern Sie sich, wann Sie vom ersten Lynchmord gehört haben?« Clark, damals 59, erzählte die Geschichte vom Lynchmord an einem Gefängnisinsassen in Little Rock, als sie etwa sechs Jahre alt war. Auf die Frage, ob dieses Erlebnis nachwirke, antwortete Clark: »Das Gefühl ist immer noch präsent. Wissen Sie, ich kann die Angst spüren – jetzt.«[374]

In den Vereinigten Staaten waren das Erbe der Sklaverei und die Institutionalisierung der Rassentrennung in der ersten Hälfte des 20. Jahrhunderts die wichtigsten Faktoren, welche die Erfahrungen Schwarzer Wissenschaftlerinnen prägten. Die gelebte Erfahrung von Rassentrennung und Lynchjustiz beeinflusste sowohl das persönliche als auch das wissenschaftliche Leben von Frauen wie Clark, die diese Erinnerungen in ihre Forschung einbrachten. Für Schwarze Frauen, die in der Wissenschaft bereits durch ihr Geschlecht marginalisiert sind, ist der Zugang zu ausreichenden Bildungsmöglichkeiten, um sich als Wissenschaftlerinnen, Ingenieurinnen und Ärztinnen zu qualifizieren, noch immer ein entscheidender Faktor für ihre Unterrepräsentation in der Wissenschaft.

Clark besuchte während ihrer gesamten Grundschulzeit eine nach »Rassen« getrennte Schule und erinnerte sich in dem Interview von 1976 daran, dass sie jeden Morgen auf dem Weg zum Unterricht an den Weißen Kindern vorbeiging, deren Schule auf der anderen Seite der Stadt lag.[375] 1934 erhielt Clark ein Stipendium für

← *Brown v. Board of Education* war ein spektakulärer Bürgerrechtsfall, in dem 1954 der Oberste Gerichtshof der Vereinigten Staaten die Rassentrennung für verfassungswidrig erklärte.

die Howard University, einer historisch Schwarzen Universität in Washington, D.C., um Mathematik und Physik zu studieren. Historisch Schwarze Colleges und Universitäten (Historically Black Colleges and Universities, abgekürzt HBCUs) wie Howard waren wichtige Institutionen, die den Zugang zu wissenschaftlicher Bildung zu einer Zeit ermöglichten, als an den großen Forschungseinrichtungen Rassentrennung herrschte. Howard bot Studenten und Studentinnen wie Clark die Möglichkeit, eine Ausbildung zu erhalten, die derjenigen ihrer Weißen Kommilitonen und Kommilitoninnen gleichwertig war.

An der Howard University lernte Clark ihren zukünftigen Ehemann, den Psychologiestudenten Kenneth Bancroft Clark, kennen. Er überredete sie, zur Psychologie zu wechseln. 1938 legte sie den Abschluss in Psychologie *magna cum laude* ab und arbeitete im folgenden Sommer in der Anwaltskanzlei von Charles Houston. Dieser betreute eine Reihe wichtiger Bürgerrechtsfälle, die letztlich dazu führten, dass der Oberste Gerichtshof im Fall *Brown v. Board of Education* die Rassentrennung an Schulen für verfassungswidrig erklärte.[376] Die Begegnung mit Anwälten wie Thurgood Marshall, die Fälle zur Rassentrennung bearbeiteten, nannte Clark »die wunderbarste Lernerfahrung«.[377] Sie sprach von einem »Gefühl für die Dringlichkeit, die Rassentrennung aufzubrechen, die für die Schwarzen wirklich eine Schmähung war …«.[378] Clarks Erfahrungen in der Kanzlei beeinflussten ihre Arbeit an der Columbia University.

Während Clark und Kenneth zusammenarbeiteten, stellte sie ihre Dissertation über Entwicklung und geistige Fähigkeiten bei Kindern fertig. Ihre gemeinsame Arbeit konzentrierte sich auf die »Rassenidentifikation« bei Kindern und zeigte, dass Kinder bereits im Alter von sieben Jahren lernen, ihre eigene »Rasse« und die der anderen zu identifizieren, und eine Sensibilität für rassistische Wahrnehmungen von sich selbst und von gleichaltrigen Kindern zeigen. Ihre Forschungen ergaben, dass Kinder, die segregierte Schulen besuchten, rassistische Ungerechtigkeit eher als eine Tatsache des Lebens akzeptierten, wohingegen Schüler integrierter Schulen sich der Ungerechtigkeit bewusster waren.[379] Dies hatte Clark als Kind selbst erlebt. Ihr Vater war zwar sehr angesehen, was ihrer Familie gewisse Privilegien verschaffte, dennoch gehörte die Rassentrennung zu ihrem alltäglichen Erleben. »Wenn wir zum Beispiel zu Football-Spielen gingen, die außerhalb der Stadt stattfanden, wussten wir, dass wir unser eigenes Mittagessen mitnehmen mussten oder dass wir unsere eigenen sanitären Einrichtungen finden mussten.«[380]

Clarks berühmteste Untersuchung war der »Puppen-Test«, bei dem Schwarzen Kindern identische Puppen mit unterschiedlicher Hautfarbe präsentiert wurden. In Dialogen wurde ermittelt, welche Puppe sie bevorzugten. Anweisungen wie »Gib mir die Puppe, mit der du gerne spielst oder die du am liebsten magst« sollten die »Rassenpräferenz« beurteilen, und Aufträge wie »Gib mir die Puppe, die aussieht wie du« maßen die ethnische Selbstidentifikation.[381] Die Clarks fanden heraus, dass die Mehrheit der Schwarzen Kinder Puppen mit heller Haut und hellem Haar bevorzugte, während sie Puppen mit dunkler Haut und dunklem Haar ablehnten und ihnen negative Attribute zuschrieben. Die 1947 veröffentlichten Testergebnisse flossen in Expertenaussagen von Sozialwissenschaftlern in Bürgerrechtsfällen ein und kamen auch vor dem Obersten Gerichtshof in der Entscheidung *Brown v. Board of Education* im Jahr 1954 zum Tragen.[382]

Clarks Leben und Arbeit war tief mit der Bürgerrechtsbewegung verwoben. Nach ihrer Promotion hatte Clark Schwierigkeiten, eine Arbeit zu finden, die ihrer hohen Qualifikation entsprach. Als Reaktion darauf schuf sie sich ihre Möglichkeiten selbst, indem sie 1946 das Northside Center for Child Development in New York gründete. Zu dieser Zeit war es die einzige Institution in Harlem, die psychische Gesundheitsdienste für Schwarze Kinder anbot. Clarks universitärer Bildungsweg war in gewisser Weise untypisch – sie war die erste Schwarze Frau, die an der Columbia promovierte, und die erste Schwarze Frau im Land, die einen Doktortitel in Psychologie erhielt. Andererseits teilte sie in vielerlei Hinsicht die Erfahrung Schwarzer Wissenschaftlerinnen, die in der Mitte des 20. Jahrhunderts – und vielerorts noch heute – in der Zwickmühle leben, als Schwarze und als Frau in der Wissenschaft zu arbeiten.

RASSE UND GESCHLECHT: DIE ZWICKMÜHLE

1975 veranstaltete die American Association for the Advancement of Science (AAAS) eine kleine Konferenz von und für marginalisierte Frauen in der Wissenschaft mit dem Titel *The Double Bind: The Price of Being a Minority Woman in Science* (Die Zwickmühle: Der Preis, eine Minderheitenfrau in der Wissenschaft zu sein). Ziel war es, Informationen über die Erfahrungen von Wissenschaftlerinnen zu sammeln, die als »nichtweiß« angesehen wurden, und Empfehlungen zu erarbeiten, wie Ausbildung, berufliche Möglichkeiten und Politik verbessert werden können. »Unsere Mission bei diesem Treffen war klar«, schrieben die Organisatorinnen im Konferenzprotokoll. »Wir wollten herausfinden, wie und warum wir es geschafft hatten und andere zurückgeblieben waren; wie unsere Schwestern von Kindheit an bis heute mit persönlichen und gesellschaftlichen Problemen umgegangen waren.«[383]

Ein Hauptergebnis der Konferenz war, dass »Women of Color« (im Protokoll als »Minderheitenfrauen« bezeichnet) vom Engagement für Frauen in den Wissenschaften und der größeren Frauenbewegung der späten 1960er- und 1970er-Jahre weitgehend ignoriert worden waren, weil sich diese Bemühungen vor allem auf die Erfahrungen der »Mehrheit«, also der Weißen Frauen, konzentrierten.[384] Die Konferenzteilnehmerinnen beantworteten Fragen zu ihrer Kindheit und frühen Erziehung, zum College und zum Grundstudium sowie zu ihrer beruflichen Laufbahn, wobei sie in diesen Kontexten besonders darauf achteten, inwiefern sich Schnittmengen hinsichtlich ihrer ethnischen Zugehörigkeit und ihrer Geschlechtszugehörigkeit ergeben hatten und wie ihr Interesse an der Wissenschaft ihr Leben weiter prägte. Die meisten der älteren Schwarzen Frauen auf der Konferenz berichteten, dass sie als Kinder segregierte Schulen besucht hatten, die »in der Regel unzureichend ausgestattet waren, vom Gebäude bis zu den Büchern, obwohl einigen Schülern der Unterschied nicht immer bewusst war, es sei denn, sie hatten bereits andere Schulen gesehen«. Selbst in integrierten Schulen hatten die Lehrerinnen und Lehrer oft geringere Erwartungen an »farbige« Schülerinnen und Schüler.

Viele Frauen berichteten, dass ihr Interesse an der Wissenschaft sie noch zusätzlich von Gleichaltrigen abgrenzte, weil zu ihrer Schul- und Ausbildungszeit die Wissenschaft nicht als angemessenes oder vernünftiges Berufsziel für Mädchen angesehen wurde. Im Konferenzbericht heißt es, dass dies zu einem Gefühl der Isolation beitrug, das viele Teilnehmerinnen während ihres gesamten Lebens in der Wissenschaft empfunden hatten: »Schon beim Abschluss der Highschool galten diese jungen Frauen wegen ihres Interesses an der Wissenschaft als andersartig.«[385] Die Konferenzteilnehmerinnen diskutierten darüber, wie diese Andersartigkeit durch

---

Für Schwarze Frauen, die in der Wissenschaft bereits durch ihr Geschlecht marginalisiert sind, ist der schlechte Zugang zu Bildungsmöglichkeiten nach wie vor ein zentraler Faktor dafür, dass sie in der Wissenschaft untervertreten sind.

---

die Verknüpfung der Unterdrückungsfaktoren »nichtweiß« und »weiblich« entstand. »Die Einsamkeit und der Druck, einen traditionellen Frauenberuf zu wählen, zu heiraten, im Heimatort zu bleiben oder dorthin zurückzukehren – kurz gesagt, die kulturellen Rollenerwartungen zu erfüllen –, waren ständig vorhanden.«[386]

Die Erfahrung, eine »Woman of Color« in der Hochschulbildung zu sein, stellte sich für die Frauen, die an HBCUs ausgebildet wurden, anders dar. Aus dem Bericht der Double-Bind-Konferenz von 1975 geht hervor, dass in den USA Schwarze Wissenschaftlerinnen überwiegend an Schwarzen Colleges studiert hatten.[387] Im Jahr 2004 machten HBCUs nur etwa ein Prozent aller Colleges und

Universitäten in den Vereinigten Staaten aus, aber zwischen 1994 und 2001 entfielen auf sie fast 30 Prozent aller Abschlüsse in Natur- und Ingenieurwissenschaften, die an Schwarze Absolventinnen und Absolventen vergeben wurden.[388] Die Wissenschaftshistorikerin Olivia Scriven hat die Bedeutung der HBCUs für die Ausbildung Schwarzer Wissenschaftler und Wissenschaftlerinnen dokumentiert. Solche Institutionen wurden im 19. Jahrhundert gegründet, um Schwarzen Amerikanern und Amerikanerinnen, die vom Besuch der regulären Universitäten ausgeschlossen waren, eine Ausbildung zu ermöglichen. Dass die HBCUs mehr Schwarze Wissenschaftler und Wissenschaftlerinnen hervorgebracht haben als andere Institutionen, ist das Ergebnis eines komplexen Zusammenspiels sozialer und kultureller Faktoren, die die Art und Weise geprägt haben, wie Schwarze Menschen in den USA ausgebildet wurden – oft aufgrund von rassistischen Vorstellungen über den »angemessenen« Platz, den schwarze Menschen in einer von Weißen dominierten Gesellschaft einnehmen sollten.

Scriven zeigt auf, wie die naturwissenschaftliche Ausbildung für Schwarze Studentinnen und Studenten – in einem Land, das natur- und ingenieurwissenschaftliche Abschlüsse und Karrieren Weißer Studentinnen und Studenten hoch schätze – systematisch unterbewertet wurde, selbst in Zeiten, in denen eine vermehrte Ausbildung von Wissenschaftlern und Wissenschaftlerinnen im nationalen Interesse lag.[389] In den Vereinigten Staaten der Nachkriegszeit drängten Personen wie der Ingenieur und Wissenschaftsberater Vannevar Bush auf erhöhte Bundesinvestitionen in die natur- und ingenieurwissenschaftliche Ausbildung, die sie als Angelegenheit von nationaler Priorität ansahen. Der daraus resultierende Strom an Fördergeldern, die durch den National Defense Education Act von 1958 zugewiesen wurden, floss an Institutionen mit substanziellen Forschungskapazitäten. Solche Forschungseinrichtungen waren jedoch an den HBCUs gar nicht vorhanden, da sie aufgrund chronischer Unterfinanzierung nie eingerichtet worden waren. Auch in dieser Hinsicht profitierten die Frauen-Colleges viel mehr von dieser neuen Finanzierungsquelle, da sie schon seit längerer Zeit besser finanzierte Forschungsprogramme entwickelt hatten.[390] Schwarze Frauen, die von den Weißen Colleges und Universitäten, einschließlich vieler Frauen-Colleges, ausgeschlossen waren und Wissenschaft betreiben wollten, taten dies größtenteils an HBCUs.

Als die Schwarzen Colleges nach dem Bürgerkrieg gegründet wurden, gab es eine erhebliche Debatte über die Art der Ausbildung, die sie anbieten sollten. Segregationisten empfahlen, Schwarze »in ihrer natürlichen Umgebung« zu halten, weshalb sie eine praktische Ausbildung erhalten sollten, die sie auf Dienstleistungstätigkeiten vorbereitete.[391] Auch Schwarze Meinungsführer debattierten über die Art der Ausbildung, die für Schwarze am nützlichsten war. Hierbei ging es aber um die Frage, ob die natur- und ingenieurwissenschaftliche oder die geisteswissenschaftliche Ausbildung die bessere Alternative eröffnete, um die stereotypen Dienstbotentätigkeiten oder Fabrikarbeit von Schwarzen zu vermeiden.[392] Erschwerend kam hinzu, dass viele HBCUs von Weißen gegründet und geleitet wurden und oft missionarischen oder religiösen Organisationen beigeordnet waren. Das Spelman College in Georgia war eine solche Einrichtung, die von zwei Weißen Baptistenmissionarinnen als Seminar für ehemals versklavte Schwarze Mädchen gegründet wurde.[393]

UMSTRUKTURIERUNG AN SCHWARZEN UNIVERSITÄTEN

Flemmie Pansy Kittrell (25. Dezember 1904–3. Oktober 1980) wurde in North Carolina in einer Familie von Sharecroppern (Naturalpächter, die in einer Art Knechtschaft lebten) geboren und arbeitete als junge Frau als Hausangestellte. Sie erwarb einen Bachelor-Abschluss am Hampton Institute in Virginia, das wie das Spelman College eine Privatschule war, die nach dem Bürgerkrieg von Missionarinnen und Missionaren gegründet wurde, um befreite Schwarze auszubilden.

Während ihrer Schulzeit in Hampton arbeitete Kittrell als Hausangestellte am Institut, um ihre Studiengebühren zu decken.[394] Nach ihrem Abschluss ging Kittrell an das Bennett College in North Carolina, wo sie als Studiendekanin und Hauswirtschaftsleiterin tätig war. In Bennett wurde sie ermutigt, einen akademischen Abschluss anzustreben, weshalb sie sich schließlich in Cornell einschrieb, wo sie 1930 einen Master-Abschluss in Haushaltswissenschaft erwarb und fünf Jahre später promovierte.[395] Sie war die erste Afroamerikanerin, die einen Doktortitel in Haushaltswissenschaft erwarb.[396]

Wie Clark begann auch Kittrell, sich während des Studiums für die kindliche Entwicklung zu interessieren. Ihre Masterarbeit und ihre Dissertation untersuchten das häusliche Leben in ihrem Heimatstaat North Carolina, wobei Letztere sich auf die Praktiken der Säuglingsernährung in einer kleinen Gemeinde konzentrierte.[397] Nach dem Tod ihres Vater 1919 – sie war damals fünf – verfolgte sie aufmerksam, wie ihre Mutter den Haushalt führte, und erfuhr dabei von ihr, dass »kleine Kinder lernten, scheinbar unablässig«. Sie beschrieb diese Erfahrung als prägend für ihr Interesse an Familiendynamik und Hauswirtschaft.[398] Kittrell wurde in einer Tradition der Hauswirtschaft ausgebildet, die die Familie als Grundbaustein der Nation betrachtete und der Perfektionierung des häuslichen Lebens einen hohen Stellenwert beimaß.[399]

Bei ihrer Ankunft 1938 war die haushaltswissenschaftliche Abteilung in Bennett noch sehr neu und bestand aus nur einer Lehrkraft und einem schlecht ausgestatteten Labor. Innerhalb von zwei Jahren baute Kittrell die Abteilung mit mehr Lehrkräften und besseren Einrichtungen aus, darunter ein Übungshaus, in dem die Studentinnen praktische Erfahrungen in Hauswirtschaft und Haushaltstechnik sammeln konnten.[400] 1940 kehrte Kittrell nach Hampton zurück, während die Stadt Gastgeber für militärische Auszubildende war, und sie übernahm »Kriegsarbeit«, indem sie die Öffentlichkeit über Lebensmittelrationierung informierte.[401] Ab 1944 arbeitete sie an der Howard University, die für die nächsten drei Jahrzehnte ihr Zuhause bleiben sollte.

Kittrell leitete die haushaltswissenschaftliche Abteilung der Howard University, wo sie das Programm und die Einrichtungen grundlegend umgestaltete, die kindliche Entwicklung in den Lehrplan aufnahm und eine Vorschule einrichtete, die als eine Art Labor für ihre Arbeit über Ernährung und Entwicklung dienen sollte.[402] Auch Auszubildende in der Krankenpflege durchliefen die Abteilung, um Erfahrungen in der Arbeit mit Kindern zu sammeln und Ernährungs- und Diätkenntnisse zu erwerben.[403]

Kittrell war in den 1950er-Jahren auch stark in Hilfsprogramme im Ausland involviert und reiste nach Indien und in verschiedene Regionen Afrikas, um Vorträge über Hauswirtschaft zu halten und Unterrichtsprogramme zu initiieren. Manche dieser Programme wurde vom Außenministerium finanziert, das sie als Teil seines ideologischen Imperativs ansah, die Überlegenheit der amerikanischen Bildung und Wissenschaft zu demonstrieren. Kittrell und andere Schwarze Akademiker und Akademikerinnen wurden, wie die Historikerin Allison Beth Horrocks schreibt, »mit diesen Tätigkeiten beauftragt, weil man sie als Exemplare präsentieren konnte, die es im (segregierten) US-Bildungssystem zu etwas gebracht hatten«.[404]

In der Geschichte Schwarzer Wissenschaftlerinnen in den Vereinigten Staaten kennzeichnet der AAAS-Konferenzbericht von 1975 einen wichtigen Moment: Erstmals hatten die Schwarzen Wissenschaftlerinnen in dem Kampf, den sie in einer vom Erbe der Sklaverei und des Rassismus geprägten Gesellschaft führen mussten, eine institutionelle Stimme. Die Konferenzbeiträge waren auch eine deutliche Kritik an den mehrheitlich Weißen feministischen Bewegungen innerhalb und außerhalb der Wissenschaft, die Schwarze Wissenschaftlerinnen weitgehend außen vor gelassen hatten. Aber selbst in einem Forum, das explizit dazu gedacht war, die Erfahrungen marginalisierter Frauen anzusprechen, fiel es vielen schwer, gegenüber den Konferenzorganisatorinnen die Rolle des Rassismus in ihrem Leben und ihrer Karriere zu artikulieren, einfach weil der Rassismus allgegenwärtig und alltäglich war. »Rassismus, seine Erscheinungsformen und Auswirkungen«, hieß es in dem Bericht, »waren so sehr Teil ihres Lebens, dass diese Frauen der Diskussion um seine Erscheinungsformen nur wenig Zeit widmeten, es sei denn im Zusammenhang mit bestimmten Erfahrungen.« Rassismus war im Leben dieser Frauen nicht etwas, das sich in einzelnen Vorkommnissen zeigte, es war vielmehr ein Wesensmerkmal der Welt, in der sie lebten. Dass so wenige Schwarze Frauen in den 1970er-Jahren, ein volles Jahrzehnt nach der Verabschiedung des Civil Rights Act 1964, dauerhafte Karrieren in der Wissenschaft gemacht hatten, war weder Zufall noch Schicksal oder durch mangelndes Interesse begründet. Stattdessen sahen sie sich mit strukturellen Unterdrückungen und mit Hindernissen konfrontiert, die der amerikanischen Gesellschaft und der Geschichte der Wissenschaft im 20. Jahrhundert immanent waren und die bis in unsere Gegenwart andauern.

Mamie Phipps Clark

(18. April 1917 – 11. August 1983)

Mamie Phipps Clark war eine amerikanische Sozialpsychologin, die sich auf die kindliche Entwicklung von Schwarzen Kindern spezialisierte. In Arkansas geboren, schöpfte Clark aus ihren eigenen Erfahrungen als Schwarzes Kind im segregierten amerikanischen Süden. Ihr Anliegen war es, Kindern zu helfen, die mit denselben Ungleichheiten aufwuchsen.

Clark studierte ab 1934 an der Howard University zunächst Mathematik mit Nebenfach Physik, wechselte dann aber zu Psychologie, nachdem sie den Psychologiestudenten Kenneth Clark kennengelernt hatte, der ihr Ehemann und langjähriger beruflicher Partner werden sollte. Clark schloss ihr Grundstudium in Psychologie *magna cum laude* ab, bevor sie ihr Studium fortsetzte. In ihrer Masterarbeit *The Development of Consciousness in Negro Pre-School Children* (Die Entwicklung des Ich-Bewusstseins bei Schwarzen Vorschulkindern) untersuchte sie, wann sich Schwarze Kinder ihrer Hautfarbe (race) bewusst werden, und kam zu dem Schluss, dass Jungen bereits im Alter von drei und vier Jahren ein ausgeprägtes Bewusstsein hinsichtlich ihrer Hautfarbe (racial awareness) zeigten.

Clark promovierte 1943 an der Columbia University in Psychologie. Sie und Kenneth, jetzt miteinander verheiratet, waren die erste Schwarze Doktorandin und der erste Schwarze Doktorand der Columbia University. Clark erhielt zudem ein Julius-Rosenwald-Stipendium. Mit diesen Mitteln und in Zusammenarbeit mit Kenneth initiierte sie den berühmten »Puppen-Test«, der zeigte, dass Schwarze Kinder in segregierten Schulen eher hellhäutige Puppen mit gelben Haaren bevorzugten, während sie braune Puppen mit schwarzen Haaren eher ablehnten und ihnen negative Eigenschaften zuschrieben. Die Studie zeigte die verheerenden Auswirkungen der Schulsegregation auf Schwarze Kinder.

Aufgrund ihrer Forschung traten Clark und Kenneth in zahlreichen Prozessen um Rassentrennung an Schulen als Zeugen auf. Kenneth verwendete die Forschungsergebnisse zur Argumentation im Prozess *Brown v. Board of Education*, der 1954 vor dem Supreme Court verhandelt wurde. Dies war das erste Mal, dass sozialwissenschaftliche Studien für eine Entscheidung des Obersten Gerichtshofs herangezogen wurden.

1946 eröffneten Clark und Kenneth das Northside Center for Child Development, die einzige psychiatrische Einrichtung für Schwarze Kinder in New York. Clark ging 1976 in den Ruhestand, das Zentrum besteht bis heute. 1973 wurde Clark mit dem American Association of University Achievement Award ausgezeichnet, und zehn Jahre später verlieh ihr die National Coalition of 100 Black Women einen Candace Award. Clark starb 1983 an Lungenkrebs.

KAPITEL 19

Mehr als Astronautinnen

DIE ERSTE FRAU IM WELTRAUM

Im späten Frühjahr 1963 flog die sowjetische Kosmonautin Valentina Tereschkowa (geb. 6. März 1937) als erste Frau ins All. Tereschkowa wuchs in einer Kolchose in Maslennikowo auf, etwa 250 Kilometer nordöstlich von Moskau in der Nähe der Wolga.[405] Als junge Frau war Tereschkowa eine begeisterte Amateur-Fallschirmspringerin und Mitglied des örtlichen Jungkommunistischen Bundes.[406] Tereschkowa meldete sich nach dem Wostok-2-Flug von German Titow im Jahr 1961 freiwillig für das Kosmonautenprogramm.[407] Nach einem Vorstellungsgespräch und medizinischen Tests wurden Tereschkowa und vier andere Kosmonautinnen ins Ausbildungszentrum eingeladen. Tereschkowa wurde für das Programm ausgewählt, unter anderem wegen ihrer Erfahrung im Fallschirmspringen. Die Wostok-Raumschiffe der sowjetischen Raumfahrtprogramme wurden bei der Rückkehr zur Erde mit Fallschirmen gebremst, wobei der Kosmonaut oder die Kosmonautin im Inneren vor dem Aufprall absprang und separat mit dem Fallschirm auf der Erde landete.[408] Tereschkowa steuerte Wostok 6 erfolgreich durch eine dreitägige Mission, die am 16. Juni 1963 begann, und landete unter großem Beifall sicher in Russland.

Die sowjetische Presse und das Raumfahrtprogramm feierten Tereschkowas Flug als handfesten Beweis für den hohen Status der Frauen in der sowjetischen Gesellschaft.[409] Doch es waren nicht rein fortschrittliche Überzeugungen über Frauen, die Tereschkowa ins All beförderten. Die Raumfahrtausbildung von Frauen hatte in der UdSSR hauptsächlich politische Gründe. Der Luftwaffengeneral, der das Kosmonautenprogramm beaufsichtigte, brachte die Idee 1961 zum ersten Mal zur Sprache und schrieb in seinen persönlichen Notizen, dass Frauen irgendwann in den Weltraum fliegen würden und eher früher als später ausgebildet werden sollten. »Unter keinen Umständen«, so fuhr er fort, »sollte eine Amerikanerin die

← Die Raumfähre Discovery beim Start vom Kennedy Space Center, Florida, 1988.

erste Frau im Weltraum werden – das wäre eine Beleidigung für die patriotischen Gefühle der sowjetischen Frauen.«[410]

Anfang der 1960er-Jahre hatte der Kalte Krieg zwischen den Vereinigten Staaten und der Sowjetunion einen Höhepunkt erreicht: 1962 entdeckten die Vereinigten Staaten eine Stationierung sowjetischer Atomraketen auf Kuba, nur etwa 150 Kilometer von der amerikanischen Küste entfernt. Aber die existenzielle Bedrohung durch einen Atomkrieg war nur ein Aspekt im »Gleichgewicht der Kräfte«. Die ideologischen Komponenten des Kalten Krieges hatten weitreichende Folgen für Wissenschaft und Technik, vor allem auf dem Gebiet der Raumfahrt. 1957 leitete die Sowjetunion mit dem Start des ersten künstlichen Satelliten Sputnik 1 den »Wettlauf ins All« ein. Für die UdSSR war die Raumfahrt ein Mittel, um die ideologische Überlegenheit des Sozialismus zu demonstrieren, die sich in technologischen Innovationen niederschlug. Die Vereinigten Staaten wollten nicht riskieren, dass die Welt ihr Regierungssystem und ihre kapitalistische Wirtschaft als schwach wahrnahm, und bauten schnell ein Raumfahrtprogramm auf, das es mit der UdSSR in Sachen technologischer Heldentaten aufnehmen konnte.

Tereschkowas Flug war Teil dieses politischen Spektakels. Weitere Frauen sollten ihr ins All folgen, nicht nur amerikanische Astronautinnen wie Sally Ride (26. Mai 1951–23. Juli 2012), sondern auch Frauen aus den europäischen, japanischen, indischen und chinesischen Raumfahrtprogrammen, die alle im Kielwasser des Konflikts zwischen der UdSSR und den Vereinigten Staaten aufwuchsen. Astronautinnen und Kosmonautinnen sind nur ein kleiner Teil der Frauen, die ihren Weg in den Raumfahrtprogrammen ihrer Länder gemacht haben – allerdings sind sie die sichtbarsten. Von Büroangestellten bis hin zu Lebensmittelwissenschaftlerinnen haben Zehntausende weitere Frauen die Raumfahrt zu ihrer Lebensaufgabe gemacht.

FRAUEN SIND IN DER RAUMFAHRT FEHL AM PLATZ

Im Juni 1963, 20 Jahre vor Sally Rides historischem Raumflug, veröffentlichte die *Spaceport News*, die Mitarbeiterzeitung des Kennedy Space Center (KSC) in Florida, eine Sonderausgabe über die Beiträge von Frauen zum amerikanischen Raumfahrtprogramm.[411] In der Ausgabe wurde einleitend bemerkt, dass viele der Arbeiten, die Frauen am KSC verrichteten, zwar nicht annähernd so aufregend seien wie die der russischen Kosmonautin Valentina Tereschkowa, die nur vier Tage zuvor als erste Frau in den Weltraum geflogen war, dass es aber auch bei den NASA-Mitarbeiterinnen viel zu bewundern gebe. In »einem so hochtechnologischen und spezialisierten Bereich wie der Raumfahrt«, hieß es in dem Text, »entlastet eine Sekretärin, eine Büroangestellte, eine Schreibkraft, obwohl sie relativ banale Aufgaben ausführt, ihren Chef, damit er (oder sie) sich auf wichtigere Dinge konzentrieren kann«.[412]

Diese abwertende Haltung gegenüber Büroangestellten in der frühen amerikanischen Raumfahrt war typisch für Projekte, die von Ingenieuren, Militärs und Bürokraten dominiert wurden. Frauen, die selbst keine ausgebildeten Wissenschaftlerinnen oder Ingenieurinnen waren, wurden als bloßes Beiwerk der Männer betrachtet, deren Memos sie tippten und deren Anrufe sie entgegennahmen. Wie der Fall der »Rechendamen« zeigt, waren Entscheidungen darüber, was als »technische« Arbeit galt, oft willkürlich und hatten viel mehr mit der Vergeschlechtlichung bestimmter Arten von Arbeit zu tun als mit deren tatsächlichem technischen Inhalt.[413] Solche strengen Unterscheidungen zwischen technischen und nicht-technischen Tätigkeiten sind typisch für die Art, wie Frauen in der Geschichte der Wissenschaft und der Raumfahrt konsequent marginalisiert wurden.

In der gleichen Ausgabe der *Spaceport News* war ein Beitrag aus der Lokalzeitung *Capeside Inquirer* abgedruckt, der Interviews mit einigen der Büroangestellten am KSC enthielt. Bei der Frage an diese Frauen, »wie ihrer Meinung nach Angehörige ihres Geschlechts das Raumfahrtprogramm am besten unterstützen könnten«, schien es dem Reporter nicht in den Sinn zu kommen, dass Frauen, die für das Raumfahrtprogramm arbeiteten, auf die gleiche Weise zum Raumfahrtprogramm beitrugen wie Männer, nämlich indem sie ihre Arbeit machten. Zehntausende von Frauen arbeiteten in den 1960er-Jahren für die NASA und ihre Auftragnehmer, aber die Geschichten der vielen, deren Tätigkeit als Büroarbeit eingestuft wurde, sind in Vergessenheit geraten.[414]

WISSENSCHAFTLERINNEN UND INGENIEURINNEN BEI DER NASA

Tausende Büroangestellte innerhalb des Raumfahrtprogramms, aber auch diejenigen mit »technischen« Aufgaben standen meist im Schatten der wenigen Frauen, die Astronautinnen wurden. Die Astronautinnen selbst wurden von den überwiegend männlichen Missionsplanern und Ingenieuren als Komponente im technologischen Kontext Raumfahrt betrachtet, das sorgfältige Wartung erforderte. Rita Rapp (25. Juni 1928–12. Juli 1989) war eine in Ohio geborene Physiologin, die sich auf die biomedizinischen Aspekte von Flügen mit hohen Beschleunigungskräften spezialisiert hatte. Nach ihrem Abschluss an der St. Louis Graduate School of Medicine im Jahr 1953 arbeitete sie in den aeromedizinischen Labors der Wright-Patterson Air Force Base und untersuchte die Auswirkungen von Beschleunigungskräften auf das Kreislaufsystem des Körpers.[415]

Rapp kam in den frühen 1960er-Jahren zur NASA, um an Problemen im Zusammenhang mit den Auswirkungen der Raumfahrt auf den Körper zu arbeiten und Experimente zu entwickeln, die die Astronauten während des Gemini-Programms im Orbit durchführen konnten. Am bekanntesten wurde sie durch ihre Mitarbeit am Food System, für das sie Lösungen für die Verstauung der Astronautenmahlzeiten entwickelte und die frühe Weltraumnahrung von etwas, das aus einer Tube

↑

VALENTINA TERESCHKOWA

Als erste Frau, die ins All flog, wurde Valentina Tereschkowa in der Sowjetunion als Heldin gefeiert, nachdem sie fast drei Tage in der Umlaufbahn an Bord von Wostok 6 verbracht hatte.

→

RITA RAPP

Die Physiologin Rita Rapp arbeitete in den 1960er-Jahren bei der NASA an der Entwicklung von Nahrungsmittellagerungssystemen für die Apollo-Astronauten.

gepresst werden musste, in etwas verwandelte, das man mit Besteck essen konnte.[416] Rapp erklärte einem Journalisten, dass ihre Aufgabe darin bestand, »das Essen als Hardware zu betrachten – es ist meine Aufgabe, dafür zu sorgen, dass es an Bord des Raumschiffs ist«.[417] Während ihrer langen Laufbahn bis zu ihrem Tod im Jahr 1989 veröffentlichte Rapp Dutzende von Papieren über Weltraummedizin.[418]

Die Versorgung des »menschlichen Systems« als Komponente der Raumfahrt war eine Herausforderung, für die eigens eine neue medizinische Fachrichtung geschaffen wurde, die Raumfahrtmedizin. 1961 wurde Dee O'Hara (geb. 9. August 1935) in das medizinische Team der NASA aufgenommen. Die 1935 in Idaho geborene O'Hara absolvierte eine Ausbildung zur Krankenschwester in Oregon, bevor sie 1959 als Leutnant in die Air Force eintrat.[419] O'Hara war auf der Patrick Air Force Base in Cape Canaveral (Florida) stationiert, direkt südlich der NASA- und Luftwaffen-Stützpunkte, aus denen das KSC entstand. O'Hara wurde 1960 zur NASA versetzt, um beim Aufbau des luftfahrtmedizinischen Labors für die entstehenden Programme der bemannten Raumfahrt zu helfen.[420] O'Hara wurde die erste Astronauten-Krankenschwester, die an der Seite eines Arztes arbeitete, um den körperlichen Zustand der damals ausschließlich männlichen Astronauten zu überwachen und sich um ihre speziellen medizinischen Tests und Vorbereitungen für den Raumflug zu kümmern.

O'Hara empfand ihre Position als einzige Krankenschwester am KSC und als eine der wenigen Frauen überhaupt nicht als isolierenden Faktor. »Am Cape«, sagte sie 2002, »war es wirklich eine reine Männerwelt. Ich war die einzige Frau im Hangar S, abgesehen vielleicht von einer Sekretärin hier oder da. Es waren alles Männer, und ich wurde kein einziges Mal diskriminiert oder in eine unangenehme Lage gebracht.« Sie gab aber zu, dass sie »kein sonderlich empfindlicher Typ war und nicht jedes Wort auf die Goldwaage legte«, gab aber an, dass ihre Beziehungen zu den Astronauten, Ingenieuren und Verwaltungsbeamten der NASA durchweg positiv waren.[421] Dennoch blieb O'Hara für den größten Teil ihrer Karriere eine der wenigen Frauen, die an der frühen amerikanischen Raumfahrt beteiligt waren, und sie hat nie eine Astronautin betreut.

AMERIKANISCHE FRAUEN FLIEGEN IN DEN WELTRAUM

Als amerikanische Frauen schließlich in das Astronautenkorps aufgenommen wurden, gehörten sie zur achten Kandidatengruppe, die 1978 von der NASA ausgewählt wurde, 19 Jahre nachdem die ersten sieben Männer für einen Flug ins All ausgewählt worden waren.[422] Diese Gruppe wurde in Piloten sowie Missionsspezialisten und Missionsspezialistinnen unterteilt, was die unterschiedlichen Rollen widerspiegelt, die Astronauten und Astronautinnen beim Betrieb des neuen Space Shuttle übernehmen würden. Alle Frauen in Gruppe 8 waren Missionsspezialistinnen: Anna Fisher, Shannon Lucid, Judith Resnik, Sally Ride (siehe Seite 216),

Rhea Seddon und Kathryn Sullivan. Diese sechs Frauen und die drei »nichtweißen« Männer in der Gruppe wurden von Sullivan als die »neun Fremden« unter dem ansonsten wie üblich Weißen, männlichen Astronautenkorps bezeichnet.[423]

Als die NASA in den späten 1970er-Jahren Frauen in das Astronautenkorps aufnahm, folgten viele neue kulturelle, technologische und politische Veränderungen. Als quasi-militärische Organisation mit einer umfangreichen Bürokratie und einer Kernkompetenz, die auf eine männliche Belegschaft ausgelegt war, war es manchmal mühsam, die erforderlichen Änderungen vorzunehmen. Das große Medieninteresse an den Astronautinnen erwies sich als Hindernis in ihrer frühen Ausbildung, da sie überall von Reportern bedrängt wurden – selbst an Orten, zu denen diese eigentlich keinen Zutritt hatten.[424] Bei Einsätzen außerhalb des Johnson Space Centers (JSC), wo der größte Teil ihrer Ausbildung stattfand, achtete die NASA sehr darauf, die Privatsphäre jeder Astronautin zu gewährleisten, nicht nur um es für die Frauen angenehmer zu machen, sondern auch, um jeden Anschein von sexueller Unschicklichkeit in den neuen, gemischten Astronautenkorps zu vermeiden.[425] Die Historikerin Amy Foster weist darauf hin, dass die Mehrheit der Ingenieure und Wissenschaftler bei der NASA bisher nur mit Frauen gearbeitet hatte, die Sekretärinnen und Büroangestellte waren; die Umstellung auf die Zusammenarbeit mit Frauen von gleichem Status oder gleicher Prominenz fiel nicht allen leicht.[426]

Sogar die Räumlichkeiten mussten umgestaltet werden, um den Frauen bei der NASA entgegenzukommen. Im JSC, wo die Astronauten und Astronautinnen sowohl ihre Psyche als auch ihren Körper trainierten, gab es keine Umkleideräume für Frauen in der Sporthalle, und die Sportbekleidung, die den Astronautinnen zur Verfügung gestellt wurden, enthielt keine Sport-BHs.[427] Carolyn Huntoon war als Forscherin bereits eine feste Größe bei der NASA, als die Gruppe 8 zusammengestellt wurde. Sie war die erste Frau, die im Astronauten-Auswahlkomitee saß, und sie beaufsichtigte viele der Änderungen an Einrichtungen und Protokollen, um Frauen zu integrieren. Huntoon setzte sich für die Astronautinnen ein, oft still im Hintergrund, und legte ein besonderes Augenmerk auf die Einstellung zu ihnen. Sie war stets auf der Hut vor Doppelmoral in jeder Hinsicht, von den Leistungserwartungen bis zur Kleiderordnung.[428]

Die Integration von Astronautinnen machte auch deutlich, dass die Raumfahrttechnologie auf der Grundlage entwickelt worden war, Astronauten seien grundsätzlich männlich. Das Unternehmen, das die Raumanzüge für die NASA herstellte, überarbeitete in den späten 1970er-Jahren die EVA-Anzüge (Extravehicular Activity – Aktivitäten außerhalb des Raumschiffs), und entwickelte kleinere Modelle für Astronautinnen. Weil der oberer Teil des Anzugs aber starr war, und weil Frauen meist schmalere Schultern und weniger Kraft im Oberkörper haben, waren die Anzüge immer noch zu schwerfällig, sodass Astronautinnen von der Teilnahme an Einsätzen außerhalb des Raumschiffs weitgehend ausgeschlossen waren.[429] Tatsächlich fand der erste Weltraumspaziergang, an dem nur Astronautinnen teilnahmen, erst im Oktober 2019 statt – 54 Jahre nachdem der sowjetische Kosmonaut Alexej Leonow den ersten Weltraumspaziergang unternommen hatte.

Aufgrund des Medieninteresses gehören Astronauten und Astronautinnen oft zur Wissenschaftsprominenz, obwohl ihre wissenschaftlichen Errungenschaften meist im Schatten der Meilensteine der Raumfahrt stehen. Mae Carol Jemison (geb. 17. Oktober 1956) war beispielsweise die erste afroamerikanische Frau, die ins All flog. Doch bevor sie zur NASA kam, war sie bereits als Ingenieurin und Ärztin tätig. Jemison wurde in Alabama geboren und wuchs in Chicago auf, wo sie auch die Highschool besuchte. Sie studierte an der Stanford University, wo sie 1977 einen Abschluss in Chemieingenieurwesen erwarb und einen weiteren Abschluss in African and Afro-American Studies ablegte. 1981 schloss sie ihr Studium an der Cornell University mit einem Doktortitel ab und absolvierte im darauffolgenden Jahr ein Praktikum am Los Angeles County/USC Medical Center.

In den frühen 1980er-Jahren überwachte Jemison als Offizierin des Friedenskorps die medizinische Versorgung in Westafrika und arbeitete als Forscherin im Bereich Impfungen für die Centers for Disease Control. Als sie 1985 in die Vereinigten Staaten zurückkehrte, begann sie wieder als Ärztin zu arbeiten und bewarb sich für das Astronautenprogramm, während sie zusätzliche Ingenieurskurse belegte, um ihre technischen Kenntnisse zu erweitern. Sie wurde 1987 als Teil der Gruppe 12 ausgewählt. Sie flog 1992 an Bord des Space Shuttle *Endeavor* als Missionsspezialistin im Rahmen der Spacelab-Kooperation zwischen den USA und Japan. Jemison verbrachte etwas mehr als 190 Stunden im Weltraum.[430]

Chiaki Mukai (geb. 6. Mai 1952), Mitglied der Backup-Crew für Jemisons Flug STS-47, war die erste japanische Frau, die ins All flog. Mukai wurde in Tatebayashi in der japanischen Präfektur Gunma geboren. Sie studierte an der Keio University School of Medicine, promovierte 1997 und erwarb danach einen zweiten Doktortitel in Physiologie. Im Jahr 1989 wurde sie von der Japan Surgical Society als Herz- und Gefäßchirurgin zertifiziert und arbeitete in verschiedenen Krankenhäusern in Japan, bis sie 1985 von der damaligen National Space Development Agency Japans als Astronautin ausgewählt wurde. Mukai flog auf en Missionen STS-65 und STS-95. Zu ihren insgesamt 566 Raumflugstunden gehörten medizinische Experimente, die sie im Orbit durchführte, sowie die Unterstützung von Forschungsnutzlasten, darunter ein SPARTAN-Satellit zur Sonnenbeobachtung.[431]

Die Beteiligung von Frauen an den wissenschaftlichen, technologischen, medizinischen und administrativen Aspekten der Raumfahrt war seit ihren frühesten Tagen konstant, wenn auch eingeschränkt. 1963, nur wenige Tage nach Tereschkowas historischem Flug, veröffentlichte das beliebte wöchentliche Fotomagazin *Life* einen vernichtenden Leitartikel von Clare Boothe Luce über die offensichtliche

→

CHIAKI MUKAI

Als erste Japanerin im Weltraum flog die Ärztin Chiaki Mukai 1992 an Bord des Space Shuttle *Endeavor*.

↓

MAE CAROL JEMISON

Die Ärztin und Ingenieurin Mae Carol Jemison war die erste afroamerikanische Frau, die in den Weltraum flog und mehr als 190 Stunden an Bord des Space Shuttle *Endeavor* verbrachte.

Leistungslücke zwischen den Vereinigten Staaten und der UdSSR im Weltraum. »Warum hat die Sowjetunion eine Kosmonautin ins All geschickt?«, fragte sie. »Dass die amerikanischen Männer auf diese Frage nicht die richtige Antwort finden, könnte sich als ihr teuerster Fehler im Kalten Krieg erweisen.« Im Zusammenhang mit Tereschkowas Flug behaupteten böse Zungen auch, dass es sich nur um eine Publicity-Maßnahme handelte – »sex sells« – und dass das russische Raumfahrtprogramm aus der Besonderheit einer Frau im Weltraum Kapital schlagen wollte. Luce wies diese Behauptungen zurück und argumentierte stattdessen, dass das Engagement der UdSSR für Kosmonautinnen ein größeres Engagement in sozialistischen Gesellschaften für den Fortschritt von Frauen im Allgemeinen widerspiegelt.

Clare Boothe Luce war prominent, konservativ und mit Henry Luce, dem Herausgeber der Zeitschrift, verheiratet. Ihre Argumentation wurzelte im Klima des Kalten Kriegs: Man sah den Kommunismus als Bedrohung, denn man fürchtete, dass sich herausstellen könnte, dass dieser den Menschen besser dient und mehr Menschen zu mobilisieren vermag, als es kapitalistische Gesellschaften können. Luce präsentierte die Beteiligung von Frauen am Raumfahrtprogramm als entscheidendes Symbol im Konflikt der Gesellschaftsformen, als eine Messgröße für den Fortschritt des Kalten Krieges. Laut Luce vermittelte Tereschkowas Flug »den russischen Frauen, dass sie aktiv am Ruhm der Eroberung des Weltraums teilhaben (und sich nicht passiv darauf stützen, wie die amerikanischen Frauen)«.[432]

Wenn, wie Luce es sah, die Frauen in der Raumfahrt für den größeren Kampf der Frauen in der Gesellschaft standen, dann bietet deren Geschichte die Gelegenheit, über die politischen Interessen in Bezug auf die Beteiligung von Frauen an Wissenschaft und Technologie im 20. Jahrhundert nachzudenken. In der Hightech-Männerwelt der NASA-Raumfahrtprogramme wurden Frauen konsequent an den Rand gedrängt, sodass ihnen nicht nur anspruchsvolle Karrieren in einem prestigeträchtigen Bereich verwehrt blieben, sondern sie auch zusehen mussten, wie ihre politische Stellung in der amerikanischen Gesellschaft nicht ernst genommen und abgetan wurde. Mit dem Abklingen der Spannungen des Kalten Krieges in den 1970er-Jahren und der anschließenden Zusammenarbeit zwischen den Vereinigten Staaten und der UdSSR in der Raumfahrt wurden in den Vereinigten Staaten endlich auch Frauen in das Astronautenkorps aufgenommen. Dennoch ist die Aufarbeitung der Geschichten von Frauen, die unersetzliche Beiträge zur Raumfahrt leisteten, aber nur wenig öffentliche Aufmerksamkeit erhielten, bis heute nicht abgeschlossen.

VOLATILE REMOVAL
ASSEMBLY FLIGHT
EXPERIMENT (VRAFE)
POWER
"SHab"

Ellen Ochoa

(geb. 10. Mai 1958)

Ellen Ochoa ist eine amerikanische Ingenieurin und Astronautin im Ruhestand. Sie wurde in Los Angeles (Kalifornien) geboren und war die erste Frau mit lateinamerikanischen Wurzeln, die 1993 als Crewmitglied der Raumfähre Discovery in den Weltraum flog. Ochoa besuchte zunächst die San Diego State University und erwarb dann einen Master und einen Doktortitel in Elektrotechnik in Stanford. Nach ihrer Promotion im Jahr 1985 arbeitete Ochoa als Forschungsingenieurin in den Sandia National Laboratories in Albuquerque (New Mexico) und im Ames Research Center der NASA im Silicon Valley. Ochoa schreibt ihrer Mutter, die leidenschaftlich gern lernte und während ihrer Kindheit stets Lehrveranstaltungen am College besuchte, einen wichtigen Einfluss auf ihre Karriere zu.

1990 wurde Ochoa als Teil der Gruppe 13, einer Gruppe von 23 NASA-Mitarbeitern und Mitarbeiterinnen, als Kandidatin ausgewählt und wurde ein Jahr später Astronautin. Ihr erster Raumflug als Missionsspezialistin an Bord der *Discovery* dauerte neun Tage. Die fünfköpfige Besatzung führte wissenschaftliche Experimente durch und setzte einen Forschungssatelliten zur Untersuchung der Sonnenkorona aus. Ein Jahr später flog Ochoa an Bord der *Atlantis* als Nutzlastkommandantin und verbrachte zehn Tage im All. Auf ihrem Flug mit der *Discovery* im Jahr 1999 koppelte die Crew das Shuttle zum ersten Mal an die Internationale Raumstation (ISS) an und lieferte wichtige Vorräte und Bauteile, bevor die ersten menschlichen Besatzungen dort eintrafen. Ochoas letzter Raumflug war 2002. Die Crew der *Atlantis* besuchte elf Tage lang die ISS und führte Weltraumspaziergänge mit Unterstützung des ISS-Roboterarms durch.

Am Ende ihrer Flugkarriere hatte Ochoa fast 1000 Stunden im Weltraum verbracht. Von 2012 bis 2018 war Ochoa Leiterin des Johnson Space Center in Houston (Texas) und damit erst die zweite Frau an der Spitze der NASA-Zentrale für bemannte Raumfahrt. Die NASA hat Ochoa mit der »Distinguished Service Medal«, der »Exceptional Service Medal«, der »Outstanding Leadership Medal« sowie vier »Space Flight Medals« ausgezeichnet.

ABORTION
IS A
WOMAN'S
RIGHT!

KAPITEL 20

Ein neues Frauenbild

DIE PSYCHOLOGIE DER FRAUEN

»Es ist wahr, dass einige Wissenschaftler Frauen kategorisch eine Minderwertigkeit bescheinigt haben«, schrieb Leta Hollingworth 1916 in ihrem Artikel *Science and Feminism* (Wissenschaft und Feminismus). Aber nachdem Hollingworth jahrelang die Behauptungen der Wissenschaftler über die Minderwertigkeit der Frau auf den Prüfstand gestellt hatte, kam sie zu dem Schluss, dass »dies eher ein Ausdruck von volkstümlichem und volksethischem Gedankengut als von Wissenschaft war«.[433] Hollingworth (25. Mai 1886–7. November 1939) studierte an der Columbia University Psychologie und widmete einen Großteil ihrer frühen Forschungen der Demontage psychologischer Theorien über die Fähigkeiten und den Intellekt der Frau. Wie auch spätere feministische Psychologinnen wollte sie aufdecken, wie unkritisch männliche Psychologen kulturelle Überzeugungen über Frauen akzeptiert hatten, um ihre eigene Überlegenheit auf dem Gebiet und in der Gesellschaft insgesamt zu beweisen und zu schützen.

Hollingworth wird von Historikern und Historikerinnen als Vertreterin der ersten Generation von Psychologinnen betrachten, die das Feld in den frühen Tagen seiner Professionalisierung betraten. In den 1890er-Jahren wurden auf dem Gebiet der Psychologie erste Laboratorien, Fachgesellschaften, wissenschaftliche Zeitschriften sowie Universitätsfakultäten gegründet. In den ersten Jahrzehnten des 20. Jahrhunderts, als das Feld noch relativ neu war, arbeiteten mehr Frauen in der Psychologie als in vielen anderen etablierten Wissenschaften wie Chemie und Physik.[434] Eine völlige Gleichheit herrschte in der Psychologie dennoch nicht. Männliche Psychologie-Doktoranden zum Beispiel fanden mit größerer Wahrscheinlichkeit eine Universitäts- und Forschungsstelle, während Frauen mit den gleichen Qualifikationen oft kommentarlos in den Dienst von Schulen, Krankenhäusern und Kliniken oder in schlechter bezahlte Assistentenstellen verwiesen

← Mitglieder der New York Women's Liberation Army versammeln sich an einer Straßenecke, um bei einer Demonstration 1972 das Recht auf Abtreibung zu fordern.

wurden.[435] Frauen stiegen auch viel seltener in Führungspositionen in Universitäten und Fachgesellschaften auf.

Frauen, die zu dieser Zeit in das Fach eintraten, sahen sich nicht nur mit der beruflichen Diskriminierung in der Psychologie konfrontiert, sondern auch mit den Theorien über die minderwertige Natur der Frauen – Theorien, die viele männliche Psychologen benutzten, um diese Diskriminierung aufrechtzuerhalten. Psychologen übernahmen fast pauschal die kulturellen Vorstellungen des 19. Jahrhunderts über Männlichkeit und Weiblichkeit, die durch wissenschaftlich untermauerte Behauptung, dass diese auf Vererbung und Biologie beruhten, noch verstärkt wurden. Viele Theorien gingen davon aus, dass nur Männer zu intellektuellem Denken und Vernunft fähig seien, während Frauen von Emotionen geleitet würden. Dies erklärte angeblich, warum Männer in der Lage waren, intellektuelle Größe und soziales Prestige zu erreichen, während Frauen perfekt für Haushaltspflichten und Kindererziehung geeignet waren.[436]

DIE VARIABILITÄTSHYPOTHESE

In seinem Werk *The Descent of Man* (Die Abstammung des Menschen) aus dem Jahr 1871 legte Charles Darwin diese Ansicht mithilfe der neuen Wissenschaft der Evolutionsbiologie dar und behauptete, dass der Mann »höhere Ehren erreicht, in was auch immer er angeht, als die Frau es kann – ob es nun tiefes Denken, Vernunft oder Vorstellungskraft erfordert oder nur den Gebrauch der Sinne und Hände«. Stephanie Shields, eine Psychologin der zweiten Generation, die im 20. Jahrhundert arbeitete, hat argumentiert, dass die Betonung von »Ehre« für diese Zeit entscheidend war, weil soziale Macht als unvermeidliches Ergebnis der eigenen Fähigkeiten angesehen wurde.[437] Wenn Frauen in ihrer Laufbahn in der Psychologie nicht vorankamen, konnte man argumentieren, dass sie einfach nicht für diese Art von hochrangiger Arbeit und anspruchsvoller Forschung geschaffen waren.

Außerhalb der akademischen Welt kämpften die ersten Feministinnen um die Jahrhundertwende für das Wahlrecht, und die Aufmerksamkeit für den Status der Frauen in der Gesellschaft nahm zu.[438] Viele der Theorien über die intellektuelle Unterlegenheit der Frauen wurden zitiert, um die Rechtlosigkeit der Frauen in der Politik und in anderen Bereichen der Gesellschaft zu begründen. Als Psychologinnen sich also den geschlechtsspezifischen Vorurteilen zuwandten, die im Bereich der Psychologie verankert waren, stellten sie damit genau die Vorurteile infrage, die Frauen das Wahlrecht verwehrten und die sie als Ehefrauen und Mütter ins Haus verbannten.

Dass Leta Hollingworth die Ansichten der Wissenschaft über Frauen hinterfragte, beruht auf ihrer eigenen Erfahrung als Hausfrau wider Willen. Hollingworth, die als Schuldirektorin und Lehrerin tätig war, wurde nach der Heirat mit ihrem Mann in eine häusliche Rolle gezwungen. Ihr Mann, Harry Levi Hollingworth, war Psychologieprofessor an der Columbia University und unterstützte sie in ihrem Berufsleben, aber

→

LETA HOLLINGWORTH

Leta Hollingworth gehörte zur ersten Generation von Psychologinnen, ihre Arbeit war der Beginn des Endes der viktorianischen Vorstellungen über die Psychologie der Frau.

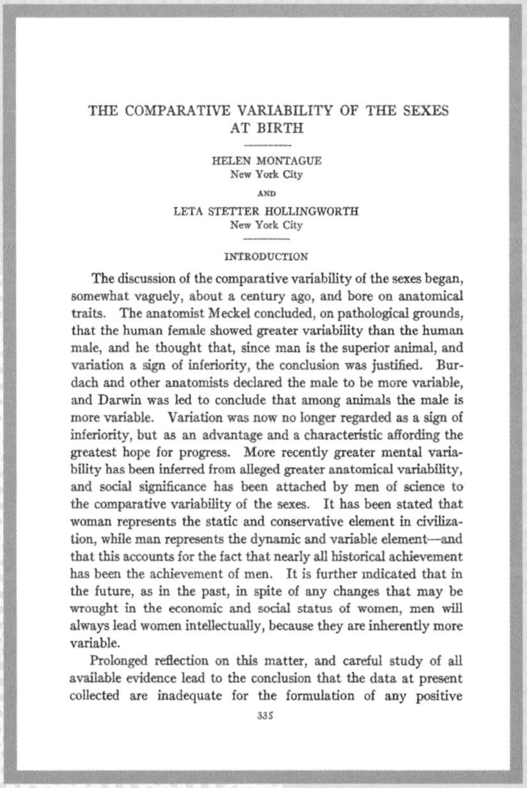

THE COMPARATIVE VARIABILITY OF THE SEXES AT BIRTH

HELEN MONTAGUE
New York City

AND

LETA STETTER HOLLINGWORTH
New York City

INTRODUCTION

The discussion of the comparative variability of the sexes began, somewhat vaguely, about a century ago, and bore on anatomical traits. The anatomist Meckel concluded, on pathological grounds, that the human female showed greater variability than the human male, and he thought that, since man is the superior animal, and variation a sign of inferiority, the conclusion was justified. Burdach and other anatomists declared the male to be more variable, and Darwin was led to conclude that among animals the male is more variable. Variation was now no longer regarded as a sign of inferiority, but as an advantage and a characteristic affording the greatest hope for progress. More recently greater mental variability has been inferred from alleged greater anatomical variability, and social significance has been attached by men of science to the comparative variability of the sexes. It has been stated that woman represents the static and conservative element in civilization, while man represents the dynamic and variable element—and that this accounts for the fact that nearly all historical achievement has been the achievement of men. It is further indicated that in the future, as in the past, in spite of any changes that may be wrought in the economic and social status of women, men will always lead women intellectually, because they are inherently more variable.

Prolonged reflection on this matter, and careful study of all available evidence lead to the conclusion that the data at present collected are inadequate for the formulation of any positive

335

←

Die erste Seite von Hollingworths Aufsatz *The Comparative Variability of the Sexes at Birth*, geschrieben mit Helen Montague und veröffentlicht 1914.

die Schulen in New York, an denen sie eine Anstellung als Lehrerin suchte, wollten keine verheirateten Frauen beschäftigen.[439] Nach drei Jahren Arbeitslosigkeit schrieb Hollingworth sich 1911 an der Columbia University ein, die erst elf Jahre zuvor ihre Türen für Frauen geöffnet hatte. Nach ihrem Master-Abschluss in Psychologie setzte sie ihr Promotionsstudium bei ihrem Mentor Edward Thorndike fort.

Thorndike und Hollingworth waren ein ungleiches Paar. Thorndike vertrat psychologische Theorien über die Minderwertigkeit von Frauen, beispielsweise die Variabilitätshypothese, die Hollingworth vollständig ablehnte. Diese Theorie besagte, dass Männer eine größere Variabilität oder Bandbreite an physischen und psychischen Eigenschaften aufwiesen, während Frauen in statischer Mittelmäßigkeit feststeckten und nie in der Lage waren, sich auf ein höheres Niveau zu entwickeln. Thorndike beschrieb die Auswirkungen dieser Theorie: »Wenn Männer sich in Intelligenz und Energie durch größere Extreme unterscheiden als Frauen, werden die Ehren in und die Führung von Weltangelegenheiten, welcher Art auch immer, unweigerlich öfter den Männern gehören. Sie werden sie häufiger verdienen.«[440] Hollingworth nutzte ihre eigene Arbeit, um das Gegenteil zu beweisen. Zusammen

Psychologen übernahmen fast pauschal die kulturellen Vorstellungen des 19. Jahrhunderts über Männlichkeit und Weiblichkeit, die durch Behauptungen von Wissenschaftlern, dass diese Vorstellungen auf Vererbung und Biologie beruhen, noch verstärkt wurden.

mit ihrer Kollegin Helen Montague analysierte Hollingworth die Krankenhausakten von 1000 männlichen und 1000 weiblichen Neugeborenen und verglich körperliche Merkmale wie Geburtsgewicht und -größe. In ihrer Arbeit *The Comparative Variability of the Sexes at Birth* (Vergleichende Variabilität der Geschlechter bei der Geburt) fanden Hollingworth und Montague heraus, dass weibliche Neugeborene eine höhere Rate an körperlicher Variabilität aufwiesen als männliche. In einer weiteren Schrift widerlegte Hollingworth die Variabilitätshypothese Punkt für Punkt, wobei sie speziell Thorndike angriff und argumentierte, dass Variation ein Ergebnis der Umwelt und nicht der Vererbung sei.[441] »In den spärlichen und nicht schlüssigen Daten, die zu diesem Thema verfügbar sind, kann kein Beweis für eine größere männliche Variabilität bei geistigen Merkmalen gefunden werden«, schrieb sie. »Die Theorie existiert, aber die Beweise nicht.«[442]

In ihrer Dissertation bei Thorndike räumte Hollingworth mit dem Mythos auf, dass Frauen durch die Menstruation geistige Defizite aufweisen. In *Functional Periodicity: An Experimental Study of the Mental and Motor Abilities of Women During Menstruation* (Periodische Funktionalität: Eine experimentelle Studie über die geistigen und motorischen Fähigkeiten von Frauen während der Menstruation) untersuchte Hollingworth detailliert die Leistungen von Männern und Frauen in einer Reihe von Tests zu motorischen und kognitiven Fähigkeiten. Sie fand keine Hinweise darauf, dass die Leistung von Frauen während der Menstruation abnahm. Obwohl Thorndike andere Ansätze vertrat, konnte er die Gültigkeit von Hollingworths Arbeit nicht leugnen. Tatsächlich war er von ihrer Arbeit so beeindruckt, dass er ihr eine Stelle am Columbia Teachers College anbot, die sie annahm.

PSYCHOLOGINNEN IN EINER ZEIT DES WANDELS

Hollingworth legte zusammen mit vielen anderen Psychologinnen der ersten Generation den Grundstein für das Teilgebiet »Psychologie der Frau«. Sie nahmen die Anliegen von Frauen ernst und wandten sich gegen unkritische Berufskollegen, die den Platz der Frau in der Gesellschaft als biologisches Schicksal betrachteten. Die Psychologie änderte ihre Sicht auf Frauen jedoch nicht von heute auf morgen und auch nicht im Lauf der nächsten Jahrzehnte. Während des gesamten 20. Jahrhunderts waren Psychologinnen weiterhin mit denselben institutionellen und wissenschaftlichen Diskriminierungen konfrontiert wie ihre Vorgängerinnen der ersten Generation.

Während Frauen in anderen Berufsfeldern und Wissenschaften oft mehr Arbeitsmöglichkeiten fanden, wenn Kriege Arbeitskräftemangel verursachten, waren Psychologinnen weniger gefragt. 1940 wurde unter Aufsicht des National Research Council das Emergency Committee in Psychology gegründet, um psychologisches Fachwissen im militärischen Kontext zu nutzen. Psychologinnen, die hofften, mit ihrem Fachwissen zu den Kriegsanstrengungen beizutragen, wurde gesagt, sie sollten »brave Mädchen sein und warten, bis sich in den Plänen ein Platz für sie fand«.[443] Statt brav zu warten, gründete eine Gruppe von 50 Psychologinnen den National Council of Women Psychologists (NCWP). Es war das erste Mal, dass sich Psychologinnen mit dem Ziel der beruflichen Förderung organisierten, und es war die einzige derartige Gruppe während des Krieges.[444] Nach dem Krieg wurde die Organisation in den International Council of Women Psychologists umgewandelt, mit dem allgemeineren Ziel, praktische Anwendungen der Psychologie zu fördern. Obwohl der NCWP nur kurzlebig war, hob er zwischen der ersten

↑

NAOMI WEISSTEIN

Die Experimentalpsychologin Naomi Weisstein hat mit ihrem 1968 erschienenen Aufsatz *Kinder, Küche, Kirche as a Scientific Law: Psychology Constructs the Female* das Feld der feministischen Psychologie mitbegründet.

und zweiten feministischen Welle die Dringlichkeit der Frage nach dem Status der Frauen in der Psychologie hervor. Mit der zweiten Welle des Feminismus trat auch die zweite Generation von Psychologinnen auf den Plan.[445]

Die zweite Generation von Psychologinnen überschnitt sich zeitlich mit der Bürgerrechtsbewegung, infolgedessen war die zweite Generation ethnisch vielfältiger als ihre Weißen Vorgängerinnen aus der Mittelschicht. Der zahlenmäßige Anstieg an Schwarzen Psychologinnen brachte nicht nur eine Diversifizierung mit sich, sondern eröffnete auch neue Perspektiven auf die Sichtweisen der Psychologie zum Thema »Rassenunterschiede«. Mamie Phipps Clark und ihr Ehemann Kenneth (siehe Seite 213) standen an der Spitze einer Strömung der Psychologie, die sich von wissenschaftlichen Begründungen für Rassismus abwandte und soziale und umweltbedingte Faktoren für »Rassenunterschiede« in Betracht zog.[446] Ihre Arbeit auf diesem Gebiet trug dazu bei zu beweisen, dass die segregierte Erziehung im amerikanischen Süden für Schwarze Kinder schädlich war, und lieferte entscheidende Beweise für die Aufhebung der Rassentrennung an Schulen. Jeanne Spurlock (19. Juli 1921–25. November 1999), die 17 Jahre lang als stellvertretende medizinische Leiterin der American Psychiatric Association tätig war, konzentrierte sich auf die psychologische Entwicklung von Schwarzen Kindern. Wie Clark nutzte sie ihr Fachwissen, um für Schwarze Kinder einzutreten, und setzte sich bei den Gesetzgebern dafür ein, Mittel für die psychische Gesundheit von Minderheiten bereitzustellen.

Mit dem neu erwachten Interesse, das teilweise durch die zweite Welle des Feminismus ausgelöst wurde, wurde die »Psychologie der Frau« auch zum Thema der zweiten Generation von Psychologinnen, angeführt von der Experimentalpsychologin Naomi Weisstein (16. Oktober 1939–26. März 2015). Weisstein schloss ihr Studium in Harvard 1964 als Jahrgangsbeste in nur zweieinhalb Jahren ab, obwohl einer ihrer Professoren ihr sagte, dass »Frauen nicht an die Hochschule gehören«.[447] Sie erhielt ein Stipendium der National Science Foundation für mathematische Biologie an der University of Chicago. Doch bei der Arbeitssuche erkannte sie bald, wie verbreitet die Ansichten ihres Harvard-Professors waren und wie schwierig es selbst für eine hochqualifizierte Frau war, eine Stelle in diesem Bereich zu finden. In ihrem Essay *How can a little girl like you teach a great big class of men?* (Wie kann ein kleines Mädchen wie Sie eine große Klasse von Männern unterrichten?) erinnerte sich Weisstein an immer wiederkehrende abwertende Bemerkungen von männlichen Kollegen. Einer fragte: »Wer hat für Sie geforscht?«, und ein anderer empfahl: »Sie sollten heiraten.«[448]

DIE ENTSTEHUNG DER FEMINISTISCHEN PSYCHOLOGIE

Weisstein verstand, dass das diskriminierende Verhalten der männlichen Psychologen nicht auf die akademische Welt beschränkt war und dass es negative Auswirkungen auf die größere Sache der Frauenbefreiung haben konnte. »Wenn wir über die Befreiung der Frauen nachdenken, schauen wir natürlich auf die Psychologie. Sie soll uns sagen, was ›wahre‹ Befreiung bedeuten würde: was den Frauen die Freiheit geben würde, ihre eigene Natur zu erfüllen«, schrieb Weisstein 1968 in ihrem Aufsatz *Kinder, Küche, Kirche as Scientific Law: Psychology Constructs the Female* (Kinder, Küche, Kirche als Naturgesetz: Psychologie konstruiert das Weibliche). Weisstein warnte davor, dass das, was Psychologen als die Natur der Frau

> Psychologinnen stellten andere Fragen und suchten Antworten auf neue Art und Weise und zu Punkten, die ihre männlichen Kollegen nicht erreichen konnten oder wollten.

beschrieben, eher männliche Fantasien über Frauen widerspiegelte als das, was Frauen selbst sein wollen. In dem Aufsatz berief sie sich auf prominente zeitgenössische Psychologen wie Bruno Bettelheim von der University of Chicago, der gesagt hatte, dass Frauen bei allem Interesse an der Wissenschaft »in erster Linie Gefährtinnen der Männer und Mütter sein wollen«.[449]

Durch die Bereitschaft, mit der die Psychologie die »sexistischen Normen unserer Kultur« übernommen habe, sei Weisstein zufolge ihr Fachgebiet nahezu wertlos, wenn es um die Befreiung von Frauen oder Männern gehe. »Die Psychologie hat nichts darüber zu sagen, wie Frauen wirklich sind, was sie brauchen und was sie wollen, vor allem weil die Psychologie es nicht weiß«, behauptete sie. Ähnlich wie Hollingworth Jahrzehnte zuvor zeigte Weisstein, wie die Psychologie Theorien über Frauen ohne Beweise konstruiert hatte, indem sie sich fälschlicherweise zu sehr auf angeborene Geschlechtsunterschiede und nicht auf den sozialen und kulturellen Kontext verließ. Ohne Beweise und eine sorgfältige Berücksichtigung des sozialen Kontextes, so argumentierte Weisstein, könne die Psychologie die gelebten Erfahrungen von Frauen nicht kennen.

In Weissteins Aufsatz schwang eine Wut und ein bissiger Witz mit, die man aus der wissenschaftlichen Literatur normalerweise nicht kennt. Es ist verständlich, dass sie sich für eine solche Wortsalve statt für einen klinischen Ansatz entschied, um Argumente zu wiederholen, die schon rund 50 Jahre früher von Hollingworths Generation angeführt worden waren. Ihr Aufsatz erregte Aufsehen und wurde in über 30 Publikationen unterschiedlichster wissenschaftlicher Disziplinen veröffentlicht, von der Wissenschaftsphilosophie bis zu den Politikwissenschaften. Außerdem erschien er in der feministischen Anthologie *Sisterhood is Powerful: An Anthology of Writings from the Women's Liberation Movement* (Schwesternschaft ist mächtig: Eine Anthologie von Schriften aus der Frauenbewegung).[450] Weisstein leitete eine neue Ära der psychologischen Forschung ein, die wir heute als feministische Psychologie bezeichnen.

1973 nahm die American Psychological Association (APA), der größte Berufsverband der Psychologen in den Vereinigten Staaten, die feministische Psychologie in ihre Organisation auf: Der Repräsentantenrat genehmigte eine Petition zur Einrichtung einer Abteilung für Frauenpsychologie (Division 35), die Weisstein mitgründete. Der ausdrückliche Zweck der Abteilung, die sich nun Society for the Psychology of Women nannte, war es, »die Erforschung und das Studium von Frauen zu fördern [und] ebenso zu fördern, dass diese Informationen über Frauen in das aktuelle psychologische Wissen und die psychologischen Leitlinien aufgenommen werden, um das gewonnene Wissen auf die Gesellschaft und ihre Institutionen anzuwenden«.[451] Der institutionelle Status innerhalb der APA verschaffte der feministischen Psychologie Vorteile: eine eigene Zeitschrift, ein fester Programmplatz bei den Jahrestagungen der APA und eine Vertretung im Council of Representatives.[452] Die Abteilung und die Zeitschrift *Psychology of Women Quarterly* gibt es noch heute. Seit ihrer Gründung wurde die Abteilung um Sektionen erweitert, die die Vielfalt der Erfahrungen von Frauen besser widerspiegeln: Section I: Psychology of Black Women; Section III: Concerns of Hispanic Women/Latinas; Section IV: Lesbian, Bisexual, and Transgender Concerns; Section V: Psychology of Asian Pacific American Women; und Section VI: Alaska Native/American Indian/Indigenous Women.

Eine Generation vor der Abteilung 35 witzelte Hollingworth: »Es ist amüsant zu beobachten, wie jeder entdeckte oder behauptete Geschlechterunterschied so interpretiert wurde, dass er die Überlegenheit der Männer zeigt.«[453] Schon Hollingworth war sich der Notwendigkeit einer inklusiveren Psychologie sehr bewusst, sowohl im Hinblick auf die Praktizierenden als auch was die Theorie betraf. Die Ansichten der Psychologie über männliche Überlegenheit und weibliche Unterlegenheit waren im 19. Jahrhundert unangefochten und festgefahren geblieben, aber die größere Zahl von Psychologinnen bewirkte, dass die Unterschiede zwischen Männern und Frauen allmählich neu interpretiert wurden. Darüber hinaus haben feministische Psychologinnen Themen wie häusliche und sexuelle Gewalt, gesellschaftliche Zwänge und systemische Unterdrückungen wie Rassismus und Homophobie in den Blickpunkt der Disziplin gerückt. Feministische Psychologinnen stellten andere Fragen und suchten Antworten auf neue Art und Weise und zu neuen Forschungsfeldern, die ihre männlichen Kollegen nicht untersuchen konnten oder wollten.

KAPITEL 21

Das Problem »Erste Frau«

IM SCHATTEN VON MARIE CURIE

Wenn wir die Geschichte der Wissenschaft vom Altertum bis in unsere technowissenschaftliche Gegenwart betrachten, ist in populären Erzählungen und Darstellungen oft nicht ersichtlich, wo und wie Frauen zu diesem wichtigsten intellektuellen Projekt der Menschheit beigetragen haben. Die Namen der Männer, die unser Wissen über die Natur neu geformt haben, sind viel vertrauter. Männer sind alltägliche Figuren in unserer kollektiven Wahrnehmung des wissenschaftlichen Fortschritts. Die Geschichten der Frauen, die ebenso Bestandteil dieser größeren Geschichte sind, sind wenig erforscht, weil es vielen von ihnen nie erlaubt war, an den Hauptströmungen der Wissenschaft teilzuhaben – doch diese untersuchen Historiker besonders häufig. Frauen waren von Hochschulen und Universitäten ausgeschlossen, von den Hörsälen und Anatomiesälen der großen Bildungsstätten, aber auch von dem Diskurs, den wir brauchen, um die Geschichte der Wissenschaft zu verstehen.

Frauen erkämpften sich ständig Nischen in Räumen, in denen sie nicht erwünscht waren, in denen man über ihr Interesse an der Erforschung der Natur die Nase rümpfte und man meinte, das Wissen über die Welt sei unpassend für weibliche Empfindungen. Wenn wir in den Dokumenten solcher Institutionen nach Beiträgen von Frauen suchen, werden wir enttäuscht. Aber der Marginalisierung von Frauen in der Wissenschaft liegt eine noch weitere Kraft zugrunde. Unsere heutige Vorstellung von Wissenschaftlerinnen wird von einigen wenigen Lichtgestalten dominiert, deren Geschichten bei jeder erdenklichen Gelegenheit in gebührender Ehrerbietung lang und breit erzählt werden. Marie Curie (7. November 1867–4. Juli 1934) zum Beispiel wird in diesem Buch nicht ausführlich erwähnt – nicht, weil sie nicht wichtig war, sondern weil sie die am besten erforschte Wissenschaftlerin der

← Ein Magnetar, eine Art extremer Pulsar, aufgenommen mit dem Chandra-Röntgenteleskop der NASA.

Geschichte ist. Das wohlverdiente Licht, in dem wir sie heute sehen, hat aber sehr viele andere Wissenschaftlerinnen in den Schatten gestellt. Dieses Phänomen der »Ersten« ist eine Folge von eigentlich gut gemeinten Versuchen, die Geschichte der Frauen in der Wissenschaft aufzuarbeiten, indem man an denselben Stellen sucht, an denen man auch nach Männern suchen würde. Wie wir in diesem Buch gezeigt haben, stellen aber die weiblichen »Ersten« in der Wissenschaftsgeschichte nur eine winzige Minderheit derjenigen dar, die ins wissenschaftliche Establishment vordringen konnten. Ein letztes Beispiel kann dazu dienen, diesen Punkt zu unterstreichen und zu zeigen, wie auch bestimmte wissenschaftliche Disziplinen – vor allem die »alten«, deren Themen uns als Laien besonders fesseln – die gleiche Art von verdunkelnden Schatten werfen, die wir bei Lichtgestalten wie Curie beobachten können.

DUNKLE MATERIE

Vera Rubin (23. Juli 1928–25. Dezember 2016) war eine der bedeutendsten Astronominnen des 20. Jahrhunderts. Sie wurde 1928 als Vera Florence Cooper in Philadelphia geboren. Sie studierte am Vassar College, wo die berühmte Astronomin Maria Mitchell (1. August 1818–28. Juni 1889) im 19. Jahrhundert Professorin war, und an der Cornell University, nachdem sie in Princeton als Frau abgelehnt worden war.[454] Während ihrer Jahre in Vassar kurz nach dem Zweiten Weltkrieg lernte Rubin ihren Ehemann Robert kennen, arbeitete in den Sommermonaten am Naval Research Laboratory in Washington, D.C. und war als »Uhr-Aufzieherin, Aktensortiererin und Teleskop-Helferin« für einen Professor tätig.[455] Als sie und Robert 1948 nach Ithaca (New York) zogen, begann sie ihr Studium an der Cornell University, wo sie von berühmten Physikern wie Richard Feynman und Hans Bethe lernte und unter der Astronomin Martha Stahr Carpenter an ihrer Masterarbeit über die Geschwindigkeitsverteilung von Galaxien arbeitete.[456] Rubin erinnerte sich später lebhaft daran, wie ihr Fakultätsleiter ihr anbot, ihre Masterarbeit auf der Tagung der American Astronomical Society (AAS) im Jahr 1950 zu präsentieren – da sie ja ein kleines Kind bei sich haben würde und offensichtlich die Arbeit nicht selbst vorstellen könne –, wenn er dafür, gewissermaßen als Gegenleistung, seinen eigenen Namen anhängen dürfe. Rubin lehnte ab und präsentierte ihre Arbeit selbst, was zu erheblichem Widerstand seitens der AAS-Teilnehmer führte. Die *Washington Post* berichtete am nächsten Tag über die Tagung, dass die Reaktionen auf ihren Vortrag »höflich«, aber auch »hartnäckig« waren, aber Rubin erinnert sich an diesen Tag ganz anders.[457] »Einer nach dem anderen«, schrieb sie in einer autobiografischen Skizze aus dem Jahr 2012, »standen viele wütend klingende Männer auf, um mir zu sagen, warum ich ›das‹ nicht tun konnte.«[458]

Rubin ging 1952 an die Georgetown University, um ihr Promotionsstudium fortzusetzen und ihre Master-Forschung über Galaxien zu erweitern, und sie

↑

VERA RUBIN

Die Arbeit der Astronomin Vera Rubin über die Rotation von Galaxien lieferte einige der ersten Beweise für die Dunkle Materie, eine wesentliche Komponente der Struktur des Universums.

veröffentlichte ihre Dissertation in den *Proceedings of the National Academy of Sciences*. Sie lehrte und forschte zehn Jahre lang in Georgetown. In den frühen 1960er-Jahren begann sie eine Reihe von Beobachtungen an verschiedenen Teleskopen im ganzen Land, einschließlich des Kitt Peak National Observatory in Arizona. 1965, bevor Frauen offiziell die Nutzung der Einrichtungen gestattet wurde, unternahm sie einen Beobachtungsausflug zum Palomar-Observatorium des California Institute of Technology.[459] Ihre Freundin Margaret Burbidge hatte dasselbe getan und die Privilegien ihres Mannes Geoff genutzt, um sich ein wenig Zeit am Teleskop zu verschaffen.[460]

1965 nahm Rubin eine Forschungsstelle am Carnegie Institution's Department of Terrestrial Magnetism an, um sich auf die Beobachtung zu konzentrieren. Sie musste ein geringeres Gehalt akzeptieren, um nachmittags zu Hause bei ihren Kindern zu sein. Sie begann, zusammen mit Kent Ford an den Spektren von Galaxien zu arbeiten, zunächst am Lowell-Observatorium an der Aufnahme der Andromeda-Galaxie.[461] Rubin stellte fest, dass im Gegensatz zu unserer eigenen Galaxie, in der weiter vom Zentrum entfernte Sterne langsamer rotieren, die sogenannte Rotationskurve in der Andromeda-Galaxie flach war. Damit diese Beobachtungen mit der Newtonschen Physik übereinstimmten, musste irgendetwas genügend Masse beitragen, um die Kurve abzuflachen. Dies war ein erster Hinweis auf das, was wir heute Dunkle Materie nennen: eine mysteriöse, unsichtbare Kategorie von Materie, die einen großen Teil des Universums auszumachen scheint.[462]

Selbst dort, wo Frauen unbestreitbare Beiträge zu unserem Wissen über die Natur geleistet haben – Beiträge, die selbst von den uninteressiertesten Beobachtern und Beobachterinnen nicht übersehen werden können –, wurden sie doch auf den höchsten Ebenen der Wissenschaft immer noch systematisch diskriminiert. Wie Rubin machte auch die Astrophysikerin Jocelyn Bell Burnell (geb. 15. Juli 1943) eine wichtige kosmologische Entdeckung, mit der sie die Karte des Himmels neu schrieb, und sie tat dies aus einer Position der beruflichen Ausgrenzung heraus.

BENENNUNG EINES NEUEN STERNS

Die Astrophysikerin Burnell ist vor allem für die Entdeckung von Pulsaren bekannt, einer Art von schnell rotierenden Sternen. Die 1943 in Nordirland geborene Burnell studierte an der University of Glasgow Physik und promovierte 1969 an der University of Cambridge.[463] In Cambridge machte Burnell während der Arbeit an ihrer Dissertation ihre berühmte Pulsar-Entdeckung. Zusammen mit ihrem Doktorvater Antony Hewish baute ihre Forschungsgruppe eine neue Art von Radioteleskop, um Quasare, die Kerne von Galaxien, besser untersuchen zu können. Radioteleskope fangen, im Gegensatz zu den von Rubin verwendeten optischen Teleskopen, Funksignale von weit entfernten Himmelsobjekten ein. Das von Hewish und Burnell gebaute Teleskop hatte eine Fläche von ca. 1,8 Hektar, der Bau begann 1967.[464]

Burnell war verantwortlich für den Betrieb des Teleskops und die Überwachung der 30 Meter Papier, die das Instrument täglich erzeugte, um die vom Teleskop empfangenen Radiowellen zu dokumentieren. Die Analyse dieser Diagramme erfolgte visuell und von Hand, wofür Burnell ebenfalls verantwortlich war. In den fließenden Wellenformen des Diagrammpapiers entdeckte sie zum ersten Mal etwas, das sie »Scruff« nannte.[465] Ein Teil ihrer Arbeit bestand darin, Signale von fernen Objekten wie Sternen und eher lokale Störungen von der Erde oder dem

---

Unsere heutige Vorstellung von Wissenschaftlerinnen ist geprägt von einigen wenigen Lichtgestalten, deren Geschichten bei jeder erdenklichen Gelegenheit in gebührender Ehrerbietung für Frauen in der Wissenschaft hervorgeholt werden.

Sonnensystem visuell zu identifizieren. Der »Scruff« fiel ihr wegen seines sehr unregelmäßigen Musters auf. Hewish untersuchte das Signal und kam zunächst zu dem Schluss, dass es aufgrund seines regelmäßigen Wiederkehrens wahrscheinlich von Menschen erzeugt wurde und nur eine Störung darstellte. Das Muster musste noch isoliert werden, um seine Quelle zu bestimmen und zu verhindern, dass es andere Daten verunreinigte. Burnell war jedoch nicht ganz davon überzeugt, dass das Muster auf menschliches Handeln zurückzuführen war, und sagte später scherzhaft über die Entdeckung, dass »ich aufgrund wirklich bemerkenswerter Ahnungslosigkeit nicht einsah, warum es nicht von einem Stern stammen sollte«.[466]

Burnell hatte recht; das Signal stammte von einem Stern, und zwar einer Art, die zuvor noch nie beschrieben worden war. Im Jahr 1968 veröffentlichten sie und Hewish ihre Erkenntnisse, aber die Quelle war noch nicht eindeutig identifiziert worden. Da sie nicht widerlegen konnten, dass es sich bei der Quelle um eine außerirdische Intelligenz handelte, obwohl sie das für höchst unwahrscheinlich hielten, wurde diese Möglichkeit von der Presse aufgegriffen. Burnell erinnerte sich daran, dass sie enttäuscht war, dass ihr Dissertationsprojekt möglicherweise von der viel

↑

JOCELYN BELL BURNELL

Als Doktorandin entdeckte Jocelyn Bell Burnell 1967 die ersten Pulsare, ein bedeutender Durchbruch in der Astronomie, für den ihr Doktorvater mit dem Nobelpreis ausgezeichnet wurde.

größeren Entdeckung der »kleinen grünen Männchen« vereinnahmt wurde.[467] In ihrem Artikel *Observation of a Rapidly Pulsating Radio Source* (Beobachtung einer schnell pulsierenden Radioquelle) formulierte sie die Annahme, dass die Signale von »Oszillationen von Weißen Zwergen oder Neutronensternen« stammten, was später bestätigt wurde.[468] 1974 teilten sich Hewish und Martin Ryle den Nobelpreis für Physik. Hewish wurde für »seine entscheidende Rolle bei der Entdeckung von Pulsaren« gewürdigt.[469]

DAS PHÄNOMEN »DIE ERSTE«

Rubin und Burnell werden häufig auf Listen von unbeachteten Frauen in der Wissenschaft aufgeführt, zum Teil, weil beide oft so dargestellt werden, als seien sie zu Unrecht bei der Vergabe des Nobelpreises übergangen worden. Burnell hat lange behauptet, dass es sie nie gestört hat, bei der Preisverleihung 1974 nicht berücksichtigt worden zu sein, aber in einem Artikel aus dem Jahr 2004 mit dem Titel *So Few Pulsars, So Few Females* (So wenig Pulsare, so wenig Frauen) räumte sie ein, dass die Entscheidung des Nobelpreiskomitees nicht ganz fair war.

> *»Mein Studentenstatus und vielleicht auch mein Geschlecht waren wohl auch mein Verhängnis in Bezug auf den Nobelpreis, der an Professor Antony Hewish und Professor Martin Ryle verliehen wurde. Zu dieser Zeit wurde Wissenschaft immer noch so wahrgenommen, als würde sie von angesehenen Männern betrieben, die Teams von nicht anerkannten Lakaien anführten, die ihre Befehle ausführten und selbst nichts anderes beitrugen als das, was ihnen aufgetragen wurde!«*[470]

Gerade die Astronomie ist ein fruchtbares Feld für Debatten über den Ausschluss von Frauen aus der Wissenschaft und die fehlende Würdigung ihrer Leistungen bei Auszeichnungen und beruflicher Anerkennung. Sowohl Rubin als auch Burnell waren für die Art von Entdeckung verantwortlich, die wir oft am beeindruckendsten und wundersamsten finden – die Benennung neuer Taxa unseres Universums. Die fernen und geheimnisvollen Phänomene, die ihre Forschung beleuchtete, fesseln unsere Vorstellungskraft und zeigen die Grenzen menschlichen Wissens auf. Aber selbst innerhalb ihres eigenen Fachgebiets, ganz zu schweigen von der größeren Geschichte der Wissenschaft, sind sie kaum »Erste« im herkömmlichen Sinne. Um die Wende zum 19. Jahrhundert entdeckte Caroline Herschel eine Reihe von Kometen. Carolyn Shoemaker, eine Zeitgenossin von Rubin und Burnell, wiederholte dies rund 200 Jahre später. Burnell erkannte die Strukturen ihrer Wissenschaftsdisziplin und schrieb, dass »es in der Vergangenheit einige hervorragende Astronominnen gegeben hat, die für ihre Beiträge keine ausreichende Anerkennung fanden«.[471]

Die Goldmedaillen der Nobelpreisträger für Physik, Chemie, Physiologie oder Medizin sind kuriose Artefakte der Wissenschaftsgeschichte. Im Gegensatz zu den Medaillen für den Friedensnobelpreis oder den Wirtschaftsnobelpreis sind auf den Revers der Wissenschaftsmedaillen nur weibliche Figuren abgebildet. Auf der Medaille für Physik und Chemie zeigen die Revers eine allegorische Szene, in der die Natur durch das Genie der Wissenschaft enthüllt wird. Die barbusige Natur hält ein Füllhorn im Arm, die Wissenschaft hält eine Schriftrolle und hebt den Schleier vor dem Gesicht der Natur an.[472] Solche allegorischen Figuren tauchen in der gesamten visuellen Geschichte der westlichen Wissenschaft auf, von den Titelbildern wissenschaftlicher Bücher über Skulpturen bis hin zu den Giebeln öffentlicher Gebäude. Der Historikerin Londa Schiebinger zufolge hatte das Bild der Frau einen stolzen Platz in berühmten Räumen der Wissenschaft, aber oft nur als mythologische Verkörperung höchster wissenschaftlicher Ideale. Die wirklichen Frauen der Wissenschaft sind weit schwieriger zu finden, zum Teil deshalb, weil gerade die Institutionen, die sich mit ihrem Abbild schmücken, ihnen den Zugang lange verwehrten.

Es ist offensichtlich, dass Frauen *seit jeher* nach Wissen über die Natur streben. Heute stehen wir vor der Aufgabe, die strukturellen und institutionellen Kräfte zu erklären und zu verstehen, die dem Fortkommen der Frauen im Weg standen und sie einfach im Strom der Geschichte untergehen ließen. Frauen waren nicht nur mit institutionellen Barrieren konfrontiert – dem Verbot von Bildung für Frauen, dem Verbot, Frauen in wichtige wissenschaftliche Gesellschaften zu berufen –, sondern auch mit alltäglichem Sexismus, Belästigung, Missbrauch und in einigen Fällen mit Gewalt. Statt der Frage nachzugehen, ob Frauen zu wissenschaftlichen Leistungen fähig waren, sollten die Kräfte, die Frauen aus dem Blickfeld verborgen haben, identifiziert und offengelegt werden. Das Resultat solcher Überlegungen wird zu einem umfassenderen Verständnis der Wissenschaftsgeschichte führen und in der Zukunft hoffentlich Institutionen ermöglichen, die Frauen in der Wissenschaft besser integrieren.

Anhang

KALPANA CHAWLA
NASA

Weitere bemerkenswerte Frauen

Elizabeth Garrett-Anderson
(1836–1917, oben rechts)

Elizabeth Garrett-Anderson war stark von der amerikanischen Ärztin Elizabeth Blackwell beeinflusst und entschied sich für ein Leben in der Medizin und gegen die Ehe. Anderson kämpfte jahrelang um die Aufnahme an einer medizinischen Hochschule und erwarb ihren Abschluss schließlich in Paris. Sie war die erste britische Frau, die sich als Ärztin und Chirurgin qualifizierte. Später gründete sie das New Hospital for Women in London und wurde zur Dekanin der London School of Medicine for Women ernannt, an deren Aufbau sie beteiligt war. 1908 wurde Anderson Bürgermeisterin von Aldeburgh – und zugleich die erste Frau in diesem Amt in ganz Großbritannien.

Sophia Jex-Blake
(1840–1912)

Sophia Jex-Blake setzte sich dafür ein, dass Frauen zum Medizinstudium zugelassen werden. Nachdem amerikanische und englische Universitäten ihr einen Studienplatz verweigert hatten, schrieb sich Jex-Blake zusammen mit sechs anderen Frauen an der Universität von Edinburgh ein. Die »Edinburgh Seven« durften jedoch keinen Abschluss machen. Jex-Blake unterstützte den Medical Act von 1878. Dieser hob frühere Gesetze auf, die Frauen von der Zulassung zum Medizinstudium ausschlossen. 1877 promovierte Jex-Blake an der Universität Bern zum »Doktor der Medizin«.

Aletta Henriëtte Jacobs
(1854–1929, Mitte rechts)

Aletta Jacobs – Ärztin, Frauenrechtlerin, Verfechterin der Geburtenkontrolle und Friedensaktivistin – war die erste Frau in den Niederlanden, die eine Universität besuchte und einen medizinischen Abschluss erhielt. Trotz Widerstands aus der Ärzteschaft eröffnete Jacobs die weltweit erste Klinik für Geburtenkontrolle. Damit verband sie ihren Einsatz für die Gesundheitsfürsorge von Frauen mit dem Engagement für Frauenrechte in der Arbeitswelt, denn sie sah aus erster Hand, welchen Tribut lange Arbeitstage unter gesundheitsschädlichen Bedingungen für den Körper von Frauen forderten. Neben der medizinischen Tätigkeit war Jacobs Mitbegründerin der Woman Suffrage Alliance und wirkte bei der Gründung der Women's International League for Peace and Freedom mit.

Margaret Alice Murray
(1863–1963, unten links)

Die Archäologin, Ägyptologin, Volkskundlerin und Anthropologin Margaret Murray hinterließ im Lauf ihres 100-jährigen Lebens auf vielen Gebieten ihre Spuren. Murray war die erste weibliche Dozentin für Archäologie in Großbritannien und gründete das erste zweijährige universitäre Ausbildungsprogramm für zukünftige Feldarbeiter am University College in London. Als Volkskundlerin entwickelte sie die »Hexenkult-Hypothese«, die früheste anthropologische Studie über Hexerei in Großbritannien, die seitdem als Grundlage wissenschaftlicher Studien über Hexerei gilt. Sie war nicht nur eine führende Wissenschaftlerin, sondern auch eine geschätzte Mentorin.

Gertrude Bell
(1868–1926)

Gertrude Bell, auch »Königin der Wüste« oder »weiblicher Lawrence von Arabien« genannt, war Archäologin, Agentin und Diplomatin. Sie bereiste den gesamten Nahen Osten, grub Ruinen in Syrien aus und kartierte große Teile der Region. Während des Ersten Weltkriegs unterstützte Bell den britischen Geheimdienst, indem sie Soldaten durch die Wüsten des Nahen Ostens eskortierte. Als sachkundige Verbindungsoffizierin genoss sie das Vertrauen der Briten wie der Araber. Ihr dauerhaftestes Vermächtnis ist ihre diplomatische Rolle bei der Gründung des heutigen Irak. Als

Archäologin lag Bell vor allem ihre Arbeit zur Erhaltung der irakischen Altertümer am Herzen. Da sie darauf bestand, dass die historischen Schätze im Irak verbleiben sollten, gründete Bell das Baghdad Antiquities Museum, das heutige Nationalmuseum des Irak, in dem das kulturelle Erbe des Landes bewahrt wird.

Lise Meitner
(1878–1968, unten rechts)

Die Physikerin Lise Meitner, die erste Professorin für Physik an der Universität Berlin, gehörte dem Forscherteam an, das die Kernspaltung entdeckte – eine Entdeckung, die auch zum Bau der Atombombe führte. Im Dritten Reich emigrierte Meitner und setzte in Schweden zusammen mit ihrem Neffen, dem Kernphysiker Otto Frisch, ihre Forschungen fort. Trotz ihrer maßgeblichen Rolle bei der Entdeckung der Kernspaltung wurde der Nobelpreis nur Otto Hahn verliehen. Meitner weigerte sich, an der Anwendung ihrer Forschungen zum Bau von Massenvernichtungswaffen mitzuwirken. Vielleicht spielt genau darauf die Inschrift auf ihrem Grabstein an, die von Otto Frisch verfasst wurde: »Eine Physikerin, die nie ihre Menschlichkeit verlor.«

Janaki Ammal
(1897–1984)

Janaki Ammals Fähigkeiten als Pflanzenzytologin wurden nur durch ihre Begeisterung für die einheimische Flora Indiens übertroffen. Als erste Inderin, die in den USA in Botanik promovierte, machte Ammal durch die Züchtung von interspezifischen und intergenerischen Hybriden auf sich aufmerksam. Ihre Arbeit mit Zuckerrohr führte zur Entwicklung der ersten in Indien heimischen süßen Sorte. Als Direktorin des Central Botanical Laboratory setzte sich Ammal für die Erhaltung der indischen Flora ein und plädierte dafür, dem Wissen der Inder über ihre Flora mehr Gewicht beizumessen als dem britischer Botaniker. In den 1970er- und 1980er-Jahren schloss sich Ammal dem Silent Valley Movement an, einem der bedeutendsten Umweltprojekte der damaligen Zeit, das sich erfolgreich für den Erhalt des immergrünen Tropenwaldes des Silent Valley einsetzte, der heute ein Nationalpark ist.

Wangarĩ Muta Maathai
(1940–2011, Mitte links)

Wangarĩ Muta Maathai studierte Biologie, machte sich aber vor allem einen Namen als Umweltschützerin und politische Aktivistin. 1977 gründete sie in Kenia die Greenbelt-Bewegung, eine NGO, die sich für Frauenrechte, Aufforstung und Umweltschutz einsetzte. Sie war ein gewähltes Mitglied der kenianischen Nationalversammlung und stellvertretende Ministerin für Umwelt, natürliche Ressourcen und Wildtiere. Im Jahr 2004 erhielt sie als erste afrikanische Frau den Friedensnobelpreis. Verliehen wurde er für ihre Verdienste in der Umweltentwicklung, die auch den Schutz der Demokratie und der Menschenrechte einschlossen.

Octavia Hill
(1838–1912)

Octavia Hill, Aktivistin und Sozialreformerin, war eine führende Persönlichkeit in der britischen Open-Space-Bewegung, die sich für bessere Wohn- und Lebensbedingungen für die arme, arbeitende Bevölkerung einsetzte. Hill erwarb und renovierte Immobilien mit sanitären Einrichtungen und Freiflächen. Teile der Mieteinnahmen flossen zurück an die Gemeinschaft und wurden für Spielplätze und Unterrichtsräume eingesetzt. Aufgrund ihrer Überzeugung, dass Englands Land dem Volk gehöre, setzte Hill sich für Erweiterung des öffentlichen Raums und den Schutz der noch vorhandenen Freiflächen ein. 1895 wirkte Hill an der Gründung des National Trust mit, der heute Millionen von Mitgliedern umfasst, die 600 000 Hektar Land in Großbritannien und Hunderte von Küstenkilometern überwachen.

Kalpana Chawla
(1961–2003, unten Mitte)

Kalpana Chawla wurde in der indischen Stadt Karnal geboren. Sie war die erste indische Frau, die ins All flog, und die erste Frau, die am Punjab Engineering College Luft- und Raumfahrttechnik studierte. Chawla wurde 1994 in das Astronautenteam der NASA aufgenommen. 2003 diente sie als Missionsspezialistin und Bedienerin des Roboterarms an Bord der Raumfähre Columbia bei der Mission STS-107. Nach einer 15-tägigen Mission im All zerbrach die Columbia beim Wiedereintritt in die Erdatmosphäre. Chawla und ihre sechs Besatzungsmitglieder kamen ums Leben. Chawla wurde posthum mit der Congressional Space Medal of Honor, der NASA Space Flight Medal und der NASA Distinguished Service Medal ausgezeichnet.

Samantha Cristoforetti
(*1977, oben Mitte)

Samantha Cristoforetti ist derzeit Astronautin bei der Europäischen Weltraumorganisation und Hauptmann bei der italienischen Luftwaffe. Im Jahr 2009 wurde Cristoforetti zusammen mit fünf anderen aus einem Pool von 8000 Bewerbern ausgewählt, um dem Astronautenkorps der ESA beizutreten. Im Rahmen der Mission Futura verbrachte Cristoforetti 199 Tage im All – der längste Raumflug eines Europäers bzw. einer Europäerin und die längste Einzelmission einer Frau. Nach mehreren Jahren als Leiterin eines studentischen Teams, das sich auf zukünftige Mondmissionen konzentrierte, dient Cristoforetti derzeit als Vertreterin der Crew für das ESA-Projekt Lunar Orbital Platform-Gateway.

Maryam Mirzakhani
(1977–2017)

Im Jahr 2014 erhielt Maryam Mirzakhani als erste Frau und erste Iranerin die Fields-Medaille, die renommierteste Auszeichnung in der Mathematik, die alle vier Jahre an Mathematiker oder Mathematikerinnen unter 40 Jahren vergeben wird. Als Professorin an der Harvard University spezialisierte sich Mirzakhani auf hyperbolische Geometrie, Modulräume, Ergodentheorie, Teichmüller-Theorie und symplektische Geometrie. Ihre Arbeit war sehr theoretisch, findet aber auch praktische Anwendungen beim Verständnis der Ursprünge des Universums und in den Ingenieur- und Materialwissenschaften.

Marie Skłodowska Curie
(1867–1934, oben links)

Als erste Frau, die einen Nobelpreis erhielt, und als einzige Frau, die in zwei verschiedenen Bereichen (Physik und Chemie) ausgezeichnet wurde, ist Marie Skłodowska Curie weltweit für ihre Mitentdeckung von Polonium, Radium und dem Phänomen der Radioaktivität bekannt. Weniger bekannt, aber nicht minder wichtig war Curies Erfindung des »radiologischen Wagens«, eines Fahrzeugs, das mit einem Röntgengerät und einer Dunkelkammerausrüstung ausgestattet war und das sie für die Schlachtfelder des Ersten Weltkriegs entwickelte. Sie und ihre Tochter Irene unterrichteten 150 Frauen in der Bedienung des Geräts, die insgesamt mehr als eine Million Soldaten röntgenologisch untersuchten. Curie war weit mehr als die rätselhafte Frau in Schwarz, die in einem Labor arbeitet. Sie war eine vielschichtige Persönlichkeit, der sehr an der praktischen Anwendung ihrer Fähigkeiten und ihrer Wissenschaft gelegen war.

Rosalind Franklin
(1920–1958, Mitte)

Rosalind Franklin wird manchmal die »Dark Lady der DNA« genannt. Bekannt wurde sie vor allem durch ihr »Foto 51«. Dieses Röntgenbild der DNA trug wesentlich zur Aufklärung der Doppelhelixstruktur der DNA bei, für die Watson und Crick mit dem Nobelpreis ausgezeichnet wurden. Durch diese Entdeckung trat Franklins bahnbrechende Karriere in der Kristallografie, für die sie zu ihrer Zeit berühmt war, völlig in den Hintergrund. Mithilfe der Röntgenkristallografie untersuchte sie sowohl pflanzliche als auch tierische Viren, darunter das Polio-Virus, und brachte damit unser Verständnis für das Verhalten von Virus-RNA voran. Noch heute gehören nach Ansicht vieler Virologen Franklins Röntgenaufnahmen zu den schönsten, die je gemacht wurden.

Die Autorinnen

Anna Reser ist eine US-amerikanische Wissenschafts- und Technikhistorikerin und hat an der University of Oklahoma in Wissenschafts-, Technik- und Medizingeschichte promoviert. Sie ist Mitbegründerin und Mitherausgeberin des Magazins *Lady Science*. Ihre Artikel sind unter anderem in *The Atlantic, Real Life, StarTrek.com* und *Technology's Stories* erschienen.

Leila McNeill ist eine US-amerikanische Autorin, Herausgeberin und Wissenschaftshistorikerin. Sie ist Affiliate Fellow für Wissenschaftsgeschichte an der University of Oklahoma und Mitbegründerin und Mitherausgeberin des Magazins *Lady Science*. Sie war Kolumnistin für *Smithsonian.com* sowie *BBC Future* und hat unter anderem Artikel in *The Atlantic, The Baffler* und *JSTOR Daily* veröffentlicht.

Register

***Kursive* Seitenzahlen verweisen auf Abbildungen.**

Dank

Es gibt viele Menschen, denen wir für die Mitwirkung an diesem Buch danken möchten. Nathan Kapoor, Cornelia Lambert, Robert Davis und Asif Siddiqi für ihre Hilfe beim Aufspüren von schwer zu findenden Quellen. Ashley Roland und Brooke Steiger für die Beratung und technische Hilfe. Kathleen Sheppard und Deanna Day dafür, dass sie das gesamte Manuskript gelesen und uns aufschlussreiche und relevante Kommentare und Rückmeldungen gegeben haben. Wir sind außerdem Lydia Pyne zu Dank verpflichtet, die uns durch die Feinheiten des Veröffentlichungsablaufs geführt und bei jedem Schritt ermutigt hat. Während unserer Arbeit an diesem Projekt stand unser Team bei Lady Science uns stets und mit großem Engagement zur Seite. Unseren Familien danken wir für die vielfältige Unterstützung während des Projekts, besonders Erik dafür, dass er Bier holte, während wir an die Bearbeitung des Manuskripts gefesselt waren. Und natürlich gilt unser tiefster Dank den Historikerinnen und Historikern, die bemerkenswerte Arbeit geleistet haben, um das Leben vieler der Frauen, die in diesem Buch vorgestellt werden, aus der Geschichte zu rekonstruieren. Diese Arbeit bildet eine wesentliche Grundlage dieses Buchs. Ein großes Dankeschön an alle bei der Quarto Group und bei White Lion Publishing, die uns dieses Projekt anvertraut und von Anfang bis Ende betreut haben.

Bildnachweis

8 Allexxandar/Shutterstock.com **11** British Museum/University Museum Expedition nach Ur, Irak, 1926 **12** Lewis Evans Collection, History of Science Museum **16** Wellcome Collection **18** ART Collection/Alamy Stock Photo **21** Wellcome Collection **24** Fine Art Images/Heritage Images/Getty Images **26** Falkensteinfoto/Alamy Stock Photo **29** Fine Art Images/Heritage Images/Getty Images **32** imageBROKER/Alamy Stock Photo **36** PROBA2 Science Center/SWAP **40o** The History Collection/Alamy Stock Photo **40u** Interfoto/Alamy Stock Photo **45** Mit Genehmigung der History of Science Collections, University of Oklahoma Libraries; © Board of Regents of the University of Oklahoma. **46** Metropolitan Museum of Art. Ankauf, Schenkung von Mr. und Mrs. Charles Wrightsman, zu Ehren von Everett Fahy, 1977 **50o** Interfoto/Alamy Stock Photo **50u** Heritage Image Partnership Ltd/Alamy Stock Photo **54** Philosophical Transactions of the Royal Society of London, Band 77 **56** Mit Genehmigung der History of Science Collections, University of Oklahoma Libraries; © Board of Regents of the University of Oklahoma. **60o** The Picture Art Collection/Alamy Stock Photo **60M** Süddeutsche Zeitung Photo/Alamy Stock Photo **60u** Classic Image/ Alamy Stock Photo **64** PhotoStock-Israel via Getty Images **67** agefotostock/Alamy Stock Photo **70** UniversalImagesGroup via Getty Images **76** Smithsonian Libraries. Gift of Harry Lubrecht **80o** Bridgeman Images **80u** Chronicle/Alamy Stock Photo **83** World History Archive/Alamy Stock Photo **86**Heritage Arts/Heritage Images via Getty Images **89** Chronicle/Alamy Stock Photo **92** Bridgeman Images **94** World History Archive/Alamy Stock Photo **97** Wikimedia Commons **98** Bettmann via Getty Images **101** History and Art Collection/Alamy Stock Photo **105o** New York Public Library **105M** New York Public Library **105u** FLHC 90/Alamy Stock Photo **108** Drexel University College of Medicine Archives and Special Collections **112o** Wikimedia Commons **112u** Granger Historical Picture Archive/Alamy Stock Photo **117o** History and Art Collection/Alamy Stock Photo **117u** Collection PJ/ Alamy Stock Photo **118** Nebraska State Historical Society **120** Darling Archive/Alamy Stock Photo **124** Science History Images/ Alamy Stock Photo **126** Charles Ciccione/Gamma-Rapho via Getty Images **129** Science History Images/Alamy Stock Photo **130** The History Collection/Alamy Stock Photo **133** Science History Images/Alamy Stock Photo **136** Bettmann via Getty Images **142** Bettmann via Getty Images **144** New York Public Library **146** Bettmann via Getty Images **150o** Wikimedia Commons **150u** Underwood & Underwood/Underwood Archives/Getty Images **152** Science Museum, London **155o** Old Paper Studios/ Alamy Stock Photo **155u** GL Archive/ Alamy Stock Photo **156** Science Museum, London **158** Universal History Archive/Universal Images Group via Getty Images **164o** PF-(bygone1)/Alamy Stock Photo **164u** Mit Genehmigung der Braun Research Library Collection, Autry Museum, Los Angeles: S5.119 **169** Wikimedia Commons **170** U.S. Department of Energy via Flickr **174** Science Service (Smithsonian Institution) **180** Sankei Archive via Getty Images **184** Edwin Levick/Getty Images **187o** Darling Archive/Alamy Stock Photo **187u** Science History Images/Alamy Stock Photo **191o** Stephanie Brandl/ullstein bild via Getty Images **191u** Bettmann via Getty Images **194** Alfred Eisenstaedt/The LIFE Picture Collection via Getty Images **197o** Fine Art Images/Heritage Images/Getty Images **197u** Everett Collection Historical/Alamy Stock Photo **201** Kevin Fleming/Corbis via Getty Images **204** Tango Images/Alamy Stock Photo **212** Arty Pomerantz/New York Post Archives/NYP Holdings, Inc. via Getty Images **214** NASA **218o** Sovfoto/Universal Images Group via Getty Images **218u** NASA **222o** NASA Image Collection/Alamy Stock Photo **222u** NASA Photo/Alamy Stock Photo **224** NASA Photo/Alamy Stock Photo **226** Peter Keegan/ Keystone/Getty Images **229o** © History Nebraska **229u** © History Nebraska **232** Foto von Jo Freeman, 1969 **236** Röntgenaufnahme: NASA/ CXC/University of Amsterdam/N.Rea et al.; Datenquelle: DSS **239** KPNO/NOIRLab/NSF/AURA **242** Daily Herald Archive/ SSPL/Getty Images **246ol** Hulton Archive/Getty Images **246oM** NASA Photo/Alamy Stock Photo **246or** GL Archive/Alamy Stock Photo **246Ml** Wendy Stone/Corbis via Getty Images **246M** Donaldson Collection/Michael Ochs Archives/Getty Images **246Mr** Granger Historical Picture Archive/Alamy Stock Photo **246ul** Archive PL/Alamy Stock Photo **246uM** NASA/Getty Images **246ur** Pictorial Press Ltd/Alamy Stock Photo

Endnoten

EINFÜHRUNG

1. Meador, *Inanna, lady of largest heart: poems of the Sumerian high priestess Enheduanna*, S. 52–53.
2. Dieses Objekt befindet sich in der Sammlung des Penn Museums, und die Bilder des Originals und der restaurierten Scheibe wurden digitalisiert: *https://www.penn.museum/collections/object/293415*
3. Maisels, *The Emergence of Civilization*, S. 121. Zit. in: *Meador, Inanna, lady of largest heart*, S. 37.
4. Meador, S. 37.
5. Ogilvie & Harvey, *The Biographical Dictionary of Women in Science*, vol. 1, S. 638.
6. Ebd.
7. Gaida, »Muslim Women and Science: The Search for the "Missing" Actors«, *Early Modern Women* 11, no. 1, S. 199.
8. Ebd., S. 202.
9. Ebd., S. 205.

KAPITEL 1

10. Nunn, *Ancient Egyptian Medicine*, S. 124.
11. Robins, *Women in Ancient Egypt*, S. 116.
12. Ebd., S. 79.
13. Ebd., S. 80.
14. Ebd., S. 82.
15. Siraisi, *Medieval & Early Renaissance Medicine*, S. 1.
16. Ebd., S. 2.
17. Hanson, »Diseases of Women 1«, *Signs* 1: 2 (1975), S. 570.
18. Ebd., S. 572.
19. Ebd., S. 573.
20. French, »Midwives and Maternity Care in the Roman World«, in: *Midwifery and the Medicalization of Childbirth*, S. 54.
21. Ebd., S. 55.
22. Ebd., S. 56.
23. Ebd.
24. Ebd., S. 54.
25. Furth, *A Flourishing Yin: Gender in China's Medical History: 960–1665*, S. 48.
26. Ebd., S. 268.
27. Ebd., S. 276.
28. Ebd., S. 270.
29. Ebd., S. 277.

KAPITEL 2

30. Phillips, »The Witches' Thessaly«, in: *Magic and Ritual in the Ancient World*, S. 379–380.
31. Hill, »The Thessalian Trick«, *Rheinisches Museum für Philologie* 116 (1973), S. 223.
32. Plato, *Gorgias*, *http://classics.mit.edu/Plato/gorgias.html*
33. Hill, S. 225.
34. Ebd.
35. Plutarch, »Conjugalia Praecepta«, *Moralia*, transl. F. C. Babbitt (Harvard University Press, 1928).
36. Stothers, »Dark lunar eclipses in classical antiquity«, *Journal of the British Astronomical Association* 96 (1986), S. 95; Ovid, *Metamorphoses*, S. 63.
37. Goldstein, »Review of Babylonian Eclipse Observations from 750 BC to 1 BC, by Peter J. Huber and Salvo De Meis«, in: *Aestimatio* 1 (2004), S. 123.; Steele & al., »The Accuracy of Eclipse Times Measure by the Babylonians«, *Journal for the History of Astronomy* 28 (1997).
38. Bicknell, »The Witch Aglaonice and Dark Lunar Eclipses in the Second and First Centuries BC«, *Journal of the British Astronomical Association* 93 (1983), S. 160.
39. Zit. in Maddocks, *Hildegard of Bingen*, S. 54–55.
40. Ebd., S. 56.
41. Ebd., S. 59.
42. Ebd., S. 60.
43. Newman, »Christian Cosmology in Hildegard of Bingen's Illuminations«, *Logos: A Journal of Catholic Thought and Culture* 5, no. 1 (2002), S. 42.
44. Jones & Neal, »Negotiable Currencies: Hildegard of Bingen, Mysticism and the Vagaries of the Theoretical«, *Feminist Theology* 11, no. 3 (2003), S. 379.
45. Newman, *Sister of Wisdom: St. Hildegard's Theology of the Feminine*, S. 29.
46. Hollywood, »'Who Does She Think She Is?': Christian Women's Mysticism«, *Theology Today* 60 (2003), S. 8.
47. Newman, *Sister of Wisdom*, S. 29.

KAPITEL 3

48. Swerdlow, »Urania Propitia, Tabulae Rudophinae Faciles Redditae a Maria Cunitia Beneficent Urania, the Adaption of the Rudolphine Tables by Maria Cunitz«, in: *A Master of Science History*, S. 81–121.
49. Keplers erstes und zweites Gesetz beschreiben die Bewegungseigenschaften eines einzelnen Planeten. Das dritte Gesetz vergleicht die Bewegungseigenschaften verschiedener Planeten.
50. Swerdlow, S. 81.
51. Schiebinger, *The Mind Has No Sex? Women in the Origins of Modern Medicine*, S. 37.
52. Ebd., S. 44.
53. Grier, *When Computers Were Human*, S. 13–14.
54. Ebd., S. 14–15.
55. Alle Informationen zu Newton und Halley aus: Grier, *When Computers Were Human*, S. 13–15.
56. Ebd., S. 20.
57. Whaley, *Women's History as Scientists*, S. 135.
58. Bernardi, »The comet calculator: Nicole-Reine Lepaute«, *Cosmos Magazine* 2018.
59. Roberts, »Learned and Loving: Representing Women Astronomers in Enlightenment France«, *Journal of Women's History* 29, no. 1 (2017), S. 21.
60. Zit. in Roberts, S. 24.
61. Roberts, S. 15.
62. Swerdlow, S. 85.
63. Mazzotti, *The World of Maria Gaetana Agnesi, Mathematician of God*, S. 15.
64. Mazzotti, »Maria Gaetana Agnesi: Mathematics and the Making of the Catholic Enlightenment«, *Isis* 92, no. 4 (2001), S. 670.
65. Ebd., S. 673.
66. Ebd., S. 674.
67. Agnesi, Maria Gaetana. *Analytical Institutions in Four Books*, XVIII.
68. Ki Che Leung, *Biographical Dictionary of Chinese Women*, S. 231.
69. Elman, *A Cultural History of Modern Science in China*, S. 17.
70. Zum tychonischen Weltmodell zur Qing-Zeit vgl. Elman, S. 4. Zu Zhenyis Vorstellung eines sonnenzentrierten Universums vgl. Bennett Peterson, *Notable Women of China*, S. 344–345.
71. Bennett Peterson, S. 344.

KAPITEL 4

72. Als liebende Assistentin vgl. Schiebinger, *The Mind Has No Sex?*, S. 261; als Mitarbeiterin vgl. Roberts, »Philosophes Maries and Espouses Philsophiques: Men of Letters and Marriage in Eighteenth-Century France«, *French Historical Studies* 35, no. 3 (2012), S. 536.
73. Fara, *Pandora's Breeches: Women, Science & Power in the Enlightenment*, S. 176.
74. Ebd.
75. Ebd., S. 178.
76. Ebd.
77. Ebd., S. 173.
78. Ashworth, »Scientist of the Day – Elisabeth Hevelius«, Linda Hall Library 2017. *https://www.lindahall.org/elisabeth-hevelius/*.
79. Fara, S. 137.
80. Spradley, »Two Centennials of Star Catalogs Compiled By Women«, *The Astronomy Quarterly* 7 (1990), S. 178.
81. Bernardi, »Elisabetha Catherina Koopman Hevelius (1647–1693)«, in: *The Unforgotten Sisters*, S. 70.
82. Spradley, S. 178.
83. DiMeo, »'Such a sister became such a brother': Lady Ranelagh's influence on Robert Boyle«, *Intellectual History Review* 25, no. 1 (2015), S. 23.
84. Ebd., S. 23.
85. Ebd., S. 29.
86. Ebd.
87. Cook, »Ladies of the Scientific Revolution«, *Notes and Records* 51, no. 1 (1997), S. 2.
88. Herschel, *Memoir and correspondence of Caroline Herschel*, ix.
89. Holmes, *The Age of Wonder*, S. 63–67; Hoskin, »Caroline Herschel's Life of 'Mortifications and Disappointments'«, *Journal for the History of Astronomy* 45, no. 4 (2014), S. 443–445.
90. Herschel, S. 52.
91. Ebd., S. 76.
92. Kawashima, »The Evolution of the Gender Question in the Study of Madame Lavoisier«, *Historia Scientiarum* 23, no. 1 (2013), S. 33.

KAPITEL 5

93. Park, *Secrets of Women: Gender, Generation and the Origins of Human Dissection.*
94. Messbarger, »Waxing Poetic: Anna Morandi Manzolini's Anatomical Sculptures«, *Configurations* 9, no. 1 (2001), S. 66–68.

95. Ebd., S. 70–74.
96. Messbarger, *The Lady Anatomist*, S. 10–11.
97. Ebd., S. 11–12. Vgl. auch Ogilvie & Harvey, *The Biographical Dictionary of Women in* Science, S. 426.
98. Ebd., S. 13.
99. Messbarger, »Waxing Poetic«, S. 74.
100. Ebd., S. 76.
101. Ebd., S. 85.
102. Zit. in San Juan, »The Horror of Touch: Anna Morandi's Wax Models of Hands«, *Oxford Art Journal* 34, no. 3 (2011), S. 439.
103. Messbarger, »Waxing Poetic«, S. 66.
104. Messbarger, *The Lady Anatomist*, S. 11.
105. Vgl. auch Kapitel 4.
106. Schiebinger, *The Mind Has No Sex?*, S. 246.
107. Ebd.
108. Ebd., S. 250.
109. Ebd., S. 251.
110. Ogilvie & Harvey, *Biographical Dictionary*, S. 426.
111. Schiebinger, S. 251.
112. Ebd., S. 252.
113. Ebd., S. 255.

KAPITEL 6

114. Schiebinger, *Plants and Empire*, S. 50.
115. Ridley, *The Discovery of Jean Baret.*
116. Schiebinger, S. 46.
117. Schiebinger, S. 51.
118. Knapp, »The plantswoman who dressed as a boy«, *Nature* 470 (2011).
119. Schiebinger, S. 50.
120. Ridley, S. 48.
121. Alle Informationen zu Merians Tagebüchern aus: Valiant, »Maria Sibylla Merian: Recovering an Eighteenth Century Legend«, *Eighteenth-Century Studies* 26, no. 3 (1993).
122. Zit. in Schiebinger, S. 33–34.
123. Schiebinger, S. 32.
124. Merian, »Tafel XLV«, *Metamorphosis insectorum Surinamensium* (Tot Amsterdam, Voor den auteur…, als ook by Gerarde Valck, 1705).
125. Schiebinger, S. 35.
126. McEwan, »Gender, science, and physical geography in Nineteenth-Century Britain«, *Area 30*, no. 3 (1998), S. 218–219.
127. Osei-Tutu & Smith, »Interpreting West Africa's Forts and Castles«, in: Ders., *Shadows on Empire in West Africa*, S. 2.
128. Orr, »The Stuff of Translation and Independent Female Scientific Authorship: The Case of Taxidermy…, anon. (1820)«, *Journal of Literature and Science* 8, no. 1 (2015), S. 27.
129. Thompson, »Women Travellers, Romantic Era Science and the Banksian Empire«, *Notes and Records* (2019), S. 20.
130. »The Slavery Connection«, Bexley Heritage Trust, 2007–2009, Antislavery Usable Past.

KAPITEL 7

131. Fenwick Miller, *Harriet Martineau*, S. 221–222.
132. Cantor & al., *Science in the Nineteenth-Century Periodical*, S. 13.
133. Lightman, *Victorian Popularizers of Science*, S. 32.
134. Leigh & Rocke, *Women and Chemistry in Regency England*, S. 31; Jane Marcet, *Conversations on Chemistry*, vol. 2 (London: Longman, Green, Longman, and Roberts, 1853).
135. Leigh & Rocke, »Women and Chemistry in Regency England: New Light on the Marcet Circle«, *Ambix 63*, no. 1 (2016), S. 28.
136. Lindee, »The American Career of Jane Marcet's Conversations on Chemistry«, *Isis* 82, no. 1 (1991).
137. Zit. in Lightman, *S.* 99.
138. Sheffield, *Revealing New Worlds*, S. 15.
139. Ebd., S. 16.
140. Ebd., S. 19.
141. Gates, *Kindred Nature*, S. 39.
142. Lightman, S. 155.
143. Rauch, »Parables and Parodies: Margaret Garry's Audience in the Parables from Nature«, *Children's Literature* 25 (1997), S. 141.
144. Larsen, »The Evolving Spirit: Morals and Mutualism in Arabella Buckley's Evolutionary Epic«, *Notes and* Records 71 (2017), S. 391–393.
145. Lightman, S. 239.

KAPITEL 8

146. Gates, *Kindred Nature*, S. 36; Merrill, *The Romance of Victorian Natural History*, S. 8–9.
147. Vgl. Kapitel 8.
148. Gates, S. 35–36.
149. Shteir, *Cultivating Women, Cultivating Science*, S. 35.
150. Kennedy, »Discriminating the 'Minuter Beauties of Nature': Botany as Natural Theology in a Victorian Medical School«, in: *Strange Science*, S. 44.
151. Schiebinger, *Nature's Body*, S. 17.
152. Kennedy, S. 43.

153. Shteir, S. 64.
154. Ebd., S. 157.
155. Ebd.
156. Ebd., S. 197.
157. Ebd., S. 225–226.
158. Gianquitto, »Botanical Smuts and Hermaphrodites: Lydia Becker, Darwin's Botany, and Education Reform«, *Isis* 104, no. 2 (2013), S. 250–251.
159. Shteir, S. 227.
160. Wright, *Elizabeth Wolstenholme Elmy and the Victorian Feminist Movement*, S. 1.
161. McNeill, »The Early Feminist Who Used Botany To Teach Kids About Sex«, *The Atlantic*, October 6, 2016.
162. Gates, S. 132.
163. Wolstenholme Elmy, »Baby Buds«, in: *In Nature's Name*, S. 485.

KAPITEL 9

164. Reverby, *Ordered to Care*, S. 11.
165. Ebd., S. 12
166. D'Antonio, *American Nursing*, S. 5.
167. Ebd., S. 27.
168. Ebd., S. 13.
169. Ebd., S. 20. Vgl. auch Furth, *A Flourishing Yin*.
170. Davis, *Early Black American Leaders in Nursing*, S. 3–4.
171. Ebd., S. 5. Vgl. auch Bankole, *Slavery and Medicine*.
172. Ebd., S. 7.
173. Ebd., S. 12.
174. »Classified Ad 29«, *The New York Times*, Sept. 25, 1861.
175. Ebd.
176. D'Antonio, S. 9.
177. Reverby, S. 47.
178. Nightingale, *Notes on Nursing*.
179. Ebd.
180. D'Antonio, S. 6.
181. Ebd., S. 11.
182. Ebd., S. 16.
183. Ebd., S. 17.
184. Davis, S. 28–29.
185. D'Antonio, S. 26.
186. Davis, S. 32.
187. Ebd., S. 39.
188. Ebd., S. 40–41.
189. Ebd., S. 43.
190. Ebd., S. 46–48.
191. D'Antonio, S. 74.
192. Ebd., S. 26.
193. Feld, *Lillian Wald: A Biography*, S. 33.
194. Ebd., S. 35.
195. Ebd., S. 8.
196. Fee & Bu, »The Origins of Public Health Nursing: The Henry Street Visiting Nurse Service«, *American Journal of Public Health* 100, no. 7 (2010), S. 1206–1207.
197. *https://socialwelfare.library.vcu.edu/people/wald-lillian/*
198. Wald, *The House on Henry Street*, S. 29.
199. Ebd., S. 32.
200. Feld, S. 35.

KAPITEL 10

201. Vgl. Bonner, *To The Ends of the Earth*.
202. McNeill, *Dr. Anna Fischer-Duckelmann as Naturopath and Physician for Women in Imperial Germany*, S. 53.
203. Ebd., S. 18–20.
204. Ebd., S. 33.
205. Ebd., S. 27.
206. Ebd., S. 34.
207. Ebd.
208. Ebd., S. 2.
209. Ebd., S. 55.
210. Michals, »Elizabeth Blackwell«, National Women's History Museum.
211. Morantz-Sanchez, *Sympathy and Science*, S. 48.
212. Ebd., S. 49.
213. Ebd., S. 65.
214. Ebd., S. 76
215. Pripas-Kapit, *Educating Women Physicians of the World*, S. 1.
216. Ebd., S. 5.
217. Ebd., S. 4.
218. McNeill, »This 19th Century 'Lady Doctor' Helped Usher Indian Women Into Medicine«, *Smithsonian Magazine* August 24, 2017.
219. Kosambi, »Anandibai Joshee: Retrieving a Fragmented Feminist Image«, *Economic and Political Weekly* 31, no. 49 (1996), S. 3192.
220. McNeill.
221. Pripas-Kapit, S. 51.
222. Ebd., S. 55–56.
223. Ebd., S. 57.
224. Ebd., S. 57–58.

225. Pripas-Kapit, »'We Have Lived on Broken Promises': Charles A. Eastman, Susan La Flesche Picotte, and the Politics of American Indian Assimilation during the Progressive Era«, *Great Plains Quarterly* 35, no. 1 (2015), S. 54–55.

226. Ebd., S. 55.

227. Pripas-Kapit, *Educating Women Physicians of the World*, S. 78–79.

228. Ebd., S. 80.

229. Mathes, »Susan La Flesche Picotte, M.D.: Nineteenth-Century Physician and Reformer«, *Great Plains Quarterly* 13, no. 3 (1993), S. 178.

230. Zit. in Mathes, S. 174.

231. Pripas-Kapit, *Educating Women Physicians of the World*, S. 92.

232. Ebd., S. 97.

233. Ebd., S. 100.

234. Ebd., S. 101.

235. Kosambi, S. 3190.

KAPITEL 11

236. Klumpke, »Women's Work in Astronomy«, *The Observatory* (1899), S. 299–300.

237. Vgl. Kapitel 4.

238. Grier, *When Computers Were Human*, S. 5.

239. Vgl. Kapitel 4.

240. Grier, S. 20–25.

241. Rossiter, »'Women's Work' in Science, 1880–1910«, *Isis* 71, no. 3 (1980), S. 382.

242. Zit. in Grier, S. 83.

243. Zit. in Sobel, *The Glass Universe*, S. 96.

244. Mack, »Strategies and Compromises: Women in Astronomy at Harvard College Observatory, 1870–1929«, *Journal for the History of Astronomy* 21, no. 1 (1990), S. 70.

245. Zit. in Mack, S. 70.

246. Brück, »Slave-Wage Earners«, in: *Women in Early British and Irish Astronomy*, S. 203.

247. Kidwell, »Women Astronomers in Britain, 1780–1930«, *Isis* 75, no. 3 (1984), S. 536.

248. Brück, S. 203.

249. Ogilvie, »Obligatory amateurs: Annie Maunder (1868–1947) and British women astronomers at the dawn of professional astronomy«, *British Journal for the History of Science* 33 (2000), S. 73.

250. Brück, »Lady Computers at Greenwich in the early 1890s«, *Quarterly Journal of the Royal Astronomical Society* 36 (1995), S. 90.

251. Brück, »Slave-Wage Earners«, S. 204.

252. Stevenson, »Making Visible the First Women in Astronomy in Australia«, *Publication of the Astronomical Society of Australia* 31 (2014), S. 2.

253. Ebd., S. 2–3.

254. Brück, »Slave-Wage Earners«, S. 216.

255. Stevenson, S. 5.

256. Ebd., S. 7.

257. Ebd., S. 4.

258. Hoffleit, »Women in the History of Variable Star Astronomy«, *American Association of Variable Star Observers* (1993), S. 6.

KAPITEL 12

259. Gillespie, »Labor-Saving Devices Supplant Servants«, *Good Housekeeping*, January 1913, S. 132–134.

260. Ebd., S. 133.

261. Miller, *In the Name of the Home*, S. 10–11.

262. Graham, »Domesticating Efficiency: Lillian Gilbreth's Scientific Management of Homemakers, 1924–1930«, *Signs* 24, no. 3 (1999), S. 646.

263. Ebd., S. 52–53.

264. »Houseworkers and New Apparatus«, *Good Housekeeping*, January 1913, S. 135–136.

265. Graham, S. 637.

266. Ebd., S. 638.

267. Ebd., S. 638–639.

268. Ebd., S. 639.

269. Ebd.

270. Ebd., S. 642.

271. Ebd., S. 659.

272. Ebd.

273. McNeill, »The History of Breeding Mice for Science Begins With a Woman in a Barn«, Smithsonian.com, March 20, 2018.

274. Ebd.

275. Rader, *Making Mice*, S. 42.

276. Steensma & al., »Abbie Lathrop, the "Mouse Woman of Granby": Rodent Fancier and Accidental Genetics Pioneer«, *Mayo Clinic Proceedings* 85, no. 11 (2010), e83.

277. [Brooklyn Eagle] »Woman Runs a Mouse Farm«, *The Washington Post*, June 20, 1909, M4.

278. [New York Press] »Raises Rats and Mice«, *The Los Angeles Times*, Dec 26, 1907, S. 16.

KAPITEL 13

279. Hall, »Stopes [married name Roe], Marie Charlotte Carmichael (1880–1958), sexologist and advocate of birth control«, *Oxford Dictionary of National Biography*, 2004. Abgerufen 24.09.2019.
280. Doan, »Marie Stopes's Wonderful Rhythm Charts: Normalizing the Natural«, *Journal of the History of Ideas* 78, no. 4 (2017), S. 595–620.
281. Kline, *Building a Better Race*, S. 13.
282. Ebd., S. 13, 20.
283. Jones, »Women and eugenics in Britain: The case of Mary Scharlieb, Elizabeth Sloan Chesser, and Stella Browne«, *Annals of Science* 52: 5 (1995), S. 485.
284. Ebd., S. 489.
285. »Notes«, *Nature*, March 17, 1921, 88.
286. Katz, »Sanger, Margaret (14 September 1879–06 September 1966), birth control advocate«, *American National Biography*. Feb. 2000.
287. Für mehr Informationen zu Gemeindeschwester und Settlement Houses siehe Kapitel 9.
288. Sanger, »"The Woman Rebel" and The Fight for Birth Control«, [Apr 1916].
289. »No Gods, No Masters": Margaret Sanger on Birth Control«, History Matters, George Mason University.
290. Michals, »Margaret Sanger«, National Women's History Museum, 2017.
291. Hajo, *Birth Control on Main Street*, S. 11.
292. Young, »An Emancipation Proclamation to the Motherhood of America«, *Lady Science*, Nov. 16, 2017.
293. Hajo, *Birth Control on Main Street*, S. 12–13.
294. Hajo, *What Every Woman Should Know*, S. 321–322.
295. Ebd., S. 323.
296. Ebd., S. 327.
297. Ebd.
298. Malladi, »United States v. One Package of Japanese Pessaries (1936)«, The Embryo Project Encyclopedia.

KAPITEL 14

299. Nuttall, »New Year of Tropical American Indigenes: The New Year Festival of the Ancient Inhabitants of Tropical America and Its Revival«, *Pan American Miscellany* 9 (1928), S. 7.
300. Ruiz, *Insiders and Outsiders in Mexican Archaeology (1890–1930)*, S. 32.
301. Nuttall, »Ancient Mexican Superstitions«, *The Journal of American Folklore* 10, no. 39 (1897), S. 265–266.
302. Brownman, *Cultural Negotiations*, S. 5.
303. Annual report of the trustees of the Peabody Museum of American Archaeology and Ethnology, vol. III (1887), S. 566.
304. Ruiz, S. 36.
305. Nuttal, »Ancient Mexican Superstitions«, S. 265.
306. Ebd., S. 281.
307. Zit. in Ruiz, S. 249.
308. Bruchac, *Savage Kin*, S. 33.
309. Ebd., S. 29.
310. Ebd., S. 86 & 83.
311. Ebd., S. 108.
312. Ebd., S. 109.
313. Zit. in Bruchac, S. 110.
314. Brownman, S. 128.
315. Harrington, »Man and the Beast in Gypsum Cave«, *Desert Magazine* 3, no. 6 (1940), S. 5.
316. Harrington, »Ashes Found With Sloth Remains«, *The Science News-Letter* 17, no. 478, (1930), S. 365.

317 Brownman, S. 103.

318. Ebd., S. 127.
319. Ebd., S. 130.

KAPITEL 15

320. »The S-1 Committee«, Atomic Heritage Foundation, April 27, 2017.
321. Zit. in Howes & Herzenberg, *Their Day in the Sun*, S. 39.
322. Ebd., S. 14
323. Ebd., S. 98. Vgl. auch Kapitel 12.
324. Light, »When Computers Were Women«, *Technology and Culture* 20, no. 3. (1999), S. 471–472.
325. Howes & Herzenberg, S. 13.
326. Lidofsky, »Chien-Shiung Wu, 29 May 1912. 16 February 1997«, *Proceedings of the American Philosophical Society* 145, no. 1 (2001), S. 119.
327. Groves, *Now It Can Be Told*, S. 166.
328. Howes & Herzenberg, S. 16.
329. Kiernan, *The Girls of Atomic City*, S. 86.
330. Higuchi, »Epistemic frictions: radioactive fallout, health risk assessments, and the Eisenhower administration's nuclear-test ban policy, 1954–1958«, *International Relations of the Asia-Pacific* 18 (2018), S. 100.
331. Ebd., S. 101.

332. Hatakeyama, »A Life Story of Saruhashi Katsuko (1929–2007)«, Contemporary Japanese Feminist Debates at Penn, 2016.

333. Ebd.

KAPITEL 16

334. Shen, »A Refugee Scholar from Nazi Germany: Emmy Noether and Bryn Mawr College«, *The Mathematical Intelligencer* 41, no. 3 (2019), S. 53.

335. Ebd., S. 65.

336. Ebd., S. 55.

337. Zit. in Shen, S. 55.

338. Ebd., S. 55.

339. Zit. in Cavna, »Emmy Noether Google Doodle: Why Einstein called her a 'creative mathematical genius'«, *The Washington Post*, March 23, 2015.

340. Lamb, »Hermann Weyl's Poignant Eulogy for Emmy Noether«, *Scientific American*, Nov. 23, 2016.

341. Shen, S. 65.

342. Reisman, »Hilda Geiringer: A Pioneer of Applied Mathematics and a Woman Ahead of Her Time Was Saved from Fascism by Turkey«, *Women in Judaism* 4, no. 2 (2007), S. 2.

343. Eden & Irzik, »German mathematician in exile in Turkey«, *Historia Mathematica* 39 (2012), S. 442.

344. Zit. in Siegmund-Schultze, *Mathematicians Fleeing from Nazi Germany*, S. 369–370.

345. Zit. in Rossiter, *Women Scientists in America*, S. 36.

346. Lang, »Tilly Edinger's Deafness«, in: *Tilly Edinger: Leben und Werk einer jüdischen Wissenschaftlerin*, S. 362.

347. Ebd., S. 362

348. Hamilton, *Exploring the Dangerous Trades*, S. 397–398.

349. Appel, »Dr. Tilly Edinger, 1897–1967, Paleoneurologist«, in: *The Jewish Connection: Profiles of the Famous and Infamous.*

350. Buchholtz & Seyfarth, »The gospel of the fossil brain: Tilly Edinger and the science of paleoneurology«, *Brain Research Bulletin* 48, no. 4 (199), S. 356.

351. Lang, S. 367.

KAPITEL 17

352. Zit. in Boris, »The Power of Motherhood: Black and White Activist Women Redefine the "Political'«, *Yale Journal of Law and Feminism* 2, no. 25 (1989), S. 25.

353. Zit. in Unger, *Beyond Nature's Housekeepers*, S. 84–85.

354. Zit. in Merchant, »Women of the Progressive Conservation Movement: 1900–1916«, *Environmental Review* 8, no. 1 (1984), S. 74–75.

355. Vgl. Kapitel 13.

356. McNeill, »The First Female Student at MIT Started An All-Women Chemistry Lab and Fought for Food Safety«, Smithsonian.com, Dec 18, 2018.

357. Musil, *Rachel Carson and Her Sisters*, S. 48.

358. Haber, »Cooking«, in: *The Reader's Companion to U.S. Women's History*, S. 136.

359. Richards, *The Art of Right Living*, S. 47.

360. Boris, »The Power of Motherhood«, S. 32.

361. Ebd., S. 27.

362. Cole, »First Meeting of the Women's Missionary Society of Philadelphia«, *The Women's Era* 3, no. 4 (1896), S. 5.

363. Terrell, *The progress of colored women*, S. 10–11.

364. Ebd., S. 14.

365. Unger, *Beyond Nature's Housekeepers*, S. 87.

366. Zit. in Merchant, »Women of the Progresive Conservation Movement«, S. 59.

367. Davis, »'Conservation Is Now a Dead Word': Marjory Stoneman Douglas and the Transformation of American Environmentalism«, *Environmental History* 8, no. 1 (2003), S. 56

368. Zit. in Peine, *Women for the Wild*, S. 18.

369. Zit. in Davis, S. 59.

370. Stoneman Douglas, *The Everglades*, S. 5.

371. Davis, S. 62.

372. Unger, S. 95–97.

373. Ebd., S. 99.

KAPITEL 18

374. Clark, »Interview of Dr. Mamie Clark by Ed Edwin, May 25, 1976«, in: *The Reminiscences of Mamie Clark*, S. 101.

375. Ebd.

376. Karera (2010) und Rutherford (2017), »Profile of Mamie Phipps Clark«, Psychology's Feminist Voices.

377. Clark, »Interview of Dr. Mamie Clark«.

378. Ebd.

379. Karera, »Profile of Mamie Phipps Clark«.

380. Clark, »Interview of Dr. Mamie Clark«.

381. Karera, »Profile of Mamie Phipps Clark«.

382. »The Significant of the 'Doll Test'«, NAACP Legal Defense Fund.
383. Malcom & al., *The Double Bind: The Price of Being a Minority Woman in Science*, ix.
384. Ebd., S. 1.
385. Ebd., S. 8–9.
386. Ebd., S. 18.
387. Ebd., S. 35.
388. Scriven, *The Politics of Particularism*, S. 10.
389. Ebd., S. 77.
390. Ebd., S. 16.
391. Ebd., S. 93.
392. Ebd., S. 86–87.
393. Ebd., S. 130.
394. Burke, *The Contributions of Flemmie Pansy Kittrell to Education Through Her Doctrines on Home Economics*, S. 6–11.
395. Ebd., S. 12.
396. Horrocks, *Good Will Ambassador with a Cookbook*, S. 2.
397. Ebd., S. 14.
398. Zit. in Horrocks, S. 46.
399. Burke, S. 24. Mehr zum Stellenwert von Hauswirtschaft und Haustechnik in der amerikanischen Gesellschaft siehe Kapitel 13.
400. Ebd., S. 29.
401. Horrocks, S. 7.
402. Burke, S. 37.
403. Ebd., S. 36.
404. Horrocks, S. 9.

KAPITEL 19

405. »Valentina Tereshkova«, Smithsonian National Air and Space Museum.
406. Siddiqi, *Sputnik and the Soviet Space Challenge*, S. 353.
407. Smithsonian, «Valentina Tereshkova«.
408. Ebd.
409. Clements, »Tereshkova, Valentina«, in *The Oxford Encyclopedia of Women in World History*.
410. Zit. in Siddiqi, S 354.
411. *Spaceport News* June 20, 1963. Alle in diesem Buch erwähnten Ausgaben von *Spaceport News* stammen aus den Kennedy Space Center Files, Office of Manned Space Flight, Public Affairs Office, National Archives and Records Administration, Atlanta, GA.
412. Ebd., S. 2.
413. Vgl. Kapitel 12.
414. Siehe auch: Shetterly, Margot Lee. *Hidden Figures: The American Dream and the Untold Story of the Black Women Who Helped Win the Space Race*. New York: William Morrow & Company, 2016. [Deutsch: *Im Kernschatten des Mondes. Die unbekannten Heldinnen der NASA*. Hamburg: HarperCollins, 2020]
415. Sanders, »The Woman Who Got Real Food to Space«, Smithsonian National Air and Space Museum, April 9, 2018.
416. Ebd.
417. Zit. in Reser, »The Lost Stories of NASA's 'Pink-Collar' Workforce«, The Atlantic Feb 15, 2017. Vgl. auch Reser, *Images of Place in American Spaceflight, 1958–1974*. PhD Diss., University of Oklahoma, 2019.
418. Sanders, »The Woman Who Got Real Food to Space«.
419. NASA Johnson Space Center Oral History Project, Biographical Data Sheet, »Dee O'Hara«.
420. NASA Johnson Space Center Oral History Project, Oral History Transcript, »Dee O'Hara, interviewed by Rebecca Wright, Mountain View California, April 23, 2002«.
421. Ebd., S. 33.
422. Zu den Frauen, die sich in den 1960ern inoffiziellen medizinischen Tests unterzogen und sich für Astronautinnen einsetzten, siehe: Weitekamp, Margaret. *Right Stuff Wrong Sex: America's First Women in Space Program*. Baltimore: The Johns Hopkins University Press, 2004.
423. Zit. in Foster, *Integrating Women into the Astronaut Corps*, S. 88.
424. Ebd., S. 95.
425. Ebd., S. 99.
426. Ebd.
427. Ebd., S. 100.
428. Ebd., S. 101
429. Ebd., S. 114–115.
430. NASA Biographical Data, »Mae C. Jemison«, National Aeronautics and Space Administration.
431. NASA Biographical Data, »Chiaki Muka«, National Aeronautics and Space Administration.
432. Luce, »But Some People Simply Never Get the Message«, *Life*, June 28, 1963, S. 31.

KAPITEL 20

433. Lowie & Hollingworth, »Science and Feminism«, *The Scientific Monthly* 3, no. 3 (1916), S. 277.
434. Morawski & Agronick, »A Restive Legacy: The History of Feminist Work in Experimental and Cognitive Psychology«, *Psychology of Women Quarterly* 15 (1991), S. 570.
435. Capshew & Laszlo, »'We would not take no for an answer': Women Psychologists and Gender Politics During World War II«, *Journal of Social Issues* 42, no. 1 (1986), S. 160–162.
436. Shields, »Ms. Pilgrim's Progress: The Contributions of Leta Stetter Hollingworth to the Psychology of Women«, *American Psychologist* 30, no. 8 (1975), S. 853.
437. Ebd., S. 854.
438. Rutherford & Granek, »Emergence and Development of the Psychology of Women«,in: *Handbook of Gender Research in Psychology*, S. 19.
439. Held, »Leta Hollingworth«, *Psychology's Feminist Voices*, 2010.
440. Thorndike, *Educational Psychology*, S. 188.
441. Hollingworth, »Variability as Related to Sex Differences in Achievement: A Critique«, *American Journal of Sociology* 19, no. 4 (1914), S. 526.
442. Lowie & Hollingworth, S. 283.
443. Zit. in Capshew & Laszlo, S. 163.
444. Rutherford & Granek, S. 24.
445. Johnson & Johnston, »Unfamiliar Feminisms: Revisiting the National Council of Women Psychologists«, *Psychology of Women Quarterly* 34 (2010), S. 311.
446. Siehe Kapitel 19 für mehr zu Clark.
447. Weisstein, »'How can a little girl like you teach a great big class of men?' the Chairman Said, and Other Adventures of a Woman in Science«, in: *Working It Out*, S. 243.
448. Ebd., S. 244.
449. Weisstein, »Psychology Constructs the Female; or, The Fantasy Life of the Male Psychologist (with Some Attention to the Fantasies of His Friends, the Male Biologist and the Male Anthropologist)«, *Feminism and Psychology* 3, no. 2 (1993) S. 195
450. Rutherford & al., »Responsible Opposition, Disruptive Voices: Science, Social Change, and the History of Feminist Psychology«, *Psychology of Women Quarterly* 34 (2010), S. 464.
451. Zit. in Mednick & Urbanski, »The Origins and Activities of APA's Division of the Psychology of Women«, *Psychology of Women Quarterly* 15 (1991), S. 651.
452. Ebd., S. 655.
453. Lowie & Hollingworth, S. 284.

KAPITEL 21

454. »Coeducation: History of Women at Princeton University«, Princeton University. Abgerufen 29.11.2019.
455. Rubin, »An Interesting Voyage«, *The Annual Review of Astronomy and Astrophysics* 49 (2011), S. 3.
456. Larsen, »Reminiscences on the Career of Martha Stahr Carpenter" Between a Rock and (Several) Hard Places«, *Journal of the American Association of Variable Star Observers* 40 (2012), S. 55.
457. »Young Mother Figures Center of Creation by Star Motions«, *The Washington Post* Dec 31, 1950.
458. Rubin, S. 4.
459. Ebd., S. 9.
460. »A History of Palomar Observatory«, Caltech.
461. Rubin, S. 12.
462. Ebd., S. 13. Vgl. Rubin & al., »Rotation of the Andromeda Nebula from a Spectroscopic Survey of Emission Regions«, in:" *Astrophysics Journal* 159 (1970), S. 379.
463. Lambourne, »Interview with Jocelyn Bell Burnell«, *Physics Education* 31, no. 3 (1996),S. 183–186.
464. Burnell, »Petit Four«, *Annals of the New York Academy of Sciences* 302, no. 1 (1977), S. 685.
465. Ebd., S. 685–686.
466. Ebd.
467. Ebd., S. 687.
468. Hewish, A. & al., »Observation of a Rapidly Pulsating Radio Source«, in: *Nature* 217 (1968), S. 709–713.
469. »The Nobel Prize in Physics 1974«, The Nobel Prize.
470. Burnell, »So Few Pulsars, So Few Females«, *Science* 304, no. 5670 (2004), S. 489.
471. Ebd.
472. »The Nobel Medal for Physics and Chemistry«, The Nobel Prize.

Bibliografie

EINFÜHRUNG

Gaida, Margaret. »Muslim Women and Science: The Search for the "Missing" Actors«, in: *Early Modern Women* 11, no. 1 (Herbst 2016), S. 197–206.

Maisels, Charles Keith. *The Emergence of Civilization.* London: Routledge, 1990.

Meador, Betty De Shong. *Inanna, lady of largest heart: poems of the Sumerian high priestess Enheduanna.* Austin: University of Texas Press, 2000.

Ogilvie, Marilyn & Harvey, Joy (eds.). *The Biographical Dictionary of Women in Science.* Vol. 1. New York: Routledge, 2000.

KAPITEL 1

French, Valerie. »Midwives and Maternity Care in the Roman World«, in: *Midwifery and the Medicalization of Childbirth: Comparative Perspectives*, ed. E. van Teijlingen & al., New York: Nova Science Publishers, 2004, S. 53–62.

Furth, Charlotte. *A Flourishing Yin: Gender in China's Medical History: 960–1665.* Berkely: University of California Press, 1999.

Hanson, Ann Ellis. »Hippocrates: „Diseases of Women 1"«, in: *Signs: Journal of Women in Culture and Society* 1, no. 2 (1975), S. 567–584.

Nunn, John F. *Ancient Egyptian Medicine.* Norman: University of Oklahoma Press, 1996.

Robins, Gay. *Women in Ancient Egypt.* London: British Museum Press, 1993. [Deutsch: *Frauenleben im Alten Ägypten.* München: Beck, 1996]

Siraisi, Nancy G. *Medieval & Early Renaissance Medicine: An Introduction to Knowledge and Practice.* Chicago: The University of Chicago Press, 1990.

KAPITEL 2

Bicknell, Peter. »The Witch Aglaonice and Dark Lunar Eclipses in the Second and First Centuries BC«, in: *Journal of the British Astronomical Association* 93, no. 4 (1983), S. 160–163.

Goldstein, Bernard R. »Review of *Babylonian Eclipse Observations from 750 BC to 1 BC*, edited by Peter J. Huber and Salvo De Meis«, in: *Aestimatio* 1 (2004), S. 122–125.

Hill, D. E. »The Thessalian Trick«, in: *Rheinisches Museum für Philologie* 116 (1973), S. 221–238.

Hollywood, Amy. »'Who Does She Think She Is?': Christian Women's Mysticism«, in: *Theology Today* 60 (2003), S. 5–15.

Jones, Sharon & Neal, Diana. »Negotiable Currencies: Hildegard of Bingen, Mysticism and the Vagaries of the Theoretical», in: *Feminist Theology* 11, no. 3, (2003), S. 375–384.

Maddocks, Fiona. *Hildegard of Bingen: The Woman of Her Age.* London: Doubleday, 2001.

Newman, Barbara. *Sister of Wisdom: St. Hildegard's Theology of the Feminine.* University of California Press, 1987. [Deutsch: *Hildegard von Bingen. Schwester der Weisheit.* Herder: Freiburg i. B., 1995]

Newman, Marsha. »Christian Cosmology in Hildegard of Bingen's Illuminations«, in: *Logos: A Journal of Catholic Thought and Culture* 5, no. 1 (2002), S. 41–61.

Ovid. *Metamorphoses.* 4th ed., London: printed for B. Law [etc.], 1797.

Phillips, Oliver. »The Witches' Thessaly«, in: *Magic and Ritual in the Ancient World*, ed. Paul Mirecki & Marvin Meyer, Leiden/Boston/Köln: Brill, 2002, S. 378–386.

Plato. *Gorgias.* Translated by Benjamin Jowett, *http://classics.mit.edu/Plato/gorgias.html*

Plutarch. »Conjugalia Praecepta», in: *Moralia.* Translated by Frank Cole Babbitt, Harvard University Press, 1928.

Steele, John & al. »The Accuracy of Eclipse Times Measured by the Babylonians«, in: *Journal for the History of Astronomy* 28 (1997), S. 337–345.

Stothers, Richard B. »Dark Lunar Eclipses in Classical Antiquity«, in: *Journal of the British Astronomical Association* 96 (1986), S. 95–97.

KAPITEL 3

Agnesi, Maria Gaetana. *Analytical Institutions in Four Books: Originally Written in Italian.* Translated by Rev. John Colson, Taylor and Wilks, London, 1801.

Bennett Peterson, Barbara (ed.). *Notable Women of China: Shang Dynasty to the Early Twentieth Century.* New York: Routledge, 2000.

Bernardi, Gabriella. »Nicole-Reine Etable de La Briere Lepaute (1723–1788)«, in: Bernardi, G., *The Unforgotten Sisters*, Springer International Publishing, 2016, S. 121–127.

Bernardi, Gabriella »The comet calculator: Nicole-Reine Lepaute«, *Cosmos Magazine,* 29 July 2018. *https://cosmosmagazine.com/mathematics/the-comet-calculator-nicole-reine-lepaute/*

Elman, Benjamin A. *A Cultural History of Modern Science in China*. Harvard University Press, 2006.

Findlen, Paula. »Calculations of Faith: Mathematics, Philosophy, and Sanctity in 18th-Century Italy (New Work on Maria Gaetana Agnesi)«, in: *Historia Mathematica* 38, no. 2 (2010), S. 248–291.

Grier, David Alan. *When Computers Were Human*. Princeton University Press, 2005.

Ki Che Leung, Angela. »Wang Zhenyi«, in: *Biographical Dictionary of Chinese Women*, ed. Lily Xiao Hong Lee & al., translated by W. Zhang, vol. 1: The Qing Period, 1644–1911, Routledge, 1998, S. 230–232.

Mazzotti, Massimo. *The World of Maria Gaetana Agnesi, Mathematician of God*. Johns Hopkins University Press, 2007.

Mazzotti, Massimo. »Maria Gaetana Agnesi: Mathematics and the Making of the Catholic Enlightenment«, in: *Isis* 92, no. 4 (2001), S. 657–683.

Roberts, Meghan K. »Learned and Loving: Representing Women Astronomers in Enlightenment France«, in: *Journal of Women's History* 29, no. 1 (2017), S. 14–37.

Schiebinger, Londa. *The Mind Has No Sex? Women in the Origins of Modern Medicine*. Harvard University Press, 1989. [Deutsch: *Schöne Geister. Frauen in den Anfängen der modernen Wissenschaft*. Stuttgart: Klett-Cotta, 1993]

Swerdlow, N. M. «Urania Propitia, Tabulae Rudophinae Faciles Redditae a Maria Cunitia Beneficent Urania, the Adaption of the Rudolphine Tables by Maria Cunitz«, in: Buchwald, J. (ed.), *A Master of Science History. Essays in Honor of Charles Coulston Gillispie498*, Springer, 2012, S. 81–121.

Whaley, Leigh Ann. *Women's History as Scientists: A Guide to the Debates*. Santa Barbara, CA: ABC-CLIO, 2003.

KAPITEL 4

Ashworth Jr., William B. »Scientist of the Day – Elisabeth Hevelius«, Linda Hall Library, Dec. 22, 2017, *https://www.lindahall.org/elisabeth-hevelius/*

Bernardi, Gabriella. »Elisabetha Catherina Koopman Hevelius (1647–1693)«, in: Bernardi, G., *The Unforgotten Sisters*, Springer International Publishing, 2016, S. 67–74.

Cook, Alan. »Ladies in the Scientific Revolution«, in: *Notes and Records: The Royal Society Journal of the History of Science* 51, no. 1 (1997), S. 1–12.

DiMeo, Michelle. »'Such a Sister Became Such a Bother': Lady Ranelagh's Influence on Robert Boyle«, in: *Intellectual History Review* 25, no. 1 (2015), S. 21–36.

Fara, Patricia. *Pandora's Breeches: Women, Science & Power in the Enlightenment*. London: Pimlico, 2004.

Herschel, Caroline. *Memoir and Correspondence of Caroline Herschel*. Ed. Mrs. John Herschel, 2nd ed., John Murray, 1879. [Deutsch: *Caroline Herschel's Memoiren und Briefwechsel*. Berlin: Hertz, 1877]

Holmes, Richard. *The Age of Wonder*. New York: Vintage Books, 2010.

Hoskin, Michael. »Caroline Herschel's Life of 'Mortifications and Disappointments'«, in: *Journal for the History of Astronomy* 45, no. 4 (2014), S. 442–466.

Kawashima, Keiko. »The Evolution of the Gender Question in the Study of Madame Lavoisier«, in: *Historia Scientiarum* 23, no. 1 (2013), S. 24–37.

Roberts, Meghan K. »Philosophes Maries and Espouses Philsophiques: Men of Letters and Marriage in Eighteenth-Century France«, in: *French Historical Studies* 35, no. 3 (2012), S. 509–539.

Schiebinger, Londa. *The Mind Has No Sex? Women in the Origins of Modern Medicine*. Harvard University Press, 1989. [Deutsch: *Schöne Geister. Frauen in den Anfängen der modernen Wissenschaft*. Stuttgart: Klett-Cotta, 1993]

Spradley, Joseph L. »Two Centennials of Star Catalogs Compiled by Women«, in: *The Astronomy Quarterly* 7 (1990), S. 177–184.

KAPITEL 5

Messbarger, Rebecca. *The Lady Anatomist: The Life and Work of Anna Morandi Manzolini*. Chicago: University of Chicago Press, 2010. [Deutsch: *Signora Anna, Anatomin der Aufklärung. Eine Kulturgeschichte aus Bologna*. Berlin: Die Andere Bibliothek, 2015]

Messbarger, Rebecca. »Waxing Poetic: Anna Morandi Manzolini's Anatomical Sculptures«, in: *Configurations* 9, no. 1 (2001), S. 65–97.

Ogilvie, Marilyn & Harvey, Joy (eds.). *The Biographical Dictionary of Women in Science. Pioneering Lives from Ancient Times to the Mid-20th Century*. Vol. 1. New York: Routledge, 2000.

Park, Katharine. *Secrets of Women: Gender, Generation and the Origins of Human Dissection*. Cambridge: Zone Books, 2010.

San Juan, Rose Marie. »The Horror of Touch: Anna Morandi's Wax Models of Hands«, in: *Oxford Art Journal* 34, no. 3 (2011), S. 433–447.

Schiebinger, Londa. *The Mind Has No Sex? Women in the Origins of Modern Science*. Cambridge: Harvard University Press, 1989. [Deutsch: *Schöne Geister. Frauen in den Anfängen der modernen Wissenschaft*. Stuttgart: Klett-Cotta, 1993]

KAPITEL 6

Knapp, Sandra. »The Plantswoman Who Dressed as a Boy«, in: *Nature* 470 (2011), S. 36–37. *https://www.nature.com/articles/470036a*

McEwan, Cheryl. »Gender, Science, and Physical Geography in Nineteenth-Century Britain«, in: *Area* 30, no. 3 (1998), S. 215–223.

Merian, Maria Sibylla. *Metamorphosis Insectorum Surinamensium*. Tot Amsterdam, Voor den auteur…, als ook by Gerarde Valck, 1705.

Orr, Mary. »The Stuff of Translation and Independent Female Scientific Authorship: The Case of Taxidermy…, Anon. (1820)«, in: *Journal of Literature and Science* 8, no. 1 (2015), S. 27–47.

Osei-Tutu, John Kwadwo & Smith, Victoria Ellen. »Interpreting West Africa's Forts and Castles«, in: *Shadows of Empire in West Africa: New Perspectives on European Fortifications*, ed. Osei-Tutu, J. K. & Smith, V. E., Palgrave Macmillan, 2018, S. 1–31.

Ridley, Glynis. *The Discovery of Jeanne Baret: A Story of Science, the High Seas, and the First Woman to Circumnavigate the Globe*. Broadway Books, 2011.

Schiebinger, Londa. *Plants and Empire: Colonial Bioprospecting in the Atlantic World*. Cambridge, MA: Harvard University Press, 2004.

Thompson, Carl. »Women Travellers, Romantic-Era Science and the Banksian Empire«, *Notes and Records: The Royal Society Journal of the History of Science*, 2019, S. 1–25.

Valiant, Sharon. »Maria Sibylla Merian: Recovering an Eighteenth-Century Legend«, in: *Eighteenth-Century Studies* 26, no. 3 (1993), S. 467–479.

»The Slavery Connection«, Bexley Heritage Trust, 2007–2009, Antislavery Usable Past, *http://www.antislavery.ac.uk/items/show/23*

KAPITEL 7

Cantor, Geoffrey & al. *Science in the Nineteenth-Century Periodical*. Cambridge University Press, 2004.

Fenwick Miller, Florence. *Harriet Martineau*. Ed. John H. Ingram. London: W.H. Allen & Co., 1884.

Gates, Barbara T. *Kindred Nature: Victorian and Edwardian Women Embrace the Living World*. University of Chicago Press, 1998.

Larsen, Jordan. »The Evolving Spirit: Morals and Mutualism in Arabella Buckley's Evolutionary Epi«, in: *Notes and Records: Royal Society Journal of the History of Science* 71 (2017), S. 385–408.

Leigh, G. Jeffery & Rocke, Alan J. »Women and Chemistry in Regency England: New Light on the Marcet Circle«, in: *Ambix* 63, no. 1 (2016), S. 28–45.

Lightman, Bernard. *Victorian Popularizers of Science: Designing Nature for New Audiences*. University of Chicago Press, 2007.

Lindee, Susan M. »The American Career of Jane Marcet's Conversations on Chemistry, 1806–1853«, in: *Isis* 82, no. 1 (1991), S. 8–23.

Rauch, Alan. »Parables and Parodies: Margaret Garry's Audience in the Parables from Nature«, in: *Children's Literature* 25 (1997), S. 137–152.

Sheffield, Suzanne Le-May. *Revealing New Worlds: Three Victorian Women Naturalists*. Routledge, 2013.

KAPITEL 8

Gates, Barbara T. *Kindred Nature: Victorian and Edwardian Women Embrace the Living World*. University of Chicago Press, 1998.

Gianquitto, Tina. »Botanical Smuts and Hermaphrodites: Lydia Becker, Darwin's Botany, and Education Reform«, in: *Isis* 104, no. 2 (June 2013), S. 250–277.

Kennedy, Meegan. »Discriminating the 'Minuter Beauties of Nature': Botany as Natural Theology in a Victorian Medical School«, in: Karpenko, L. & Claggett, S. (eds.), *Strange Science: Investigating the Limits of Knowledge in the Victorian Age*, Ann Arbor: University of Michigan Press, 2017, S. 40–61.

McNeill, Leila. »The Early Feminist Who Used Botany To Teach Kids About Sex«, *The Atlantic*, Oct. 6, 2016, *https://www.theatlantic.com/science/archive/2016/10/the-early-feminist-who-used-botany-to-teach-kids-about-sex/503030/*

Merrill, Lynn L. *The Romance of Victorian Natural History*. New York: Oxford University Press, 1989.

Schiebinger, Londa. *Nature's Body: Gender in the Making of Modern Science*. Rutgers University Press, 1993. [Deutsch: *Am Busen der Natur. Erkenntnis und Geschlecht in den Anfängen der Wissenschaft*. Stuttgart: Klett-Cotta, 1995]

Shteir, Ann B. *Cultivating Women, Cultivating Science: Flora's Daughters and Botany in England 1760–1860*. Johns Hopkins University Press, 1996.

Wolstenholme Elmy, Elizabeth. »Baby Buds«, in: *In Nature's Name: An Anthology of Women's Writing and Illustration*, 1780–1930, ed. Barbara T. Gates, University of Chicago Press, 2002, S. 484–487.

Wright, Maureen. *Elizabeth Wolstenholme Elmy and the Victorian Feminist Movement: The Biography of an Insurgent Woman*. Manchester University Press, 2011.

KAPITEL 9

Bankole, Katherine. *Slavery and Medicine: Enslavement and Medical Practices in Antebellum Louisiana*. New York: Garland Publishing, 1998.

»Classified Ad 29«, *The New York Times*, Sept. 25, 1861. ProQuest Historical Newspapers.

D'Antonio, Patricia. *American Nursing: A History of Knowledge, Authority, and the Meaning of Work*. Baltimore: The Johns Hopkins University Press, 2010.

Davis, Althea T. *Early Black American Leaders in Nursing: Architects for Integration and Equality*. Jones and Bartlett Publishers and National League for Nursing, 1999.

Fee, Elizabeth & Bu, Liping. »The Origins of Public Health Nursing: The Henry Street Visiting Nurse Service«, in: *American Journal of Public Health* 100, no. 7 (2010), S. 1206–1207.

Feld, Marjorie N. *Lillian Wald: A Biography.* Chapel Hill: University of North Carolina Press, 2008.

Furth, Charlotte. *A Flourishing Yin: Gender in China's Medical History: 960–1665*. Berkely: University of California Press, 1999.

Nightingale, Florence. *Notes on Nursing: What it is, and what it is not.* New York: D. Appleton and Company, 1860. [Deutsch: *Bemerkungen zur Krankenpflege*. 5. A., Mabuse-Verlag, 2021]

Reverby, Susan M. *Ordered to Care: The Dilemma of American Nursing, 1850–1945*. Cambridge: Cambridge University Press, 1987.

Wald, Lillian. *The House on Henry Street*. New York: Henry Holt and Company, 1912.

»Lillian D. Wald (1867–1940) – Nurse, Social Worker, Women's Rights Activist and Founder of Henry Street Settlement«, (2017 February 4). Social Welfare History Project. *http://socialwelfare.library.vcu.edu/people/wald-lillian/*

KAPITEL 10

Bonner, Thomas Neville. *To The Ends of the Earth: Women's Search for Education in Medicine.* Cambridge: Harvard University Press, 1995.

Kosambi, Meera. »Anandibai Joshee: Retrieving a Fragmented Feminist Image«, in: *Economic and Political Weekly* 31, no. 49 (1996), S. 3189–3197.

Mathes, Valerie Sherer. »Susan La Flesche Picotte, M.D.: Nineteenth-Century Physician and Reformer«, in: *Great Plains Quarterly* 13, no. 3 (1993), S. 172–186.

McNeill, Leila. *Dr. Anna Fischer-Duckelmann as Naturopath and Physician for Women in Imperial Germany*. Master's Thesis, University of Oklahoma, 2014.

McNeill, Leila. »This 19th Century 'Lady Doctor' Helped Usher Indian Women Into Medicine«, SmithsonianMag.com, Aug. 24, 2017. Letztmals abgerufen 09.09.2019, *https://www.smithsonianmag.com/science-nature/19th-century-ladydoctor-ushered-indian-women-medicine-180964613/*

Michals, Debra. »Elizabeth Blackwell«, National Women's History Museum. Letztmals abgerufen 09.09.2019. Letztmals abgerufen 09.09.2019, *https://www.womenshistory.org/education-resources/biographies/elizabeth-blackwell*

Morantz-Sanchez, Regina Markell. *Sympathy and Science: Women Physicians in American Medicine.* Oxford: Oxford University Press, 1985.

Pripas-Kapit, Sarah Ross. *Educating Women Physicians of the World: International Students of the Women's Medical College of Pennsylvania, 1883–1911*. PhD Diss., University of California, Los Angeles, 2015.

Pripas-Kapit, Sarah. »'We Have Lived on Broken Promises': Charles A. Eastman, Susan La Flesche Picotte, and the Politics of American Indian Assimilation during the Progressive Era«, in: *Great Plains Quarterly* 35, no. 1 (2015), S. 51–78.

KAPITEL 11

Brück, Mary. »Slave-Wage Earners«, in: Dies., *Women in Early British and Irish Astronomy*, Springer, 2009, S. 203–220.

Brück, M. T. »Lady Computers at Greenwich in the Early 1890s«, in: *Quarterly Journal of the Royal Astronomical Society* 36 (1995), S. 83–95.

Grier, David Alan. *When Computers Were Human.* Princeton University Press, 2005.

Hoffleit, Dorrit. »Women in the History of Variable Star Astronomy«, in: *American Association of Variable Star Observers*, 1993, S. 1–62.

Kidwell, Peggy Aldrich. »Women Astronomers in Britain, 1780–1930«, in: *Isis* 75, no. 3 (1984), S. 534–546.

Klumpke, Dorothea. »The Work of Women in Astronomy«, in: *The Observatory*, Vol. 22 (1899), S. 295–300.

Mack, Pamela E. »Strategies and Compromises: Women in Astronomy at Harvard College Observatory,1870–1929«, in: *Journal for the History of Astronomy* 21, no. 1 (1990), S. 65–76.

Ogilvie, Marilyn Bailey. »Obligatory Amateurs: Annie Maunder (1868–1947) and British Women Astronomers at the Dawn of Professional Astronomy«, in: *British Journal for the History of Science* 33 (2000), S. 67–84.

Rossiter, Margaret W. »'Women's Work' in Science, 1880–1910«, in: *Isis* 71, no. 3 (1980), S. 381–398.

Sobel, Dava. *The Glass Universe: How The Ladies of the Harvard Observatory Took the Measure of the Stars.* New York. Viking University Press, 2016.

Stevenson, T. »Making Visible the First Women in Astronomy in Australia: The Measurers and Computers Employed for the Astrographic Catalogue«. In: *Publications of the Astronomical Society of Australia* 31 (2014), S. 1–10.

KAPITEL 12

[New York Press] »Raises Rats and Mice«, *The Los Angeles Times*, December 26, 1907.

[Brooklyn Eagle] »Woman Runs a Mouse Farm«, *The Washington Post*, June 20, 1909.

Gillespie, Harriet. »Labor-Saving Devices Supplant Servants«, *Good Housekeeping*, January 1913.

Graham, Laurel D. »Domesticating Efficiency: Lillian Gilbreth's Scientific Management of Homemakers, 1924–1930«, in: *Signs: Journal of Women in Culture and Society* 24, no. 3 (1999), S 633–675.

»Houseworkers and New Apparatus«, *Good Housekeeping*, January 1913.

McNeill, Leila. »The History of Breeding Mice for Science Begins With a Woman in a Barn«, SmithsonianMag.com, March 20, 2018. Letztmals abgerufen 18.09.2019, *https://smithsonianmag.com/science-nature/historybreeding-mice-science-leads-back-woman-barn-180968441/*

Miller, Elisa. *In the Name of the Home: Women, Domestic Science, and American Higher Education, 1864–1930*. PhD Diss., University of Illinois Urbana-Champaign, 2003.

Rader, Karen. *Making Mice: Standardizing Animals for American Biomedical Research, 1900–1955*. Princeton: Princeton University Press, 2004.

Steensma, David P. & al. »Abbie Lathrop, the "Mouse Woman of Granby": Rodent Fancier and Accidental Genetics Pioneer«, in: *Mayo Clinic Proceedings* 85, no. 11 (2010), S. 83.

KAPITEL 13

»Notes«, in: *Nature* 107 (published March 17, 1921), S. 88. *https://books.google.co.uk/books?id=3-4RAAAAYAAJ&pg*

»"No Gods, No Masters": Margaret Sanger on Birth Control«, History Matters, George Mason University. Abgerufen 26.12.2019, *http://historymatters.gmu.edu/d/5084/*

Doan, Laura. »Marie Stopes's Wonderful Rhythm Charts: Normalizing the Natural«, in: *Journal of the History of Ideas* 78, no. 4 (2017), S. 595–620.

Hajo, Cathy Moran. *Birth Control on Main Street: Organizing Clinics in the United States, 1916–1939*. Urbana: University of Illinois Press, 2010.

Hajo, Cathy Moran. *What Every Woman Should Know: Birth Control Clinics in the United States, 1916–1940*. PhD Diss., New York University, 2006.

Hall, Lesley A. »Stopes [married name Roe], Marie Charlotte Carmichael (1880–1958), sexologist and advocate of birth control«, Oxford Dictionary of National Biography, 2004. Abgerufen 24.09.2019, *https://www.oxforddnb.com/view/10.1093/ref:odnb/9780198614128.001.0001/odnb-9780198614128-e-36323*

Jones, Greta. »Women and eugenics in Britain: The case of Mary Scharlieb, Elizabeth Sloan Chesser, and Stella Browne«, in: *Annals of Science* 52, no. 5 (1995), S. 481–502.

Katz, Esther. »Sanger, Margaret (14 September 1879–06 September 1966), birth control advocate«, American National Biography, February 2000. Abgerufen 24.09.2019, *https://www.anb.org/view/10.1093/anb/9780198606697.001.0001/anb-9780198606697-e-1500598*

Kline, Wendy. *Building a Better Race: Gender, Sexuality, and Eugenics from the Turn of the Century to the Baby Boom*. Berkeley: University of California Press, 2005.

Malladi, Lakshmeeramya. »United States v. One Package of Japanese Pessaries (1936)«, The Embryo Project Encyclopedia (published: 2017-05-24). *http://embryo.asu.edu/handle/10776/11516*

Michals, Debra. »Margaret Sanger (1879–1966)«, National Women's History Museum, 2017. Abgerufen 27.09.2019, *www.womenshistory.org/education-resources/biographies/margaret-sanger*

Sanger, Margaret. »'The Woman Rebel' and The Fight for Birth Control«, [Apr 1916]. Published article. Source: Records of the Joint Legislative Committee to Investigate Seditious Activities, New York State Archives , Margaret Sanger Microfilm, C16:1035.

Sanger, Margaret. »'The Woman Rebel' and The Fight For Birth Control«, *The Margaret Sanger Papers Project (1916): https://www.nyu.edu/projects/sanger/webedition/app/documents/show.php?sanger-Doc=306320.xml* (abgerufen 10.11.2017).

Young, Jennifer. »An Emancipation Proclamation to the Motherhood of America«, Lady Science, Nov. 16, 2017. *https://www.ladyscience.com/emancipation-proclamation-to-the-motherhood-of-america/no38*

KAPITEL 14

Annual Report of the Trustees of the Peabody Museum of American Archaeology and Ethnology. Vol. III, John Wilson and Son, 1887.

Brownman, David L. *Cultural Negotiations: The Role of Women in the Founding of Americanist Archaeology*. University of Nebraska Press, 2013.

Bruchac, Margaret M. *Savage Kin: Indigenous Informants and American Anthropologists*. Tucson: University of Arizona Press, 2018.

Harrington, Mark Raymond. »Ashes Found with Sloth Remains«, in: *The Science News-Letter* 17, no. 478 (June 1930), S. 365.

Harrington, Mark Raymond. »Man and Beast in Gypsum Cave«, in: *The Desert Magazine* 3, no. 6 (April 1940), S. 3–5.

Nuttall, Zelia. »Ancient Mexican Superstitions«, in: *The Journal of American Folklore* 10, no. 39 (1897), S. 265–281.

Nuttall, Zelia. »New Year of Tropical American Indigenes: The New Year Festival of the Ancient Inhabitants of Tropical America and Its Revival«, in: *Pan American Miscellany* 9 (1928), S. 2–8.

Ruiz, Carmen. *Insiders and Outsiders in Mexican Archaeology (1890–1930)*. PhD Diss., The University of Texas at Austin, 2003.

KAPITEL 15

Groves, Leslie R. *Now It Can Be Told: The Story of the Manhattan Project*. Harper & Brothers, 1962. [Deutsch: *Jetzt darf ich sprechen. Die Geschichte der ersten Atombombe*. Köln: Kiepenheuer & Witsch, 1965]

Hatakeyama, Sumiko. »A Life Story of Saruhashi Katsuko (1929–2007)«, Contemporary Japanese Feminist Debates at Penn, 2016, *https://japanfeministdebates.wordpress.com/author/sumikoh/*

Higuchi, Toshihiro. »Epistemic Frictions: Radioactive Fallout, Health Risk Assessments, and the Eisenhower Administration's Nuclear-Test Ban Policy, 1954–1958«., in: *International Relations of the Asia-Pacific* 18 (2018), S. 99–124.

Howes, Ruth H. & Herzenberg, Caroline L. *Their Day in the Sun: Women of the Manhattan Project*. Philadelphia: Temple University Press, 1999.

Kiernan, Denise. *The Girls of Atomic City: The Untold Story of the Women Who Helped Win World War II*. New Yorki: Touchstone, 2013.

Lidofsky, Leon. »Chien-Shiung Wu, 29 May 1912. 16 February 1997«, in: *Proceedings of the American Philosophical Society* 145, no. 1 (2001), S. 115–126.

Light, Jennifer S. »When Computers Were Women«, in: *Technology and Culture* 20, no. 3 (1999), S. 455–483.

»The S-1 Committee«, Atomic Heritage Foundation, 27 April 2017, *https://www.atomicheritage.org/history/s-1-committee*

KAPITEL 16

Appel, Phyllis. »Dr. Tilly Edinger, 1897–1967, Paleoneurologist«, in: *The Jewish Connection: Profiles of the Famous and Infamous*, Graystone Enterprises LLC, 2013.

Buchholtz, Emily A. & Seyfarth, Ernst-August. »The Gospel of the Fossil Brain: Tilly Edinger and the Science of Paleoneurology«, in: *Brain Research Bulletin* 48, no. 4 (1999), S. 351–361.

Cavna, Michael. »Emmy Noether Google Doodle: Why Einstein Called Her a 'creative mathematical genius'«, *The Washington Post*, 23 March, 2015, *https://www.washingtonpost.com/news/comic-riffs/wp/2015/03/23/emmy-noether-google-doodle-why-einstein-called-her-a-creative-mathematical-genius/*

Eden, Alp & Irzik, Gurol. »German Mathematician in Exile in Turkey: Richard von Mises, William Prager, Hilda Geiringer, and Their Impact on Turkish Mathematics«, in: *Historia Mathematica* 39 (2012), S. 432–459.

Hamilton, Alice. *Exploring the Dangerous Trades: The Autobiography*. Little, Brown and Company, 1943.

Lamb, Evelyn. »Hermann Weyl's Poignant Eulogy for Emmy Noether«, *Scientific American*, Nov. 23, 2016, *https://blogs.scientificamerican.com/roots-of-unity/hermann-weyls-poignant-eulogy-for-emmy-noether/*

Lang, Henry. »Tilly Edinger's Deafness«, in: Kohring, Rolf & Kreft, Gerald (Hrsg.), *Tilly Edinger: Leben und Werk einer jüdischen Wissenschaftlerin,* Bd. 1, Stuttgart: Schweizerbart, 2003, S. 359–372.

Reisman, Arnold. »Hilda Geiringer: A Pioneer of Applied Mathematics and a Woman Ahead of Her Time Was Saved from Fascism by Turkey«, in: *Women in Judaism: A Multidisciplinary Journal* no. 2 (Fall 2007), S. 1–19.

Rossiter, Margaret W. *Women Scientists in America: Before Affirmative Action, 1940–1972*. Vol. 2. Johns Hopkins University Press, 1995.

Shen, Qinna. »A Refugee Scholar from Nazi Germany: Emmy Noether and Bryn Mawr College«, in: *The Mathematical Intelligencer* 41, no. 3 (2019), S. 52–65.

Siegmund-Schultze, Reinhard. *Mathematicians Fleeing from Nazi Germany: Individual Fates and Global Impact*. Princeton University Press, 2009. [Deutsch: *Mathematiker auf der Flucht vor Hitler*. Wiesbaden: Vieweg, 1998]

KAPITEL 17

Boris, Eileen. »The Power of Motherhood: Black and White Activist Women Redefine the 'Political'«, in: *Yale Journal of Law and Feminism* 2, no. 25 (1989), S. 25–49.

Cole, Rebecca. »First Meeting of the Women's Missionary Society of Philadelphia«, in: *The Women's Era* 3, no. 4 (1896).

Davis, Jack E. »'Conservation Is Now a Dead Word': Marjory Stoneman Douglas and the Transformation of American Environmentalism«, in: *Environmental History* 8, no. 1 (2003), S. 53–76.

Haber, Barbara. »Cooking«, in: *The Reader's Companion to U.S. Women's History*, ed. Wilma Mankiller & al., New York: Houghton Mifflin Company, 1998, S. 135–136.

McNeill, Leila. »The First Female Student at MIT Started an All-Women Chemistry Lab and Fought for Food Safety«, SmithsonianMag.com, Dec 18, 2018, *https://www.smithsonianmag.com/science-nature/first-female-studentmit-started-women-chemistry-lab-food-safety-180971056/*

Merchant, Carolyn. »Women of the Progressive Conservation Movement: 1900–1916«, in: *Environmental Review* 8, no. 1 (1984), S. 57–85.

Musil, Robert K. *Rachel Carson and Her Sisters, Extraordinary Women Who Have Shaped America's Environment.* Rutgers University Press, 2014.

Peine, Mary Anne. *Women for the Wild: Douglas, Edge, Murie and the American Conservation Movement.* University of Montana, 2002. *https://scholarworks.umt.edu/etd/4757*

Richards, Ellen Henrietta. *The Art of Right Living.* Whitcomb & Barrows, 1904.

Stoneman Douglas, Marjory. *The Everglades: River of Grass.* Rinehart & Company, Inc., 1947.

Terrell, Mary Church. *The Progress of Colored Women.* An address delivered before the National American Woman's Suffrage Association at the Columbia Theatre, Washington, D.C., February 18, 1898. *https://www.loc.gov/item/90898298/*

Unger, Nancy C. *Beyond Nature's Housekeepers: American Women in Environmental History.* New York: Oxford University Press, 2012.

KAPITEL 18

»The Significant of the 'Doll Test'«, NAACP Legal Defense Fund. Abgerufen 29.11.2019, *https://www.naacpldf.org/ldf-celebrates-60th-anniversary-brown-v-board-education/significance-doll-test/*

Burke, May Edwin Mann. *The Contributions of Flemmie Pansy Kittrell to Education Through Her Doctrines on Home Economics.* PhD Diss., University of Maryland, 1988.

Clark, Mamie Phipps. »Interview of Dr. Mamie Clark by Ed Edwin, May 25, 1976«, in: *The Reminiscences of Mamie Clark*, Alexandria: Alexander Street Press, 2003.

Horrocks, Allison Beth. *Good Will Ambassador with a Cookbook: Flemmie Kittrell and the International Politics of Home Economics.* PhD Diss., University of Connecticut, 2016.

Karera, Axelle (2010) und Rutherford, Alexandra (2017). »Profile of Mamie Phipps Clark«, Psychology's Feminist Voices, Multimedia Internet Archive, ed. A. Rutherford. Abgerufen 23.12.2019, *https://feministvoices.com/profiles/mamie-phipps-clark*

Malcom, Shirley Mahaley & al. *The Double Bind: The Price of Being a Minority Woman in Science.* Conference Proceedings, American Association for the Advancement of Science (No. 76-R-3), 1976. *https://files.eric.ed.gov/fulltext/ED130851.pdf*

Scriven, Olivia A. *The Politics of Particularism: HBCUs, Spelman College, and the Struggle to Educate Black Women in Science, 1960–1997.* PhD Diss., Georgia Institute of Technology, 2006.

KAPITEL 19

Archivmaterial aus den Kennedy Space Center Files, Office of Manned Space Flight, Public Affairs Office, National Archives and Records Administration, Atlanta, GA.

NASA Johnson Space Center Oral History Project, Biographical Data Sheet, »Dee O'Hara«, National Aeronautics and Space Administration. *https://historycollection.jsc.nasa.gov/JSCHistoryPortal/history/oral_histories/OHaraDB/OHaraDB_Bio.pdf*

NASA Johnson Space Center Oral History Project, Oral History Transcript, »Dee O'Hara, interviewed by Rebecca Wright, Mountain View California, April 23, 2002«. *https://historycollection.jsc.nasa.gov/JSCHistoryPortal/history/oral_histories/OHaraDB/OHaraDB_4-23-02.pdf*

NASA Biographical Data, »Mae C. Jemison«, National Aeronautics and Space Administration. *https://www.nasa.gov/sites/default/files/atoms/files/jemison_mae.pdf*

NASA Biographical Data, »Chiaki Muka«, National Aeronautics and Space Administration. *https://www.nasa.gov/sites/default/files/atoms/files/mukai.pdf*

»Valentina Tereshkova«, Smithsonian National Air and Space Museum. Abgerufen 24.10.2019, *https://airandspace.si.edu/people/historical-figure/valentina-tereshkova*

Clements, Barbara Evans. »Tereshkova, Valentina«, in: *The Oxford Encyclopedia of Women in World History*, ed. B. G. Smith. Oxford: Oxford University Press, 2008.

Foster, Amy E. *Integrating Women into the Astronaut Corps: Politics and Logistics at NASA, 1972–2004.* Baltimore: The Johns Hopkins University Press, 2011.

Luce, Clare Boothe. »But Some People Simply Never Get the Message«, in: *Life*, June 28, 1963, S. 31.

Reser, Anna. »The Lost Stories of NASA's 'Pink-Collar' Workforce«, *The Atlantic*, Feb. 15, 2017. *https://www.theatlantic.com/science/archive/2017/02/ursula-vils-nasa/516468/*

Sanders, Matthew. »The Woman Who Got Real Food to Space«, Smithsonian National Air and Space Museum, April 9, 2018. *https://airandspace.si.edu/stories/editorial/woman-who-got-real-food-space*

Siddiqi, Asif A. *Sputnik and the Soviet Space Challenge.* Gainesville: University Press of Florida, 2003.

KAPITEL 20

Capshew, James H. & Laszlo, Alejandra C. »'We Would Not Take No for an Answer': Women Psychologists and Gender Politics During World War II.«, in: *Journal of Social Issues* 42, no. 1 (1986), S. 157–180.

Held, Lisa. »Leta Hollingworth«, *Psychology's Feminist Voices*, 2010, *https://feministvoices.com/profiles/leta-hollingworth*

Hollingworth, Leta Stetter. »Variability as Related to Sex Differences in Achievement: A Critique in: *American Journal of Sociology* 19, no. 4 (1914), S. 510–530.

Johnson, Ann & Johnston, Elizabeth. »Unfamiliar Feminisms: Revisiting the National Council of Women Psychologists«, in: *Psychology of Women Quarterly* 34 (2010), S. 311–327.

Lowie, Robert H. & Hollingworth, Leta Stetter. »Science and Feminism«, in: *The Scientific Monthly* 3, no. 3 (1916), S. 277–284.

Mednick, Martha T. & Urbanski, Laura L. »The Origins and Activities of APA's Division of the Psychology of Women«, in: *Psychology of Women Quarterly* 15 (1991), S. 651–663.

Morawski, Jill G. & Agronick, Gail. »A Restive Legacy: The History of Feminist Work in Experimental and Cognitive Psychology«, in: *Psychology of Women Quarterly* 15 (1991), S. 567–579.

Rutherford, Alexandra & Granek, Leeat. »Emergence and Development of the Psychology of Women«, in: *Handbook of Gender Research in Psychology*, ed. J. C. Chrisler & D. R. McCreary, Springer Science+Business Media, LLC, 2010.

Rutherford, Alexandra & al. »Responsible Opposition, Disruptive Voices: Science, Social Change, and the History of Feminist Psychology«, in: *Psychology of Women Quarterly* 34 (2010), S. 460–473.

Shields, Stephanie A. »Ms. Pilgrim's Progress: The Contributions of Leta Stetter Hollingworth to the Psychology of Women«, in: *American Psychologist* 30, no. 8 (1975), S. 852–857.

Thorndike, Edward Lee. *Educational Psychology: Mental Work and Fatigue and Individual Differences and Their Causes.* Teacher's College, Columbia University, 1921.

Weisstein, Naomi. »'How Can a Little Girl like You Teach a Great Big Class of Men?' The Chairman Said, and Other Adventures of a Woman in Science«, in: *Working It Out: 23 Women Writers, Artists, Scientists, and Scholars Talk About Their Lives and Work*, ed. Sara Ruddick & Pamela Daniels, New York: Pantheon Books, 1977, S. 241–250.

Weisstein, Naomi. »Psychology Constructs the Female; or, The Fantasy Life of the Male Psychologist (with Some Attention to the Fantasies of His Friends, the Male Biologist and the Male Anthropologist)«, in: *Feminism & Psychology* 3, no. 2 (1993), S. 195–210.

KAPITEL 21

»Coeducation: History of Women at Princeton University«, Princeton University. Abgerufen 29.11.2019, *https://libguides.princeton.edu/c.php?g=84581&p=543232*

»A History of Palomar Observatory«, Caltech. Abgerufen 29.11.2019, *http://www.astro.caltech.edu/palomar/about/history.html#55*

»The Nobel Prize in Physics 1974«, The Nobel Prize. Abgerufen 23.12.2019, *https://www.nobelprize.org/prizes/physics/1974/summary/*

»The Nobel Medal for Physics and Chemistry«, The Nobel Prize. Abgerufen 29.11.2019, *https://www.nobelprize.org/prizes/facts/the-nobel-medal-for-physics-and-chemistry/*

»Young Mother Figures Center of Creation by Star Motions«, *The Washington Post*, Dec 31, 1950. ProQuest.

Burnell, Jocelyn Bell. »Petit Four«, in: *Annals of the New York Academy of Sciences* 302, no. 1 (1977), S. 685–689.

Burnell, Jocelyn Bell. »So Few Pulsars, So Few Females«, in: *Science* 304, no. 5670 (2004), S. 489.

Lambourne, Robert. »Interview with Jocelyn Bell Burnell«, in: *Physics Education* 31, no. 3 (1996), S. 183–186.

Larsen, Kristine. »Reminiscences on the Career of Martha Stahr Carpenter: Between a Rock and (Several) Hard Places«, in: *Journal of the American Association of Variable Star Observers* 40 (2012), S. 51–64.

Rubin, Vera C. »An Interesting Voyage«, in: *The Annual Review of Astronomy and Astrophysics* 49 (2011), S. 1–28.

1. Auflage: 2022

ISBN 978-3-258-08258-5

Aus dem Englischen übersetzt von Wiebke Krabbe, D-Damlos
Lektorat der deutschsprachigen Ausgabe: Heike Werner, D-München
Satz und Umschlag der deutschsprachigen Ausgabe:
Die Werkstatt Medien-Produktion GmbH, D-Göttingen

Die englischsprachige Originalausgabe erschien 2021 bei Frances Lincoln Publishing, einem Imprint von The Quarto Group, unter dem Titel *Forces of Nature. The Women who Changed Science*

Verleger: Philip Cooper
Lektoratsleitung: Jennifer Barr
Bildredaktion: Bella Skertchly
Gestaltung: Isabel Eeles
Printed in China

Swiss Climate CO_2 neutral Transport

MIX Papier aus verantwortungsvollen Quellen FSC www.fsc.org FSC® C016973

Um lange Transportwege zu vermeiden, hätten wir dieses Buch gerne in Europa gedruckt. Bei Lizenzausgaben wie diesem Buch entscheidet jedoch der Originalverlag über den Druckort. Der Haupt Verlag kompensiert mit einem freiwilligen Beitrag zum Klimaschutz die durch den Transport verursachten CO_2-Emissionen. Wir verwenden FSC-Papier. FSC sichert die Nutzung der Wälder gemäß sozialen, ökonomischen und ökologischen Kriterien.

Diese Publikation ist in der Deutschen Nationalbibliografie verzeichnet. Mehr Informationen dazu finden Sie unter http://dnb.dnb.de.

Der Haupt Verlag wird vom Bundesamt für Kultur für die Jahre 2021–2024 unterstützt.

Wir verlegen mit Freude und großem Engagement unsere Bücher. Daher freuen wir uns immer über Anregungen zum Programm und schätzen Hinweise auf Fehler im Buch, sollten uns welche unterlaufen sein. Falls Sie regelmäßig Informationen über die aktuellen Titel im Bereich Natur erhalten möchten, folgen Sie uns über Social Media oder bleiben Sie via Newsletter auf dem neuesten Stand.

www.haupt.ch